电梯安全技术及应用

田海丰　主编

DIANTI ANQUAN JISHU JI YINGYONG

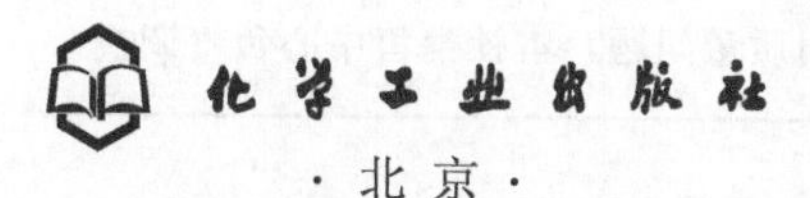

·北京·

内 容 简 介

本书以电梯安全相关法律、法规、技术规范及标准为依据，全面系统地介绍了电梯安全技术原理、安全法律法规标准、设备结构安全、安全技术措施、故障失效模式分析、安全风险评价及应急救援与事故处理等内容。

本书可作为电梯工程安全技术相关专业教材，也可供电梯管理人员及广大电梯乘用人员学习参考。

图书在版编目（CIP）数据

电梯安全技术及应用/田海丰主编．—北京：化学工业出版社，2022.6

ISBN 978-7-122-41046-7

Ⅰ.①电…　Ⅱ.①田…　Ⅲ.①电梯-安全技术　Ⅳ.①TU857

中国版本图书馆 CIP 数据核字（2022）第 048818 号

责任编辑：金林茹　张兴辉　　　文字编辑：徐　秀　师明远
责任校对：边　涛　　　装帧设计：王晓宇

出版发行：化学工业出版社（北京市东城区青年湖南街 13 号　邮政编码 100011）
印　　装：北京科印技术咨询服务公司数码印刷分部
710mm×1000mm　1/16　印张 18½　字数 320 千字　2022 年 8 月北京第 1 版第 1 次印刷

购书咨询：010-64518888　　　售后服务：010-64518899
网　　址：http://www.cip.com.cn
凡购买本书，如有缺损质量问题，本社销售中心负责调换。

定　　价：98.00 元

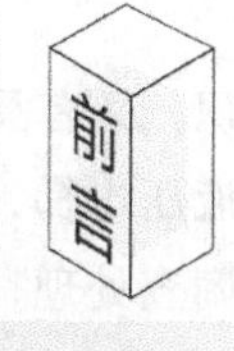

前言

PREFACE

随着我国经济的不断发展，人们物质生活水平的不断提高，高楼林立，此起彼伏，电梯广泛地应用到人们的生产和生活之中。但同时，电梯也具有较大的危险性，国家将其列在锅炉、压力容器、起重机械、厂（场）内专用机动车辆、客运索道等八大类“特种设备”之中。由于安全极其重要，保证电梯使用安全是生产和生活中的一项重要工作。

安全是一种状态，电梯自诞生之日起安全就与风险共存。为了保障电梯安全应用，必须坚持“安全第一、预防为主、节能环保、综合治理”的安全方针，不论是电梯相关从业人员还是普通的乘梯使用人员，不断掌握和探索安全技术知识，采用有效预防措施，及时应对可能出现的安全问题，都是十分必要的。

本书介绍的电梯是指动力驱动，利用沿刚性导轨运行的箱体或者沿固定线路运行的梯级（踏步）进行升降或者平行运送人、货物的机电设备，包括垂直升降电梯、自动扶梯、自动人行道。电梯是机电合一的复杂设备，涉及的种类多、结构复杂，涉及的学科和专业多，相关安全规范和标准多、变化快，安全知识较为分散，学起来相对困难。为了便于相关人员较为系统地学习、熟悉电梯结构并掌握电梯安全技术知识，提高对电梯的安全认识，笔者对最新的法规、标准进行梳理，并结合多年的电梯及安全专业工作经验，对电梯基础知识、法规、标准、安全理论、安全要求、电梯构造、各环节安全技术措施、各安全装置、电梯常见故障失效模式分析及风险评价以及事故救援与调查处理等进行了较为详细的介绍。

本书是按照特种设备目录分类方法分类叙述的，力求既有理论知识，又有具体的实际操作技术；既包括常见的曳引电梯，又包括专业性更强的液压电梯、防爆电梯；既叙述电梯安全预防措施，又介绍发生事故时的救援与调查处理；既梳理一般的规范标准要求，又介绍具体的实物情况。本书内容丰富翔实，论述简明扼要，书中配有许多图表，便于读者学习、查找和参考。

本书在编写过程中得到了青海省特种设备检验检测院、西宁城市职业技术学院、中国特种设备检测研究院、西安交通大学、蒂升电梯（中国）有限公司西宁分公司、青海西奥电梯有限公司、青海德坤电力有限公司、西宁大唐道物业有限公司等单位的丁存良、张玉、王宏、张剑涛、石瑾、赵纪元、陈珍、周俊民、杨明成等同志的大力支持，他们为本书的编写提供了大量宝贵的资料和编写建议，在此表示衷心的感谢！

由于编者水平有限，书中难免存在不足和疏漏之处，敬请读者批评指正。

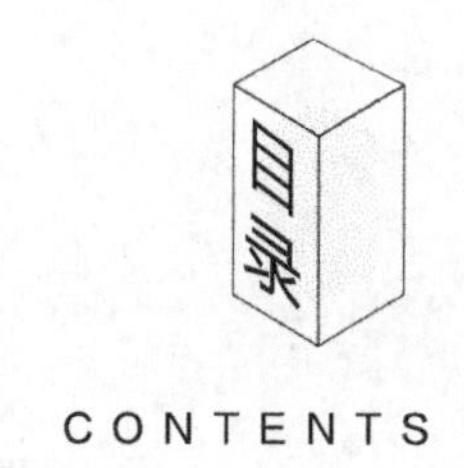

CONTENTS

第7章 各类电梯一般安全装置及技术措施

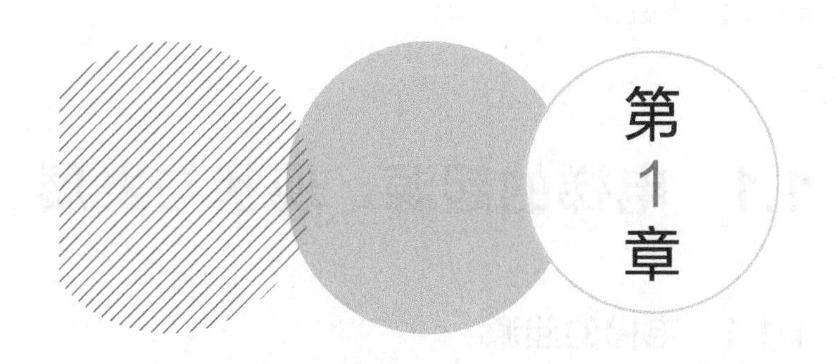

电梯基本知识

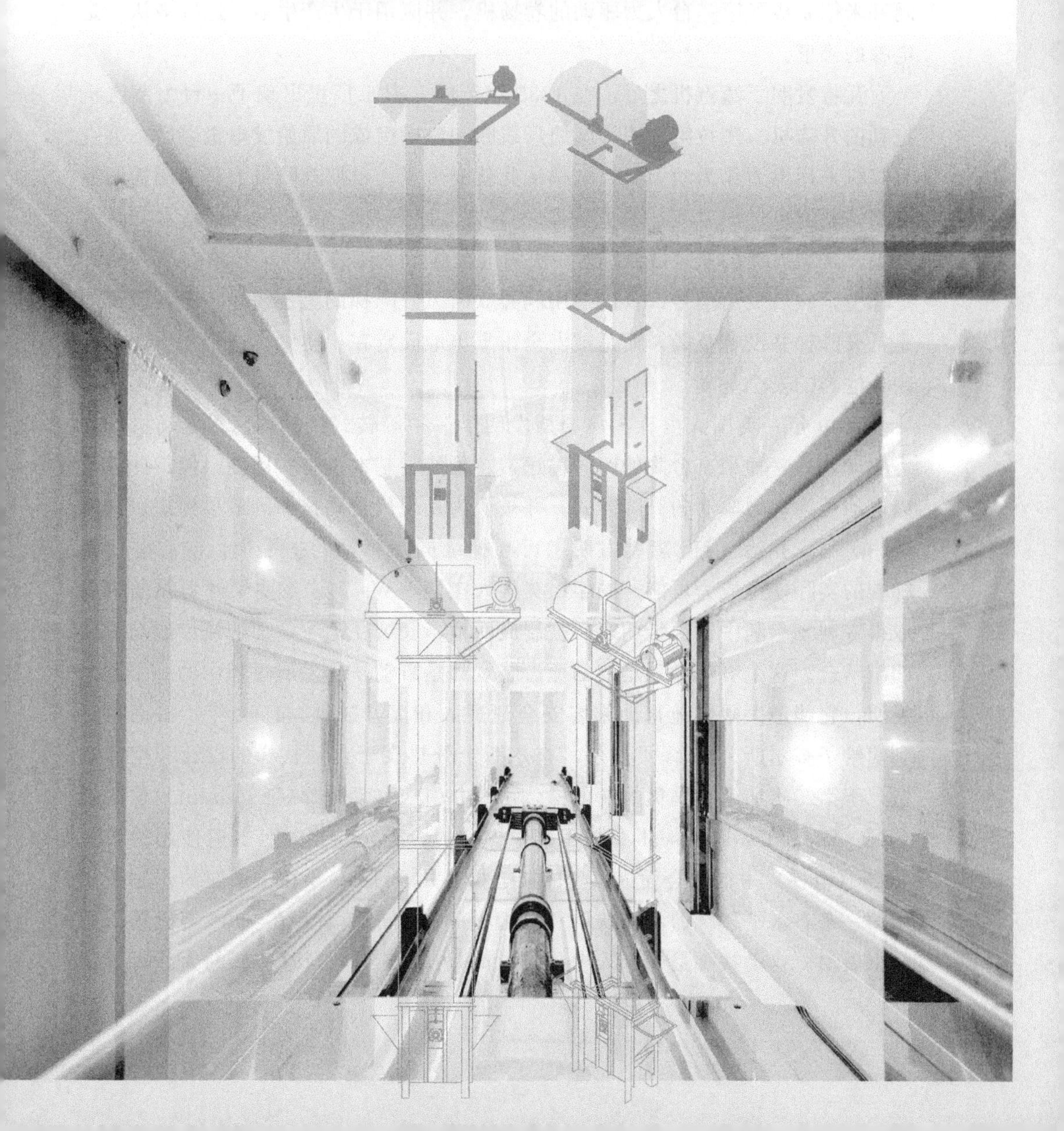

1.1 电梯的起源、现状与发展

1.1.1 电梯的起源

大约在公元前1100年，我国就出现了辘轳，这是一种木制的由支架、卷筒、曲柄、绳索等组成的简单的提水工具。公元前236年，古希腊著名科学家阿基米德制成了第一台人力驱动的卷扬机，并应用于生产生活。这些被认为是电梯的雏形。

瓦特发明了蒸汽机之后，在1835年英国一家工厂里出现了一台由蒸汽机拖动的升降机。法拉第发明了圆筒形线圈和磁棒组成的原始发电机以后，垂直升降机采用电力作为动力源，电梯从此就诞生了。早期升降机大都采用棉麻绳牵引，断绳事件时常发生，其安全性不高。1854年，在纽约“水晶宫”博览会上，美国人奥的斯（Otis）第一次向世人展示了他的发明。他站在高高的升降梯上，然后发出信号，令助手用利斧砍断了升降梯的提拉缆绳。令人惊讶的是，升降梯并没有坠毁，而是被安全钳牢牢地固定在半空中，这个发明奠定了现代电梯的安全基础。

1859年，美国人内森·詹姆斯发明了一种旋转式楼梯。它以电动机为动力驱动，是一种带有台阶的闭环输送带。虽然它基本没有实用性，但却开启了以电动机为动力驱动的升降方式，并被认为是现代自动扶梯的最早构想。1892年，美国人乔治·H. 惠勒发明了可与梯级同步移动的扶手带，使“电动楼梯”的实际使用成为可能。同年，美国人杰西·W. 雷诺发明了倾斜输送机并取得专利。专利中传送带的表面被制成凹槽，安装在上下端部的梳齿能与每条凹槽啮合。这个看似微不足道的梳齿装置却是自动扶梯发展过程中的一个重大发明，它能最大限度地帮助乘客安全地进入和离开扶梯。1898年，雷诺将专利卖给了查尔斯·D. 泽贝格尔，查尔斯十分热衷于自动扶梯的设计和生产制造，于第二年加入美国奥的斯电梯公司，并引入自动扶梯（Escalator）这个新名词。Escalator是由scala（拉丁语中梯级的意思）与当时已普遍使用的Elevator（电梯）一词组合而成。奥的斯电梯公司于1899年在美国纽约州制造出了第一条有水平梯级、活动扶手和梳齿板的自动扶梯，并在1900年巴黎博览会上展出。自动扶梯最先进入中国的时间是1935年，当时上海的大新百货公司安装了两台奥的斯单人自动扶梯。

胶带式自动人行道的原始结构就是工业用带式输送机，由于要运输人，所以需要比带式输送机安全和平稳。其最重要的部件就是输送带，输送带由冷拉、淬火的高强度钢带制成，在钢带的外面覆以橡胶层。橡胶覆面也是一种保护层，以防止钢带的机械损伤和抵御潮湿。胶带式自动人行道的长度一般为300～350m。

液压电梯比曳引式电梯出现得早。1845 年，英国人阿姆斯特朗制造了世界上第一台水力液压电梯，利用井道顶部水箱中的水压将水注入液压缸使液压电梯工作，电梯的速度很低，机械结构比较简单，多用于码头运输和库房运输。到 19 世纪末，液压电梯的工作压力增高了，速度也有所加快。对于大载荷和较高速度的电梯，液压系统的工作压力高于 55bar（1bar＝10^5Pa），最高速度已经达到 3.5m/s，占据了绝大部分的市场份额，应用已经十分广泛。

进入 20 世纪以后，随着电力传输和实用技术的发展，以电动机带动曳引轮，靠钢丝绳和曳引轮的摩擦力带动电梯运动的曳引式电梯开始快速发展起来，随着科技的不断进步，电梯的拖动、控制技术也有了大的发展。1996 年，通力电梯发明了碟式马达驱动的无机房电梯，被国际节能环保协会列为节能环保科技示范项目予以广泛推广。

1.1.2　我国电梯的现状

在中华人民共和国成立之前，我国电梯拥有量仅 1000 多台，主要集中在北京、上海、天津等地，且由美国企业垄断。中华人民共和国成立之后，1951 年，我国政府提出要在天安门城楼安装一台完全自主制造的电梯，天津丛生电机厂历时 4 个多月成功制造出了我国第一台完全自主的电梯。那一阶段我国共生产、安装电梯约 1 万台。

进入 20 世纪 80 年代以后，许多国际电梯企业看到了我国庞大的市场和发展潜力，纷纷来到我国投资建厂，为当时我国相对薄弱的电梯行业注入了新的发展动力。随着电梯需求急速增长，我国电梯行业在不断学习及潜心研发的过程中也向前迈进了一大步。电梯技术全面成熟，电梯研发能力显著提高，我国电梯行业得到了空前的发展，目前我国已成为全球电梯保有量最大的国家。

在城镇化持续发展、基础设施投资建设和旧楼加装电梯等推动下，电梯行业需求持续扩大。据国家统计局数据，我国电梯产量从 2010 年的 36.5 万台增

长到2019年的117.3万台，年均增长率13.85%。2020年年底，全国各地电梯监管部门登记的在用电梯量已从2010年的162.9万台增长到2020年底的786.55万台。

随着经济快速增长和城镇化发展，我国电梯产业面临着前所未有的发展机遇。目前我国电梯保有量、年产量、年增长量均为世界第一。作为城市楼宇不可或缺的垂直交通工具，电梯已经被人们日常生活和工作所依赖。随着城镇化进程的加快，市场对新电梯的需求量还将继续保持较高水平。同时，在用电梯逐步老化，电梯更新改造数量也在不断增长。参照美国、日本、韩国等国家每百人拥有一台电梯的规模，可以预测中国电梯保有量还会大幅度增加，行业发展前景向好。

从长远来看，尽管我国电梯市场需求依旧旺盛，但面临的挑战也明显加大。目前，电梯维护保养不到位，制造行业追求低成本、大客流、高负荷，乘客安全意识淡漠等问题的存在，使电梯安全风险加大，整体安全形势严峻。大部分电梯企业的规模还不够大，亟须向集团化、规模化转变。电梯制造厂家自己维保比例较低，维保人员数量和素质不能满足市场需求。产能过剩和服务能力不足阻碍了行业的健康发展，行业需要进一步优化。

在国际市场上，尤其是在欧美发达国家，由于高层建筑相对较少，以低层建筑居多，所以一直致力于中、低速电梯技术的发展，而且液压电梯占有相当大的市场份额。在中国，电梯市场起步比较晚，液压电梯数量占电梯总量的比例不超过1%。一方面，国内中高层建筑蓬勃发展，曳引式电梯是电梯市场的主力军；另一方面，由于液压电梯市场份额过小，国内电梯企业对液压电梯开发资金和人才的投入不足，液压系统部分一直采用国外进口产品，很大程度上影响了液压电梯的竞争力，更为重要的是，无机房曳引式电梯的出现，使得传统液压电梯在机房灵活布置上的优势不复存在。目前，无机房电梯还不可能完全取代液压电梯，除了机房灵活布置外的一些固有优势，在大载重量、安全性、价格等方面，相对曳引式电梯和无机房电梯而言，液压电梯还具备一定优势。

1.1.3 电梯的发展

(1) 本质安全设计和监测诊断功能使电梯更安全

① 本质安全设计措施是通过改变机器设计或工作特性，避免风险的出现，而不是使用防护装置或保护装置，等到危险出现后再来消除危险或减小危险。

强化电梯本质安全设计措施，可以减少对日常维保和检查的依赖，安全性能更加可靠。

② 电梯实现对安全功能的实时监测和定时检测相结合的远程监测诊断功能。在电梯存在风险的部件上，增加一些力、振动、声、电、光、温度、图像等传感器，对各种风险进行自动实时监测或定时检测，使电梯的安全性能等级进一步提升。自动实时监测或自动定时检测也包括但不限于轿门或层门开门时轿厢意外移动、悬挂绳和曳引轮等传动部件的失效、制动力的失效等，监测或检测的数据能够自动保存和远程传送。诊断功能除了对监测和检测的数据进行自动分析诊断外，还包括对安全保护功能失效的诊断。

(2) 电梯群控系统将更加智能化

电梯智能群控系统将基于强大的计算机软硬件资源，如基于专家系统的群控、基于模糊逻辑的群控、基于计算机图像监控的群控、基于神经网络控制的群控、基于遗传基因法则的群控等。这些群控系统能适应电梯交通的不确定性，控制目标的多样化、非线性表现等动态特性，使电梯运输系统更加高效。随着智能建筑的发展，电梯的智能群控系统能与大楼所有的自动化服务设备结合成整体智能系统。

(3) 超高速电梯的发展

超高速电梯是体现电梯技术水平的重要标志。随着多用途、全功能的超高层塔式建筑的发展，超高速电梯继续成为研究方向。超高速电梯的研究继续在采用超大容量电动机、高性能微处理器、减振技术、新式滚轮导靴和新材料安全钳、永磁同步电动机、轿厢气压缓解和噪声抑制系统、减轻钢丝绳重量等方面推进。采用直线电动机驱动的电梯也有较大研究空间，未来超高速电梯舒适感会有明显提高。

(4) 节能环保电梯技术将推广

电梯广泛采用永磁同步无齿轮曳引机、能量反馈和智能群控等先进的技术，将大大减少电梯能耗。低噪声、能耗小的电梯不断涌现，电梯将更加节能环保。

(5) 新产品、新技术的应用

随着科学技术的不断进步，电梯新产品、新技术也不断涌现，比如多轿厢同井道电梯、磁悬浮电梯、井道电脑导航系统、钢丝胶带无机房电梯、双轿厢环行电梯、旋转型轨迹升降自动扶梯等。新产品、新技术的出现，无疑又给电梯安全工作提出了新课题，这包括法规的制定与实施，制造、安装、维保安全工作的新内容。

(6) 个性化的发展

在电梯轿厢中创造艺术氛围，改善轿厢狭小空间压抑感的设计，个性化的语音提示等给人以清新典雅、心旷神怡的舒适感觉。

1.2 电梯的定义和介绍范围

1.2.1 定义

电梯是指动力驱动，利用沿刚性导轨运行的箱体或者沿固定线路运行的梯级（踏步）进行升降或者平行运送人、货物的机电设备。垂直升降电梯具有一个轿厢，运行在至少两列垂直的或倾斜角小于15°的刚性导轨之间，轿厢尺寸与结构形式便于乘客出入或装卸货物。也有台阶式电梯，其踏步板装在链条上沿固定线路连续运行，称作自动扶梯或自动人行道。习惯上，不论是钢丝绳驱动还是链条或液压驱动，将建筑物内垂直升降和自动扶梯自动人行道总称为电梯。

1.2.2 范围

本书介绍范围包括：曳引与强制驱动电梯、液压电梯、自动扶梯和自动人行道及其他类型各种电梯。

本书介绍的内容包括电梯安全技术原理、安全法律法规标准、设备结构安全、安全技术措施（包括本质安全设计、安全防护和保护装置、人员的安全保护措施、人员的培训、现场管理、信息公示等）、故障失效模式分析、安全风险评价及应急救援与事故处理等，介绍的内容贯穿于电梯的制造（包括设计）、安装（改造、修理、维保）、使用、检验检测各个环节之中。

在探讨电梯安全技术及应用的过程中，不考虑人为故意破坏、外部发生火灾等非正常状态情况，以及安全非正常思维、心理、生理的情况。

1.3 电梯分类

电梯的分类方法很多，常按照特种设备目录、用途、运行速度、控制方式、运输方式、机房型式、驱动方式等进行分类。

1.3.1　按照特种设备目录分类

按照特种设备目录划分，电梯的分类情况如表 1-1 所示。

表 1-1　特种设备目录电梯部分节选

代码	类别	品种
3100	曳引与强制驱动电梯	
3110		曳引驱动乘客电梯
3120		曳引驱动载货电梯
3130		强制驱动载货电梯
3200	液压驱动电梯	
3210		液压乘客电梯
3220		液压载货电梯
3300	自动扶梯与自动人行道	
3310		自动扶梯
3320		自动人行道
3400	其他类型电梯	
3410		防爆电梯
3420		消防员电梯
3430		杂物电梯

1.3.2　按照其他标准分类

(1) 按电梯的用途方式分类

① 乘客电梯（客梯）为运送乘客而设计，适用于宾馆、饭店、大型商场等客流量大的场合。

② 载货电梯（货梯）为运送货物而设计，是通常有人伴随的电梯，主要适用于工厂仓库等场合。

③ 客货两用梯主要用来运送乘客，但也可运送货物，它与乘客电梯的区别在于轿厢内部的装饰结构不同。

④ 住宅电梯是指供住宅楼使用的电梯。

⑤ 杂物梯（服务电梯）可供图书馆、饭店、办公楼运送图书、食品、文件等。

⑥ 病床电梯是为运送病床而设计的电梯。

⑦ 特种电梯为特殊环境、特殊条件、特殊要求而设计，如船用电梯、汽车用电梯、观光电梯、防爆电梯、防腐电梯等。

(2) 按照运行速度分类

① $v \leqslant 1.0$m/s 的电梯称为低速电梯。

② $1.0 < v < 2.0$m/s 的电梯称为快速电梯。

③ $2.0 \leqslant v < 6.0$m/s 的电梯称为高速电梯。

④ $v \geqslant 6.0$m/s 的电梯称为超高速电梯。

(3) 按控制方式分类

① 手柄开关操纵（轿内开关控制）式　电梯司机转动手柄位置（开断/闭合）来操纵电梯运行或停止。

② 按钮控制电梯式　电梯运行由轿厢内操纵盘上的选层按钮或层站呼梯按钮来操纵。某层站乘客将呼梯按钮按下，电梯就启动运行去应答。在电梯运行过程中如果有其他层站呼梯按钮按下，控制系统只能把信号记存下来，不能去应答，而且也不能把电梯截住，直到电梯完成前次应答运行层之后方可应答其他层站呼梯信号。

③ 信号控制式　把各层站呼梯信号集合起来，将与电梯运行方向一致的呼梯信号按先后顺序排列好，电梯依次应答接运乘客。电梯运行取决于电梯司机操纵，而电梯在何层站停靠由轿厢操纵盘上的选层按钮信号和层站呼梯信号控制。电梯往复运行一周可以应答所有呼梯信号。

④ 集选控制式　在信号控制的基础上把呼梯信号集合起来进行有选择的应答。电梯为无司机操纵。在电梯运行过程中可以应答同一方向所有层站呼梯信号和按照操纵盘上的选层按钮信号停靠。电梯运行一个周期后若无呼梯信号就停靠在基站待命。为适应这种控制特点，电梯在各层站停靠时间可以调整，轿门设有安全触板或其他自动门关闭保护装置，以及轿厢设有过载保护装置等。

⑤ 下集选控制式　集选电梯运行下方向的呼梯信号，如果乘客欲从较低的层站到较高的层站运行，则须乘电梯到底层基站后再乘电梯到要去的高层站。

⑥ 并联控制式　共用一套呼梯信号系统，把两台规格相同的电梯并联起来控制。无乘客使用电梯时，经常有一台电梯停靠在基站待命（称为基梯），另一台电梯则停靠在行程中间预先选定的层站（称为自由梯）。当基站有乘客使用电梯并启动后，自由梯即刻启动前往基站充当基梯待命。当有除基站外其

他层站呼梯时，自由梯就近运行应答，并在运行过程中应答与其运行方向相同的所有呼梯信号。如果自由梯运行时出现与其运行方向相反的呼梯信号，则在基站待命的电梯就启动前往应答。先完成应答任务的电梯就近返回基站或中间选定的层站待命。

⑦ 梯群控制式　群控用在多台电梯、客流量大的高层建筑中，把电梯分为若干组，每组 3～6 台电梯，将几台电梯控制联起，群控系统对每台电梯的楼层位置、登记的指令信号、电梯轿内载荷及运行情况等进行自动分析后，派最适宜的电梯及时应答呼梯信号，从而最大限度地提高电梯运行效率。

（4）按运输方式分类

① 直梯　轿厢运行在至少两列垂直的或倾斜角小于 15°的刚性导轨之间。轿厢尺寸与结构形式便于乘客出入或装卸货物。

② 自动扶梯和自动人行道　是由一台特殊结构形式的链式输送机和两台特殊结构形式的胶带输送机组合而成的，带有循环运动梯路，用以在建筑物的不同层高间向上或向下倾斜输送乘客的固定电力驱动设备。

（5）按机房型式分类

① 有机房电梯　是有机房的，包括小机房电梯和一般机房电梯。

② 无机房电梯　曳引机直接安装在井道里，不需要单独设置机房。无机房电梯就是没有机房的电梯。

（6）按驱动方式分类

① 交流电梯　用交流感应电动机作为驱动力的电梯。依据其拖动方式又可分为交流单速、交流双速、交流调压调速、交流变压变频调速等。

② 直流电梯　用直流电动机作为驱动力的电梯。这类电梯的额定速度一般在 2.0m/s 以上。

③ 液压电梯　一般利用电动泵驱动液体流动，由柱塞使轿厢升降的电梯。

④ 齿轮齿条电梯　将导轨加工成齿条，轿厢装上与齿条啮合的齿轮，电动机带动齿轮旋转使轿厢升降的电梯。

⑤ 螺杆式电梯　将直顶式电梯的柱塞加工成矩形螺纹，再将带有推力轴承的大螺母安装于油缸顶，然后通过电动机经减速器（或皮带）带动螺母旋转，从而使螺杆顶升轿厢上升或下降的电梯。

电梯问世初期曾用蒸汽机、内燃机作为动力直接驱动电梯，这种驱动方式的电梯现在基本绝迹。

（7）特殊类型电梯

① 斜行电梯　服务于指定的层站，其运载装置用来运载乘客或乘客和

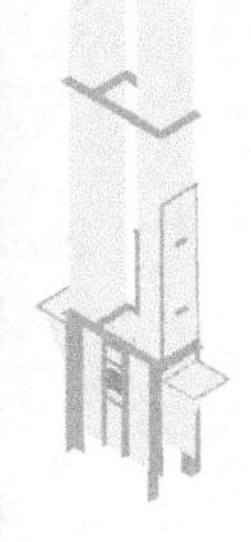

货物，且通过钢丝绳或链条悬挂，并沿与水平面夹角为15°～75°的导轨上运行于限定路径内，这里的角度是以水平面的线为基准的，完成斜行状轨迹的提升。

② 立体停车场用电梯　该电梯通过行走轨道和行走电动机的设置，使人员由电梯往返于地面和所停车辆之间，从而节约时间提高效率。

1.4 电梯安全技术综述

1.4.1 电梯的性能要求

安全性是电梯必须保证的首要指标，是由电梯的使用要求所决定的，在电梯制造、安装、调试、日常管理维护及使用过程中，必须绝对保证的重要指标。为保证安全，对于涉及电梯运行安全的重要部件和系统，如在设计制造时从优化本质安全设计、安全系数的合理设置、安全的预警自动控制系统、总体方案合理布置、各零部件与建筑物合理的配合间隙、各零部件和元器件的合理选型、零部件与安全保护装置的合理配置与安全计算校核、整机性能与安全技术指标的实现等方面都必须保证其安全性能，正因为如此才能使电梯成为各类运输设备中安全性最好的设备之一。

可靠性是反映电梯技术的先进程度与电梯制造、安装维保及使用情况密切相关的一项重要指标，反映了在电梯日常使用中因故障导致电梯停用或维修的发生概率，故障率高说明电梯的可靠性较差。一部电梯在运行中的可靠性如何，主要受该电梯的设计制造质量和安装维护质量两方面影响，同时还与电梯的日常使用管理有极大关系。如果使用的是一部制造中存在问题和瑕疵，具有故障隐患的电梯，那么电梯的整体质量和可靠性是无法提高的；然而即使人们使用的是一部技术先进、制造精良的电梯，却在安装及维护保养方面存在问题，同样也会导致大量的故障出现，会影响电梯的可靠性。所以要提高可靠性必须从制造、安装维护和日常使用等几个方面着手。

舒适性对于电梯也是一个重要的指标。电梯是一个相对集中和密闭的空间，为此应有良好的通风，从轿厢通风口、通风装置设计考虑必须满足乘梯人员良好的热舒适性。另外，电梯运行噪声低、运行起步平稳等良好的运行特性能保证乘梯人员有一种舒适的感觉也是很重要的。当电梯静止或匀速运行时，其加速度、加加速度都为零，乘客不会感觉到不适；而从静止到启动加速运行过程中，或从运行到减速静止状态的减速过程中，既不能过猛，又不能过慢，如太猛会使人产生失重感，头晕目眩，为此在考虑快速性的同时也得考虑舒适性。考虑人体生理上对加、减速度的承受能力，电梯的启动、制动应平稳，一般加、减速度最大值不大于 $1.5m/s^2$。

1.4.2 电梯的安全技术特点

（1）综合性

① 电梯安全技术是一门综合性学科，它涉及的学科领域多，如电机工程学、电工学、电子学、机械工程学、力学、管理学、建筑学等。

② 电梯安全技术涉及面广，涉及电气技术、电子技术、微机技术、机械技术、起吊技术、焊接技术等，是机电合一的综合性的安全技术。

（2）预防为主的原则

预防为主就是不断地加强人员的安全意识，增强操作者的自我保护能力，提高安全操作技能，防止事故的发生。人的不安全行为可能是学习教育培训不够，电梯的不安全状态可能是管理不善造成的，不论是对人员的安全教育，还是对人和设备的管理，都应将预防关口前移。

（3）电梯安全技术系统性

电梯安全技术贯穿电梯设计、制造、安装、调试、运行、维修保养等整个过程，建立安全方面的组织、管理、培训、监督机构，健全安全保证体系和安全监督体系，才能使电梯安全优化管理。

电梯是一个大型的机电合一的综合性产品，它是按照一定的关系构成的整体，产品最终是在现场组装完成的。因此，电梯的安全可靠性体现在整机性能上。电梯的可靠使用是最终目的，它既体现在电梯设备（包括每个零部件）的质量上，又体现在电梯的安装及日常维修保养、使用管理的水平上，以及操作人员的素质上。

（4）人的首要作用

保证电梯安全运行，人是第一位的，人的不安全行为会造成电梯处于不安全状态，因为电梯的设计、制造、安装、维修、使用、管理都是人来完成的。因此做好提高人的安全意识工作是电梯安全运行的最基本条件。

电梯事故中 90%是由于人的维修不当、管理不善造成的，这里所指的人系从事安装、维保、使用和管理的工作人员。人的不安全行为，往往就是造成事故的直接原因，比如，维修工在检修时图省事，违章作业，将门联锁或安全

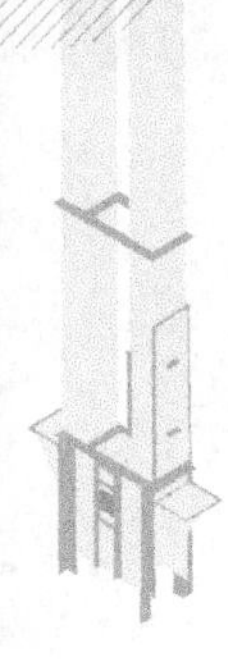

继电器人为短接，致使电梯开门走车而发生人身伤害事故。又如，电梯管理人员将电梯层门紧急门锁钥匙交给非专业人员使用，造成使用人坠入井道死亡。造成事故的是人，而保证安全也要靠人。所以，“以人为本”，防止事故发生是贯穿电梯安全运行的最基本条件。

（5）电梯本身质量影响安全

① 电梯设计制造质量与安全　在电梯的设计、加工制造中，应严格执行国家标准，把贯彻国家标准放在首位。目前我国的电梯标准是依照国际相关电梯设计、制造、使用标准制定的，它包括基础标准、通用标准、专用标准三个层次，既有世界通用性，又结合了我国的国情，也是总结了百年来电梯的生产、使用实践而制定出来的。因此，只有严格贯彻执行国家标准，才会有高质量的合乎安全要求的电梯产品和优质服务，电梯的安全可靠性才有保障。当然，标准的制定也应当适应和满足科学技术进步与新产品、新技术的需要。

设计质量还应体现在硬件和软件的设计上，在保证安全的前提下，应考虑其先进性、科学性、合理性、实用性。例如，在电气控制电路中，应有一个独立的安全回路；控制程序应确保先进、合理、安全；对使用人员非故意造成的伤害，应有一定的防护措施等。电梯元器件的质量也是保证电梯安全的重要组成部分，在科学合理的设计基础上，选择好各种器件尤为重要。特别是选好电梯的安全部件，安全部件应保证其可靠性。电梯应在满足需求能力的基础上和确保安全的前提下，再考虑电梯的功能质量。在电子技术日益发展的今天，电梯功能已趋多样化，如无司机操作、远距离监控监测等。由于目前我国在用电梯的技术装备水平参差不齐，使用环境各异，有些电梯功能尚不宜使用或不能使用，因此在设计上应考虑使用环境和用途的不同而有所区别。否则可能造成使用的不便和非故意的伤害。

电梯的安全可靠，还应体现在整机的综合质量上。如电梯每个部件的设计、功能选择、使用是否从整体上给予考虑、理解、处理。如变频器与电动机如何匹配；电气部分与机械部分如何配合；信号部分如何显示它的先进性、科学性、合理性等。

电梯的零部件，特别是安全部件，在出厂前或安装前要进行必要的型式检验工作，如控制柜的绝缘试验和耐压试验；限速器的最低动作速度试验等。检验还包括技术文件，如图样、零部件的合格证书等。电梯安装完毕后，还要对有关器件进行校验，如电气安全装置是否有效；锁闭装置是否可靠；超速安全保护装置系统是否联动一致、准确无误；制动系统按国家相关规定的几种工况是否都达到了要求等。这些检验的数据均应记录在案并与随机文件一起交给安装单位和使用单位备查，这些数据也是保证安全的有效证件。

电梯的整机检验也是保证安全的重要一环，检验分为企业自检和政府授权的相关部门的检验。检验的严格与否与电梯交付使用后的安全有着直接的关系。检验须按国家规范及标准中所规定的项目和指标逐项、逐条检验，发现问题必须整改，存在重大质量问题和事故隐患的电梯不得投入使用，整改复检合格后才可投入运行。目前，按照国家相关技术规定，电梯在整机出厂前应取得有资质的检验机构的整机及规定的部件和安全装置的型式试验合格证书。

② 电梯的施工（安装、改造、修理）质量与安全　电梯的安装是将厂家生产的各个部件，由电梯技工现场装配安装成为整机，因此其装配、安装质量与电梯安全运行关系密切。

对于电梯的安装在国家标准中有严格的规定。首先是安装单位应具备相应的安装资质和等级，其资质等级决定其安装电梯的类型。凡超出其资质等级允许的安装范围的，均属违规行为，会出现安装质量不合格，甚至发生人身或设备事故。

电梯安装单位除了要有合格的安装资质外，还要有严格的管理制度。特别是要有一套严格的安装质量标准和科学而又合理的施工工艺流程。安装标准应是按照国家标准中的有关规定制定出来的行业标准，并在施工中按施工顺序、安装进度逐项逐条予以落实。

施工中还要有严格的自检、互检制度，对于不合格、不符合要求的项目必须妥善处理，特别是安全部件的安装。上一个工序不合格不得进行下一道工序的安装。例如，导轨安装合格后，方可安装轿厢。对于电梯零部件，安装前应予以检验，不合格的不能使用。

从事安装工作的单位还要有自己的检验机构，对安装的电梯进行质量把关，检验工作应由有资格的质量检验人员进行，这是保证安装质量、电梯安全运行的重要一环。

电梯改造是指对电梯原设计加以变更或改进，使之适应技术进步，并提高性能、安全可靠性所进行的维修工程。电梯改造的设计方案必须符合国家标准，特别是变更电梯的原额定速度和载重量时，设计方案必须具有先进性、安全性、合理性。控制系统必须独立设计，选用的器材必须具有产品生产合格证，明确其名称、型号、规格及相关技术参数。安全部件必须有型式试验报告证书。改造后的电梯必须通过检验后方可使用。

电梯发生重大事故后，对电梯应进行检验，找出事故原因并做适当处理，确认电梯已消除不安全状态，方可投入使用。

(6) 使用管理与安全密不可分

电梯的使用、运行因使用环境和用途的不同，应对电梯进行全面的日常维修保养工作，保证电梯各部件工作正常。定期检查电梯运行中发现的问题应及时处置。当电梯出现故障时，及时赴现场排除，使电梯保持安全运行状态。按照相关法律法规要求，电梯的维修工作必须由具有资质的专业公司进行，维修人员应按照规定持有特种作业人员相应资质。需要注意的是，电梯人身伤害事故很大一部分发生在维修操作过程中，安全作业是电梯安全运行中的重中之重。

电梯在交付使用后，除做好定期维修保养工作之外，使用管理工作也是非常重要的。电梯使用管理单位或维保单位应该依据国家及地方政府相关部门的有关规定，根据电梯的类型、用途、使用场合，制定出相应的使用管理规定，确保电梯安全可靠地运行。电梯的使用单位，也应根据本单位电梯的使用状况，对维护保养单位提出相关要求签订相关合同。

对电梯的使用者和乘客，要进行必要的电梯安全使用常识的宣传和教育工作，在电梯明显位置设置安全标识、安全文明乘坐电梯安全注意事项。

1.4.3 我国电梯的安全技术现状与展望

目前我国有电梯制造厂和电梯配件厂近 300 家，从事电梯安装、改造、维修保养的单位几千家，从业人员几十万人。在这支电梯专业大军中，部分退休工程技术人员仍在发挥余热，年富力强的专业人员挑起大梁。在这庞大的电梯专业队伍中，有很大一部分是边学边干的青年，这些人对电梯技术还是一知半解或只知其然而不知所以然。有些人虽然经过了短期安全技术培训，但还远不能满足实际工作中的要求。即使已工作了多年、掌握了很多的电梯安全技能的人，也需要不断地学习，因为电梯技术始终处于不断改进、提高的状态，从业人员必须及时“充电”，学习新知识，掌握新技术，才能适应电梯技术不断发展的需要。另外，由于电梯从业人员队伍中人员流动较大，人员相互配合上都会遇到一个适应过程的问题，这给安全带来一定的困难，况且，面对在用电梯型号多、品种杂、老电梯多的局面，要求从事维修保养工作的技术人员具备全面的、熟练的技能才能适应工作的需要，尚存在着诸多人的不安全因素。

从电梯行业组织结构来看，全国从事电梯制造、安装、维修保养工作的企业中，既有实力雄厚的国有、外资企业，也有只有几十人的小微电梯公司。安全管理总体水平不高，监管方面还处于体制改革阶段，安全技术也在不断地提升之中。随着科学技术的发展，电梯新产品安全性能的不断提高，国家安全法规的不断完善，行政管理部门责权的界定，操作者安全意识的增强，电梯行业安全工作会得到不断提高。如果老旧电梯能逐步更新改造完毕，永磁同步电动机无齿轮拖动、数控电梯推广使用，直线电动机拖动无绳、无机房电梯研制开发成功，远程监控系统普及，那么电梯的安全运行将达到一个新水平。

电梯安全法律法规体系和相关标准

电梯属于特种设备，特种设备安全法规标准体系是保证特种设备安全运行的法律保障。几十年来，我国制定了一系列特种设备安全方面的法规、规章和规范性文件，基本形成了“法律—法规—规章—安全技术规范—强制性标准”五个层次的特种设备安全法规标准统一体系结构。

2.1 电梯法律体系

2.1.1 电梯法律体系结构

根据全国人民代表大会通过的《中华人民共和国立法法》，我国法律体系分为以下几类（见图 2-1）：

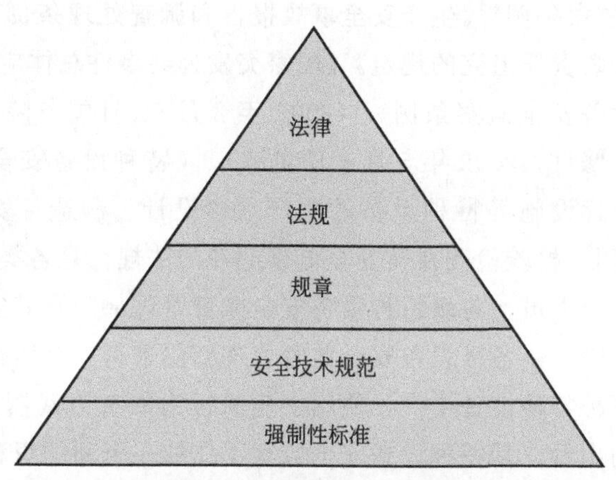

图 2-1　法律体系结构图

(1) 法律

由全国人民代表大会制定和修改的刑事、民事、国家机构和其他的基本法律。例如《中华人民共和国特种设备安全法》。

2013 年 6 月 29 日，第十二届全国人民代表大会常务委员会第三次会议审议并表决通过了《中华人民共和国特种设备安全法》，于 2014 年 1 月 1 日起实施。该法是中华人民共和国历史上第一部对各类特种设备安全的管理作出统一、全面规范的法律。它的出台标志着我国特种设备安全工作向科学化、法制化方向迈出了一大步。它的贯彻实施，对切实加强特种设备安全工作具有十分重要意义。

电梯安全相关的法律还有《中华人民共和国安全生产法》《中华人民共和

国产品质量法》《中华人民共和国标准化法》《中华人民共和国计量法》《中华人民共和国合同法》《中华人民共和国劳动法》《中华人民共和国建筑法》《中华人民共和国突发事件应对法》《中华人民共和国进出口商品检验法》和《中华人民共和国节约能源法》等。

《中华人民共和国特种设备安全法》首次从立法上确立了企业承担安全主体责任、政府履行安全监管职责、专业机构担负技术监督职能和社会力量发挥监督作用四位一体的特种设备安全工作模式。其中，强调特种设备生产、经营、使用单位的安全责任是第一位的。其宗旨就是加强特种设备安全工作，预防特种设备事故，保障人身和财产安全，促进经济社会发展。

(2) 法规

法规分为国务院的行政法规和地方人大制定的地方法规。

① 行政法规由国务院制定，且由国务院总理签署以国务院令颁发，例如《特种设备安全监察条例》《生产安全事故报告和调查处理条例》《国务院关于特大安全事故行政责任追究的规定》《国家突发公共事件总体应急预案》等。

a.《特种设备安全监察条例》(2003 年 2 月 19 日国务院 373 号令发布；国务院 549 号令修订，2009 年 5 月 1 日实施)。《特种设备安全监察条例》是一部全面规范电梯设施等特种设备的生产（含设计、制造、安装、改造、维修，下同)、使用、检验检测及其安全监察的专门法规，是各类特种设备生产、使用单位及其作业人员、各级特种设备安全监督管理部门及其安全监察人员必须遵循的行为准则，是各级设备安全监督管理部门进行安全监察和行政执法的依据，是制裁各种特种设备生产、使用中违法行为的有力武器。《特种设备安全监察条例》的出台，是特种设备安全监察工作的一个新的里程碑。

b.《生产安全事故报告和调查处理条例》(2007 年 4 月 9 日国务院 493 号令发布)。

c.《国务院关于特大安全事故行政责任追究的规定》(2001 年 4 月 21 日国务院 302 号令发布)。

d.《国家突发公共事件总体应急预案》(2005 年 1 月 26 日，国务院第 79 次常务会议通过，2006 年 1 月 8 日发布并实施)。

② 地方法规由省、自治区、直辖市的人民代表大会或人民代表大会的常务委员会制定。

地方法规由省、自治区、直辖市人大以及具有立法权的市制定，如《江苏省特种设备安全监察条例》《浙江省特种设备安全管理条例》《内蒙古自治区特种设备安全监察条例》《重庆市特种设备安全监察条例》等。

（3）规章

由国务院的各部、委、银行、审计署和省、自治区、直辖市和较大的市人民政府制定，由部长、省长、市长等签署命令颁发。

规章可分为总局规章和地方政府规章。

① 行政规章目前我国以“令”的形式颁布的与电梯设备相关的部门行政规章（带有处罚条款）。如：国家质检总局特种设备规章《特种设备事故报告和调查处理规定》（2009 年 5 月 26 日国家质检总局第 115 号令）、《高耗能特种设备节能监督管理办法》（2009 年 7 月 3 日国家质检总局令第 116 号公布；2020 年 10 月 23 日国家市监总局令第 31 号修订）。

② 地方性规章除了部门规章之外，部分省市通过当地政府，制定了一些地方性规章。如北京市于 2008 年 3 月 21 日市人民政府第一次常务会议审议通过并公布了《北京市电梯安全监督管理办法》，自 2008 年 6 月 1 日起实施。就是经北京市市长批准签发的一个地方性规章。

（4）安全技术规范

对于规范性文件，其法律地位在“立法法”中没有，是人们对“规章”之外的各种“红头文件”的通俗称呼。通常是各有关管理部门在上述法律、法规、规章范围内做出的一些具有可操作性的具体规定，对具体工作仍有一定作用，只要不与法律、法规、规章抵触，我们仍应当遵守。但是从长远看，由于这种规范性文件并未列入国家“立法法”中，且过多的“红头文件”由于“政出多门”，容易引起管理职能的交叉和降低法规、规章的严肃性，所以它只是一种过渡性措施，随着我国法制的健全，将来会逐步减少。

特种设备安全技术规范（即 TSG）由《中华人民共和国特种设备安全法》提出，国家市场监督管理总局负责制定。由于电梯的安全技术规范尚在不断地制定与完善过程中，一些要求仍体现在规范性文件中。表 2-1 是电梯相关的一些特种设备安全技术规范。

表 2-1　电梯相关特种设备安全技术规范一览表

序号	标准号	标准名称	实施日期	备注
1	TSG 01—2014	特种设备安全技术规范制定导则	2015-04-01	
2	TSG 03—2015	特种设备事故报告和调查处理导则	2016-06-01	
3	TSG 07—2019	特种设备生产和充装单位许可规则	2019-05-13	
4	TSG 08—2017	特种设备使用管理规则	2017-08-01	
5	TSG Z0002—2009	特种设备信息化工作管理规则	2010-06-01	
6	TSG Z0003—2005	特种设备鉴定评审人员考核大纲	2005-10-01	

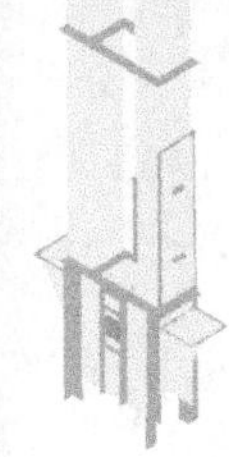

续表

序号	标准号	标准名称	实施日期	备注
7	TSG Z6001—2019	特种设备作业人员考核规则	2019-06-01	
8	TSG Z6002—2010	特种设备焊接操作人员考核细则	2010-11-04	
9	TSG Z7001—2004	特种设备检验检测机构核准规则	2004-12-03	
10	TSG Z7002—2004	特种设备检验检测机构鉴定评审细则	2004-12-03	
11	TSG Z7003—2004	特种设备检验检测机构质量管理体系要求	2004-12-03	
12	TSG Z7004—2011	特种设备型式试验机构核准规则	2011-11-01	
13	TSG Z7005—2015	特种设备无损检测机构核准规则	2015-07-01	
14	TSG Z8001—2019	特种设备无损检测人员考核规则	2019-06-01	
15	TSG Z8002—2013	特种设备检验人员考核规则	2013-06-01	
16	TSG T5002—2017	电梯维护保养规则	2017-08-01	
17	TSG T7001—2009/XG3—2019	电梯监督检验和定期检验规则——曳引与强制驱动电梯	2020-01-01	XG3为第3号修改单
18	TSG T7002—2011/XG3—2019	电梯监督检验和定期检验规则——消防员电梯	2020-01-01	XG3为第3号修改单
19	TSG T7003—2011/XG3—2019	电梯监督检验和定期检验规则——防爆电梯	2020-01-01	XG3为第3号修改单
20	TSG T7004—2012/XG3—2019	电梯监督检验和定期检验规则——液压电梯	2020-01-01	XG3为第3号修改单
21	TSG T7005—2012/XG3—2019	电梯监督检验和定期检验规则——自动扶梯与自动人行道	2020-01-01	XG3为第3号修改单
22	TSG T7006—2012/XG3—2019	电梯监督检验和定期检验规则——杂物电梯	2020-01-01	XG3为第3号修改单
23	TSG T7007—2016/XG1—2019	电梯型式试验规则	2020-01-01	XG1为第1号修改单

（5）强制性标准

强制性标准既是标准又是技术法规，其规定的强制性条文应当强制执行，电梯的强制性标准如《电梯制造与安装安全规范》（GB 7588—2003）、《自动扶梯和自动人行道的制造与安装安全规范》（GB 16899—2011）、《液压电梯制造与安装安全规范》（GB 21240—2007）、《杂物电梯制造与安装安全规范》（GB 25194—2010）、《提高在用电梯安全性的规范》（GB 24804—2009）、《电梯用钢丝绳》（GB/T 8903—2018）、《电梯工程施工质量验收规范》（GB 50310—2002）等。强制性标准占标准的10%～15%，其强制性条文要强制执行。

2.1.2　电梯法律、法规、规章、技术规范和标准的相互关系

电梯相关的法律、法规、规章规范了电梯的生产、经营、使用、检验和监督管理；技术规范规定了电梯安全的基本要求，数量不多，不涉及具体的技术细节；标准是法规标准体系的技术支撑，数量众多，涉及电梯安全、技术、方法的方方面面，法规与标准相互融合、协调发展、互不排斥，共同构成电梯法规标准统一体系。

法律、法规、规章、技术规范、标准五个层次的电梯安全法规标准体系的法律层次、效力和强制性约束力是逐级递减的。总的来说，低层次的立法必须遵守高层次立法；低层次的立法只能在高层次立法的范围内作规定；或者，当高层次立法没有规定时，低层次立法可以给出某些补充规定。

2.2　电梯安全相关标准

《中华人民共和国标准化法》规定，标准包括国家标准、行业标准、地方标准、团体标准和企业标准。国家标准分为强制性标准、推荐性标准。对保障人身健康和生命财产安全、国家安全、生态环境安全以及满足经济社会管理基本需要的技术要求，应当制定强制性国家标准。对于满足基础通用，与强制性国家标准配套及对各有关行业起引领作用等需要的技术要求，可以制定推荐性国家标准。强制性标准必须执行，国家鼓励采用推荐性标准。

2.2.1　我国电梯现行标准

电梯安全标准是电梯设计、制造、安装、改造、维保的工作依据，对电梯的安全起着十分重要的作用。

下面介绍我国与电梯有关的国家标准，主要有以下几项。

（1）GB 7588—2003《电梯制造与安装安全规范》

本标准是我国电梯的主标准，等效采用欧洲标准 EN81-1：1998，规定了乘客电梯及载货电梯制造与安装应遵循的安全准则，以防电梯运行时发生伤害乘客和损坏货物的事故。本标准适用于电力驱动的曳引式或强制式乘客电梯、病床电梯及载货电梯。本标准不适用于杂物电梯和液压电梯。

(2) GB 16899—2011《自动扶梯和自动人行道的制造与安装安全规范》

本标准采用欧洲标准 EN115-1：2008《自动扶梯和自动人行道的制造与安装安全规范》，是自动扶梯和自动人行道的安全规范，其目的是保证在运行、维修和检查工作期间人员和物体的安全，防止意外事故的发生。

(3) GB 21240—2007《液压电梯制造与安装安全规范》

本标准修改采用欧洲标准 EN81-2：1998，从保护人员和货物的观点出发，规定了液压乘客电梯和液压载货电梯的安全规范，防止发生与使用人员、液压电梯载货和紧急操作相关事故的危险。

目前最新制定的 GB/T 7588.1—2020《电梯制造与安装安全规范　第1部分：乘客电梯和载货电梯》和 GB/T 7588.2—2020《电梯制造与安装安全规范　第2部分：电梯部件的设计原则、计算和检验》。GB 7588.1 和 GB 7588.2 已于 2020 年 12 月 14 日发布，将于 2022 年 7 月 1 日实施，部分代替 GB 7588—2003（含第1号修改单）和 GB 21240—2007。

(4) GB 25914—2010《杂物电梯制造与安装安全规范》

本标准修改采用 EN81-3：2000，规定了永久安装的新电力驱动的曳引式或强制式杂物电梯和液压杂物电梯的制造与安装应遵守的安全准则。本标准的杂物电梯是指服务与规定层站的固定式升降设备，具有一个轿厢，轿厢的尺寸和结构形式不允许人员进入，轿厢借助于钢丝绳或链条悬挂或柱塞支承，由电力或液压驱动在与铅垂线倾斜度不大于 15°的刚性导轨上运行。杂物电梯的额定载重量不大于 300kg，且不允许运送人员。

(5) GB 31094—2014《防爆电梯制造与安装安全规范》

本标准规定了爆炸性气体环境 1 区、2 区和可燃性粉尘环境 21 区、22 区中使用的防爆电梯制造和安装的附加安全准则。本标准的防爆电梯是指额定速度不大于 1m/s，电力驱动的曳引式防爆电梯、强制式防爆电梯和液压式防爆电梯。防爆电梯除了符合本标准的要求外，还需要符合 GB 7588—2003、GB 21240—2007 和 GB 25194—2010 的要求。

(6) GB 26465—2011《消防电梯制造与安装安全规范》

本标准修改采用 EN81-72：2003，适用于具有前室的消防电梯，规定了消防电梯的特殊要求。消防电梯除了符合本标准的要求外，还需要满足 GB 7588—2003 或者 GB 21240—2007 的要求。

(7) GB/T 24803 系列标准

GB/T 24803 系列标准等同采用 ISO/TS259，由 GB/T 24803.1—2009《电梯安全要求　第1部分：电梯基本安全要求》、GB/T 24803.2—2013《电梯安全要

求　第 2 部分：满足电梯基本安全要求的安全参数》、GB/T 24803.3—2013《电梯安全要求　第 3 部分：电梯、电梯部件和电梯功能符合性评价的前提条件》、GB/T 24803.4—2013《电梯安全要求　第 4 部分：评价要求》组成。

本系列标准为所有使用电梯或与电梯相关的人员规定了全球通用的安全水平，同时在维护同等安全水平的前提下鼓励突破现有电梯技术的创新。本标准的应用使我国在对电梯新产品和新部件进行安全评价的过程中提供方法和技术支撑。

（8）GB/T 10058—2009《电梯技术条件》

本标准规定了乘客电梯及载货电梯的技术要求、检验规则、标志、包装、运输与贮存等。本标准适用于额定速度不大于 6.0m/s 的电力驱动的曳引式和额定速度不大于 0.63m/s 的强制式的乘客电梯和载货电梯。本标准不适用于液压电梯、杂物电梯和家用电梯。

（9）GB/T 10059—2009《电梯试验方法》

本标准规定了乘客电梯和载货电梯的整机和部件的试验方法。本标准适用于额定速度不大于 6.0m/s 的电力驱动的曳引式和额定速度不大于 0.63m/s 的强制式的乘客电梯和载货电梯。本标准不适用于液压电梯、杂物电梯和家用电梯。

（10）GB/T 10060—2011《电梯安装验收规范》

本标准规定了电梯安装验收的条件、项目、要求和规则。本标准适用于额定速度不大于 6.0m/s 的电力驱动曳引式和额定速度不大于 0.63m/s 的电力驱动强制式乘客电梯、载货电梯。本标准不适用于液压电梯、杂物电梯、仅载货电梯和家用电梯。

（11）GB/T 7024—2008《电梯、自动扶梯、自动人行道术语》

本标准规定了电梯、自动扶梯、自动人行道术语。本标准适用于制定标准、编制技术文件、编写和翻译专业手册、教材及书刊。

由于电梯技术更新及实际中对标准的需要，近年来，国家标准制定更新节奏加快，上面仅对部分电梯相关标准做了简要的介绍，由于电梯是一个复杂的机电设备，涉及的标准十分广泛，不能一一列举。下面笔者对常用的一些电梯有关标准做了整理，详见表 2-2。

表 2-2　电梯常用的国家标准一览表

序号	标准号	标准名称	实施日期	备注
1	GB 7588—2003	电梯制造与安装安全规范	2004-01-01	
2	GB 7588—2003/XG1—2015	电梯制造与安装安全规范国家标准第 1 号修改单	2016-07-01	

续表

序号	标准号	标准名称	实施日期	备注
3	GB 16899—2011	自动扶梯和自动人行道制造与安装安全规范	2011-07-29	
4	GB 25194—2010	杂物电梯造与安装安全规范	2011-06-01	
5	GB 21240—2007	液压电梯制造与安装安全规范	2008-01-01	
6	GB 26465—2011	消防电梯制造与安装安全规范	2012-04-01	
7	GB 31094—2014	防爆电梯制造与安装安全规范	2015-06-01	
8	GB 25856—2010	仅载货电梯制造与安装安全规范	2011-12-01	
9	GB 28621—2012	安装于现有建筑物中的新电梯制造与安装安全规范	2013-05-01	
10	GB/T 7024—2008	电梯、自动扶梯、自动人行道术语	2009-06-01	
11	GB/T 10058—2009	电梯技术条件	2010-03-01	
12	GB 10060—2011	电梯安装验收规范	2012-01-01	
13	GB/T 20900—2007	电梯、自动扶梯和自动人行道　风险评价和降低的方法	2007-09-01	
14	GB/T 24803.1—2009	电梯安全要求　第1部分:电梯基本安全要求	2010-09-01	
15	GB/T 24803.2—2013	电梯安全要求　第2部分:满足电梯基本安全要求的安全参数	2014-07-01	
16	GB/T 24803.3—2013	电梯安全要求　第3部分:电梯、电梯部件和电梯功能符合性评价的前提条件	2014-07-01	
17	GB/T 24803.4—2013	电梯安全要求　第4部分:评价要求	2014-07-01	
18	GB/T 10059—2009	电梯试验方法	2010-03-01	
19	GB 24804—2009	提高在用电梯安全性的规范	2010-09-01	
20	GB 30692—2014	提高在用自动扶梯和自动人行道安全性的规范	2015-06-01	
21	GB/T 18775—2009	电梯、自动扶梯和自动人行道维修规范	2010-03-01	
22	GB 50310—2002	电梯工程施工质量验收规范	2002-06-01	
23	GB/T 31821—2015	电梯主要部件报废技术条件	2016-02-01	
24	GB/T 7025.1—2008	电梯主参数及轿厢、井道、机房的型式与尺寸　第1部分:Ⅰ、Ⅱ、Ⅲ、Ⅵ类电梯	2009-06-01	
25	GB/T 7025.2—2008	电梯主参数及轿厢、井道、机房的型式与尺寸　第2部分:Ⅳ类电梯	2009-06-01	

续表

序号	标准号	标准名称	实施日期	备注
26	GB/T 7025.3—1997	电梯主参数及轿厢井道机房的型式与尺寸　第 3 部分：V类电梯	1998-06-01	
27	GB/T 24478—2009	电梯曳引机	2010-03-01	
28	GB/T 24475—2009	电梯远程报警系统	2010-03-01	
29	GB/T 24477—2009	适用于残障人员的电梯附加要求	2010-03-01	
30	GB/T 24474.1—2020	乘运质量测量　第 1 部分：电梯	2021-02-01	
31	GB/T 24808—2009	电磁兼容　电梯、自动扶梯和自动人行道的产品系列标准-抗扰度	2010-06-01	
32	GB/T 24807—2009	电磁兼容　电梯、自动扶梯和自动人行道的产品系列标准-发射	2010-06-01	
33	GB/T 8903—2018	电梯用钢丝绳	2020-01-01	
34	GB/T 30560—2014	电梯操作装置、信号及附件	2014-12-01	
35	GB/T 22562—2008	电梯 T 型导轨	2009-06-01	
36	GB/T 24479—2009	火灾情况下的电梯特性	2010-03-01	
37	GB 50231—2009	机械设备安装工程施工及验收通用规范	2009-10-01	
38	GB/T 5226.1—2019	机械电气安全　机械电气设备　第 1 部分：通用技术条件	2020-01-01	
39	GB/T 29481—2013	电气安全标志	2013-12-01	
40	GB/T 30174—2013	机械安全术语	2014-10-01	
41	GB/T 4776—2017	电气安全术语	2018-02-01	
42	GB 23821—2009	机械安全防止上下肢触及危险区的安全距离	2009-12-01	
43	GB 16754—2021	机械安全急停设计原则	2021-12-01	
44	GB/T 18831—2017	机械安全与防护装置相关的联锁装置设计和选择原则	2018-07-01	
45	GB 3836.1—2010	爆炸性环境　第 1 部分：设备通用要求	2011-08-01	
46	GB 18209.1～3—2010	机械电气安全指示、标志和操作	2011-12-01	
47	GB 50054—2011	低压配电设计规范	2012-06-01	
48	GB/T 15706—2012	机械安全　设计通则　风险评估与风险减小	2013-03-01	
49	GB/T 16855.1—2018	机械安全　控制系统安全相关部件　第 1 部分：设计通则	2019-07-01	

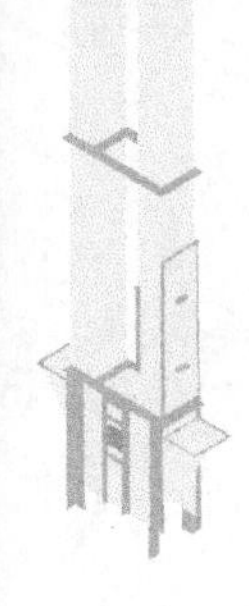

续表

序号	标准号	标准名称	实施日期	备注
50	GB 28526—2012	机械电气安全　安全相关电气、电子和可编程电子控制系统的功能安全	2013-05-01	
51	GB 6441—1986	企业职工伤亡事故分类	1987-02-01	

2.2.2 国际电梯标准简介

从畜力、水力、风力机械到蒸汽机，再到现在广泛使用的电梯、汽车等先进的机械设备，机械造成的事故一直没有完全消除过。通过经验教训，机械安全得到前所未有的重视，特别是如汽车和电梯等机械，从生产工具逐渐变成生活所依赖的工具，机械安全成为男女老少共同关心的话题。为了尊重生命，人们形成了安全无国界的共识，同时也为了消除各国之间因安全标准化不一致造成贸易壁垒。

为了实现欧洲市场的统一，20 世纪 80 年代，欧共体（现为欧盟）就机械安全立法和标准化出台了一系列的政策，其中 1985 年的《技术协调与标准化新方法》的决议影响最大。该决议明确规定：机械指令提出了机械产品投放市场前必须达到的健康和安全的基本要求，并委托欧洲标准化机构，欧洲标准化委员会（CEN）、欧洲电工标准化委员会（CENELEC）制定机械安全标准，即“协调标准”。时至今日，欧洲标准化组织已围绕机械指令（覆盖自动扶梯和自动人行道）建立了 50 余个相关的标准化技术委员会，涉及电气、振动、声学、人类工效学等多个领域，以及 600 多项机械安全协调标准。此外欧盟还有电梯指令、载人索道指令、承压设备指令等专业机械有关的指令和相应的协调标准。

国际标准化组织（ISO）制定标准的首要目的是通过相关标准，减少机械对人员造成的伤害，消除技术壁垒，促进国际贸易。ISO 的宗旨是在世界范围内促进标准化工作的开展，以利于国际物资交流和互助，并扩大知识、科学、技术和经济方面的合作。ISO 的主要任务是制定国际标准，协调世界范围内的标准化工作，与其他国际性组织合作研究有关标准化问题。1991 年，ISO/TC199 国际标准化组织——机械安全技术委员会正式成立，其发展前期与欧洲标准化技术委员会紧密合作，通过把欧洲标准转化成 ISO 标准，来消除国际间机械安全问题的技术贸易壁垒。时至今日，ISO 标准中，其中机械安全标准占 240 余项。除 TC199 机械安全标准外，还涉及如：TC23（拖拉机、农林机械）、TC39（机床）、TC27（纺织机械）、TC86（制冷、空调器）、TC92（防火安全设施）、TC96（起重机）、TC101（连续机械搬运设备）、TC108（机械振动、冲击）、TC110（工业车辆）、TC117（工业风机）、TC118（压缩风动机械）等的标准。

我国的机械安全标准分为国家标准、行业标准、地方标准、团体标准和企业标准。改革开放以来，随着我国经济的快速发展，国内陆续制定了一系列的机械安全的国家标准和行业标准，如 GB/T 25295—2010《电气设备安全设计导则》、GB 5083—1999《生产设备安全卫生设计总则》等基础性机械安全标准，专业机械安全标准涉及木工机械、铸造机械、石化机械、矿山机械等行业。但这些标准在具体制定期间，由于主管部门不一致，导致其不能很好地协调互助，导致一些国家标准与行业标准之间内容重叠或者技术内容冲突，这在很大程度上影响着机械安全标准的执行。随着 1994 年全国机械安全标准化技术委员会（SAC/TC208）的成立，此现象已经得到逐步改善。SAC/TC208 的成立也是我国机械安全的新突破，成立之初，就将我国的机械安全随同国际机械安全标准分为了三类，即 A 类、B 类、C 类，这样的分类不仅方便了机械安全标准的相互作用，而且避免了重复标准的出现，更利于各项标准之间的相互协调引用。

虽然机械安全国际标准来源于欧洲国家，但标准中的理念和方法被世界各国所认同，例如：ISO12100、ISO14121 等系列机械安全标准已被欧盟以外的很多国家采用。同时，根据国情，各国又以这几项基础标准为核心，制定了大量的相关安全标准。2007 年，就连一向不采用国际标准的美国也采用了 ISO12100 系列标准，使美国的机械安全标准趋于国际标准。我国在 1985 年制定 GB 5083—1985《生产设备安全卫生设计总则》时就采用了当时德国的直接安全技术措施—本质安全性能和间接安全技术措施—安全防护装置，以及指示性安全技术措施等理念。目前，各国都在积极采用机械安全国际标准，使得各国的机械安全标准趋于统一，逐步消除国际贸易中的技术壁垒，并真正意义上起到保护人员的作用。

机械安全标准一般可分为基础安全标准（A 类）、通用安全标准（B 类）和机械安全标准（C 类），ISO/TC199、CEN/TC 的机械安全标准体系的结构如下：

① A 类标准（基础安全标准）　给出适用于所有机械的基本概念、设计原则和一般特征。

② B 类标准（通用安全标准）　涉及机械的一种安全特征或使用范围较宽

的一类安全防护装置：

a. B1 类，特定的安全特征（如安全距离、表面温度、噪声）标准。

b. B2 类，安全装置（如双手操纵装置、联锁装置、压敏装置、防护装置）标准。

③ C类标准（机器安全标准） 对一种特定的机器或一组机器规定出详细的安全要求的标准。

目前，我国的电梯标准依照国际上的相关电梯标准制定，包括基础标准、通用标准、专用标准三个层次，既有世界通用性又结合了我国的国情，同时也是总结了百年来电梯的生产、使用实践的成果。为了保证电梯的制造、安装过程中的质量、安全，应严格执行国家标准。

当C类标准的内容与A类标准或者B类标准的一个或多个技术规定不一致时，以C类标准的技术规定为准。

2.2.3 电梯标准更新简介

随着世界电梯技术的发展，人们对电梯的安全性也有了更高的要求。旧标准在实施多年的过程中，也不断地完善、更新。下面以 GB 7588 以及 GB 16899 为例介绍。

(1) GB 7588—2003 版本对比 GB 7588—1995 版本的主要差别

GB 7588 是我国电梯制造与安装最主要的标准，GB 7588《电梯制造与安装安全规范》国家标准从 1987 版、1995 版到 2003 版，等同（等效）采用欧洲标准 EN81。GB 7588—2003《电梯制造与安装安全规范》于 2004 年 1 月 1 日起生效，等效采用欧洲标准 EN81-1：1998，它由全国电梯标准化技术委员会对 GB 7588—1995 版标准进行全面修订后产生。与 1995 版本相比，2003 版标准适用范围更广泛、涉及内容更全面，主要有：

① 紧急救援，如果在井道中工作的人员存在被困危险，而又无法通过轿厢或井道逃脱，应在存在该危险处设置报警装置（增设轿顶、底坑的对讲装置）。

② 主开关在断开位置时应能用挂锁或其他等效装置锁住，以确保不会出现误操作。

③ 井道照明开关应在机房和底坑分别装设，以便这两个地方均能控制井道照明。底坑内的井道灯开关，在开门去底坑时应易于接近。

④ 由交流或直流电源直接供电的电动机，必须用两个独立的接触器切断电源，接触器的触点应串联于电源电路中，电梯停止时，如果其中一个接触器

的主触点未打开，最迟到下一次运行方向改变时，必须防止轿厢再运行。

⑤ 增加电动机运转时间限制器，该装置动作后，恢复电梯正常运行只能通过手动复位。

⑥ 电梯电气安装和电气设备的电磁兼容性应符合相关要求。

⑦ 对于可拆卸的盘车手轮，最迟应在盘车手轮装上电梯驱动主机时，有一个电气安全装置被动作，使电梯不能自动启动。

⑧ 所有参与向制动轮或盘施加制动力的制动器机械部件应分两组装设。如果一组部件不起作用，应仍有足够的制动力使载有额定载荷以额定速度下行的轿厢减速下行，电磁线圈的铁芯被视为机械部件，而线圈则不是。

⑨ 曳引轮、滑轮和链轮应根据要求设置防护装置，以避免人身伤害，钢丝绳或链条因松弛而脱离绳槽或链轮，以及异物进入绳与绳槽或链与链轮之间。

⑩ 悬挂绳的安全系数应按照 GB 7588—2003 要求计算。

⑪ 钢丝绳曳引力应满足四个条件。

⑫ 曳引驱动的电梯，应装设轿厢上行超速保护装置。

⑬ 如果轿门需要上锁，该门锁装置的设计和操作应用与层门门锁装置有相似的结构，并同样按 GB 7588—2003 要求的规定进行型式试验。

⑭ 对于载货电梯，为了防止不可排除的人员乘用可能发生的超载，轿厢面积应予限制。

⑮ 乘客电梯和病床电梯的额定载重量和最大有效面积之间的关系应符合 GB 7588—2003 中的要求。为了允许轿厢设计的改变，对 GB 7588—2003 中所列各额定载重量对应的轿厢最大有效面积允许增加不大于表列值 5%的面积。此外，轿厢的超载还应由一个符合 GB 7588—2003 规定的超载报警装置来监控。

⑯ 离轿顶外侧边缘有水平方向超过 0.30m 的自由距离时，轿顶应装设护栏。护栏应由扶手、0.10m 高的护脚板和位于护栏高度一半处的中间栏杆组成。

⑰ 导轨及其附件和接头应能承受电梯安全运行施加在其上的载荷和力。导轨的计算应符合 GB 7588—2003 相关的规定。

⑱ 隔障设置要求对重（或平衡重）的运行区域采用刚性隔障防护，该隔障从电梯底坑地面上不大于 0.30m 处向上延伸到至少 2.50m 的高度。在装有多台电梯的井道中，不同电梯的运动部件之间应设置隔障。隔障应至少从轿厢、对重（平衡重）行程的最低点延伸到最低层站楼面以上 2.50m 高度。其

宽度应至少等于对重（或平衡重）的宽度两边各加0.10m。

⑲ 井道内应设置永久性的电气照明装置，即使在所有的门关闭时，在轿顶面以上和底坑地面以上1m处的照度均至少为50lx。照明应这样设置：距井道最高和最低点0.50m以内各装设一盏灯，再设中间灯（取消原来7m灯）。对于部分封闭井道，如果井道附近有足够的电气照明，井道内可不设照明。

⑳ 对玻璃轿壁和玻璃门的规定。

㉑ 对非线性缓冲器的规定和试验方法。

㉒ 对乘客电梯与载货电梯门间隙的要求，电梯采用折叠门的相关要求。

㉓ 对在井道内安装限速器可接近性的规定。

㉔ 对部分封闭井道的要求，对井道壁强度的要求。

㉕ 对含有电子元件的安全回路的型式试验的规定等。

(2) GB 7588—2003《电梯制造与安装安全规范》第1号修改单

根据EN81-1/2：1988修改采用的GB 7588—2003《电梯制造与安装安全规范》已实施多年，同时欧洲也重新修订了EN81-20/50：2014-02，在此基础上，我国电梯标准也有必要进行修订，为避免全部修订的时间过长，优先实施层门强度、轿门的开启和轿厢意外移动保护装置这三项安全措施。也就是GB 7588—2003《电梯制造与安装安全规范》第1号修改单。2015年7月16日国家标准化管理委员会批准GB 7588—2003《电梯制造与安装安全规范》国家标准第1号修改单，自2016年7月1日起开始实施。

1）层门强度　层门应起到封闭井道的作用，近年有一些事故由于层门强度不足，没有起到有效的封闭作用，而导致人员在意外碰撞层门时跌入电梯井道，造成了人员伤亡。因此需要对层门及三方框的强度提出更高的要求。

① 300N静力试验　300N的静力垂直作用在门或门框任一面的任意位置，均匀分布在$5cm^2$的圆形或方形面积上时，应永久变形不大于1mm，弹性形变不大于5mm，且不影响门的安全性。

② 1000N静力试验　1000N的静力垂直作用在门或门框任一面的任意位置，均匀分布在$100cm^2$的圆形或方形面积上时，没有影响功能和安全的明显的永久变形（最大10mm间隙）。

③ 软摆锤试验　从层站方向用软摆锤撞击规定的点时，可以有永久变形，但层门装置完整性没有损坏，并保持在原有位置，凸进井道内不能超过0.12m。试验后，不要求门能运行，玻璃的部分应该没有裂纹。

④ 硬摆锤试验　在撞击玻璃门板时，要求无裂纹，除直径不大于2mm的剥落外，面板不能有其他损坏。

针对上面这几点要求，考虑分别对层门、门框、层门地坎和导靴进行新的设计，保证达到以下标准要求：

① 层门和门框　为增加强度，根据不同尺寸的层门和门框，可以考虑增加补强筋数量、长度、宽度、厚度，或者变更门框的截面形状，并通过自检来确认是否满足要求。

② 层门地坎和导靴　为防止门从地坎中脱落，可以考虑增加地坎的沟槽深度，防止门受到撞击时，导靴脱出地坎，如果不能满足要求，也可以考虑使用钩形导靴，或者增加导靴插入量，或者追加防脱挡块来阻止脱出。

③ 层门　需要按《电梯型式试验规则》（TSG T7007—2016）要求进行型式试验，而且试验样品为一套完整的且装配完成的层门部品，包括层门、门框、地坎、导靴和相应的固定件。

2）轿门的开启

① 为了防止电梯在非开锁区域时，人员从轿厢内打开轿门，也为了使电梯在开锁区域时，电梯内人员能有效自救，第 1 号修改单新增了轿门开门限制装置的要求。

② 如果由于任何原因，电梯停在开锁区域时，轿厢内人员要能用不超过 300N 的力打开轿门，在轿厢所在层站，打开厅门后，也要能用不超过 300N 的力打开轿门。

③ 轿厢运行时，开启轿门的力应大于 50N，在开锁区域外，在开门限制装置处施加 1000N 的力，轿门开启不应超过 50mm。

对应内容主要考虑门刀的设计、门刀锁钩和轿厢内的解锁方式。

① 改变门刀的设计，轿门刀通常会比厅门刀长一些，如果轿门刀过长，会导致未到开锁区域时就能在轿厢内打开轿门，如果设计过短，在开锁区域内可能无法打开轿门，可设计轿门刀和厅门刀的一体化，或通过调整长度来实现。

② 为保证轿门在非开锁区域的锁紧，可在门刀上追加锁钩，通过旋转部件来控制锁紧与开启。

③ 轿厢内追加解锁装置，在开锁区域时，可通过解锁装置打开厅门。

开门限制装置与轿门锁的区别：

开门限制装置，第 1 号修改单后必须设置，不要求设置电气安全装置，不需型式试验，不可替代轿门锁。轿门锁，不是必需的，必须设置电气安全装置，需要型式试验，可代替开门限制装置。

3）轿厢意外移动保护装置　在层门未被锁住且轿门未关闭的情况下，由

于轿厢安全运行所依赖的驱动主机或驱动控制系统的任何单一元件失效引起轿厢离开层站的意外移动，电梯应具有防止该移动或使移动停止的装置。该装置能在规定的距离范围内制停轿厢。

此装置的作用是防止乘客进出轿厢时受到轿厢意外移动造成的伤害。造成意外移动的原因可能包括：曳引机及相关部件的故障，控制系统的失灵。

构成此装置的主要要素为：检测装置、制动装置和触发方式。

① 检测装置　检测轿厢的意外移动可以使用平层开关、接近开关、限速器和位置传感器等。

② 制动装置　作用于轿厢或对重的安全钳，作用于补偿链的夹绳器，作用于曳引机的制动器。

③ 触发方式　电气式或机械式。

(3) GB 16899—2011 版本对比 GB 16899—1997 版本的主要差别

与 GB 16899—1997 比较，GB 16899—2011 版本在标准章节的编排上发生了很大的变化，第 4 章先列出了重大危险、危险状态和事件清单，在第 5 章则给出了相应的安全要求及保护措施。主要内容有：

① 增加了楼层板和检修盖板应设置电气安全装置的要求。

② 关于护壁板增加允许采用多层玻璃的规定，当采用多层玻璃时，应为夹层钢化玻璃，并至少有一层厚度不小于 6mm 的规定。

③ 增加了扶手带下缘与墙壁或其他障碍物之间的垂直距离至少为 25mm 的要求；将平行或交错设置的自动扶梯和自动人行道扶手带之间的距离由不小于 120mm 改为不小于 160mm。

④ 增加了自动扶梯和自动人行道启动后，应有一个装置检测制动系统的释放的要求。

⑤ 将梳齿板梳齿与踏面齿槽的啮合深度由至少为 6mm 降低为至少为 4mm。

⑥ 对于倾斜角度不大于 6°的自动人行道，自动人行道的名义宽度最大到 1.65m，而 1997 版标准对此没有做要求。

⑦ 2011 版标准对紧急开关的设置位置要求进行了修改。

⑧ 增加了桁架内的机房、驱动站以及转向站中的工作区域照度不低于 200lx 的要求。

⑨ 删除了电气安全装置动作应直接作用在供电设备上和中间继电器的规定，保留了当电气安全装置动作时，应能防止驱动主机启动或立即使其停止，工作制动器应起作用的要求。

⑩ 梯级和踏板的驱动，增加了梯级链无限寿命设计、材料特性和拉伸载荷试验要求，增加了张紧装置移动超过±20mm 之前，自动扶梯和自动人行道应自动停止运行的要求。

⑪ 增加了装设扶手带速度检测装置以及速度偏离梯级和踏板实际速度和时间的要求。

⑫ 增加了梯级或踏板设置缺失保护的要求。

⑬ 增加了可拆卸盘车设置电气安全装置的要求。

⑭ 增加外盖板防爬装置、阻挡装置、防滑行装置的设置要求。

⑮ 增加了围裙板防夹装置的设置要求。

(4) 突破现有规范与标准要求产品进入市场程序的介绍

我国现行的电梯安全技术规范和标准是电梯制造、安装、改造、维修、试验和检验的基本依据，按照现行安全规范和标准要求制造和安装的电梯是安全的电梯。随着科技的不断发展，新技术、新工艺、新材料发展迅速，电梯行业不断出现了突破我国现行安全技术规范与强制性国家标准规定要求的电梯（含自动扶梯和自动人行道）或者部件。对不符合我国现行试验或检验的安全技术规范与强制性国家标准的电梯（含自动扶梯和自动人行道，下同）或者部件，其进入市场的批准程序，目前采纳国家市场监督检验管理总局特种设备安全技术委员会电梯分委会（以下简称电梯分委会）建议，要求其在投入使用前，均应当进行等效安全性评价。

安全相关理论基础及电梯安全要求

安全理论是人类安全活动的基本理论和策略，是安全科学以及安全管理科学发展的基石，有了丰富而充实的安全理论，安全科学技术的发展才有坚实的基础，人类实现了对真正安全原理的掌握，才能改变自身对事故的认识和态度，才能使今天人们从安全生产和生活的必然王国走向未来人安全生存与发展的自由王国。

安全管理方法与技术的进步，需要安全理论作基础，需要有战略方向上的指导，以及实现这一目标的途径。电梯安全作为安全管理体系中的一员，其基本的管理方法与技术理论必须以安全基本理论为依据，只有认识了相关安全科学的基本知识才能对电梯安全有一个更好的理解。

3.1 电梯安全相关理论基础

3.1.1 安全概念

(1) 安全的定义

安全，一个各领域都在强调，却又很难给出明确定义的词语。我们常说设备安全、用电安全、食品安全、交通安全等，那么安全究竟是什么呢？我们又怎么来衡量安全的程度呢？在 ISO 标准中给出的定义：安全是没有不可接受的风险。随着选入市场的产品、流程和服务的日益复杂，需要把安全作为高的优先级别来考虑。没有绝对的安全，即使采用了充分的保护措施，一些风险依然存在，这就是定义的残余风险（最新标准为：剩余风险），产品、过程或服务只能是相对的安全。

把风险降低到可接受的水平就是安全，即没有不可接受的风险。可接受的风险由理想的绝对安全和产品、过程或服务需要满足的要求之间的最优平衡来确定。这些要求包括用户利益的因素、适当的目标、成本效益、社会有关的惯例等。例如：我们建筑物里的楼梯的角度问题，角度太大容易跌跤，角度太小占用太多建筑空间，楼梯的角度问题必须在安全和经济之中做出选择，也就是要选择大多数人能够接受的、绝大多数使用者不容易跌跤的角度。随着社会的发展，还要不断评估可接受的风险水平，特别是在技术和知识发展之中，可能有经济可行的改进方案，使得产品、过程或服务的使用过程中风险更小。风险是否可以被接受，又跟社会的生产力水平、人们对安全的认可程度、社会的接受水平等有关，所以在对安全的研究中，发达国家是走在前列的。剩余风险应

该小于可以接受的风险，剩余风险是在风险评估的迭代过程（风险分析和风险评价）和风险减少中取得。

国家标准（GB/T 45001《职业健康安全管理体系　要求及使用指南》）对“安全”给出的定义是：“免除了不可接受的损害风险的状态”。安全是指不受威胁，没有危险、危害、损失。人类的整体与生存环境资源的和谐相处，互相不伤害，不存在危险的危害隐患。安全是免除了不可接受的损害风险的状态，是在人类生产过程中，将系统的运行状态对人类的生命、财产、环境可能产生的损害控制在人类能够接受水平以下的状态。

（2）安全的基本特征

① 安全的必要性和普遍性　安全是人类生存和发展的最基本要求，是生命与健康的基本保障，如果人们失去了生命，也就失去了一切，安全就是生命。人类活动中的安全问题，是伴随着人类的诞生而产生的，安全极为普遍地存在于人类生产和生活的所有时间和空间领域，人类的一切生活、生产活动都离不开安全。

② 安全的动态性　安全是人、物、环境及其相互关系的协调，如果失调就会出现危害或损坏。保障安全的条件是多因素的，安全的状态绝非是一种确定的、静止不变的状态，它随着时间、空间动态变化，条件变了，安全状态也会发生变化。

③ 安全的相对性　安全的相对性表现在三个方面：首先，绝对安全的状态是不存在的，系统的安全是相对于危险而言的。其次，安全标准是相对于人的认识和社会经济的承受能力而言的，抛开社会环境讨论安全是不现实的，人类不可能为了追求绝对的安全放弃生产活动，如果衣食住行等基本需求都得不到满足，安全又有什么意义。在实践中，人们或社会在客观上自觉或不自觉地认可或接受某一安全水平，当实际状况达到这一水平，人们就认为是安全的，低于这一水平，则认为是危险的。最后，人的认识是无限发展的，对安全机理和运行机制的认识也在不断深化，也就是说，安全对于人的认识而言具有相对性。而危险是绝对的。危险的绝对性表现在事物一诞生危险就存在，中间过程中，危险可能变大或变小，但不会消失，危险存在于一切系统的任何时间和空间中。不论我们的认识多么深刻，技术多么先进，设施多么完善，危险始终不会消失，人、机和环境综合功能的残缺始终存在。

④ 安全的局部稳定性　安全的因素是复杂的系统，绝对安全是不可能的，但有条件的局部安全是可能的，安全生产生活活动必须达到安全条件。人们利用安全原理控制安全的要素，就能实现局部稳定的安全。

⑤ 安全的经济性　安全的经济性主要体现在：安全需要投入，才能有保障安全的基本条件，如设施、设备、用品，及安全教育培训等；安全能直接减轻或免除事故或危害事件给人、社会和自然造成的危害，减少损失；安全能保障劳动条件和维护经济增值过程，实现间接为社会增值，即安全的社会价值。

⑥ 安全的复杂性　生产中安全与否的实质是人、机、环境及其相互关系的协调。安全活动也包括人的思维、心理、生理及与社会的关系等。这是一个自然与社会结合的开放性的系统，系统中包含无穷多层次的安全和不安全矛盾，相互间形成极为复杂的结构和功能，同时与外部世界又有多种多样的联系，存在多种相互作用，使构成安全系统的安全元素和与安全有关的因素也纷繁交错，所以安全具有复杂性。

⑦ 安全的社会性　如前所述，安全的经济性会对社会造成影响。安全的社会性还主要体现在：安全与企业及社会的稳定直接相关；安全会对各级行政部门以及对国家领导人的决策产生影响；安全还会影响社会经济发展。

⑧ 安全的潜隐性　客观安全包括明显的和潜隐的两种安全因素，现今人们认为安全的概念基本都是宏观的，许多潜隐性安全还未被人们完全认识。如化学品、人工合成品、医品。安全的潜隐性问题亟待人们研究，只有通过理论与实践结合，不断探索安全科学，才能找到更加安全的方法。

3.1.2　安全科学的发展

安全问题自有人类以来就一直存在，科学是人类认识事物本质和规律的知识体系。从 20 世纪 60 年代至今，人们已经认知到安全的极端重要性。安全科学作为一门新兴的学科，安全工作者对安全科学的定义各有论述，也不统一。安全科学大概经历了以下三个阶段。

第一阶段：经验型（事后反馈决策型）阶段，长期以来，人们认为安全仅仅以技术形式依附于生产，从属于生产，仅仅在事故发生后进行调查研究、统计分析和采取整改措施，以经验作为科学，安全处于被动局面，是“亡羊补牢”的模式。人们常用事故频发倾向论、能量意外释放论、两类危险源等事故致因理论来分析事故的原因，坚持“四不放过的原则”，以事故统计学为基础，研究事故发生规律，找出原因并制定整改对策，长期以来对于认识事故规律，认识事故本质，预防事故和安全保障起到重要的作用。但是仅仅停留在事故分析的研究上，一方面由于现代化固有的安全性在不断地提高，事故频率逐步降低，建立在统计学上的事故理论样本的局限使理论本身的发展受到限制，同

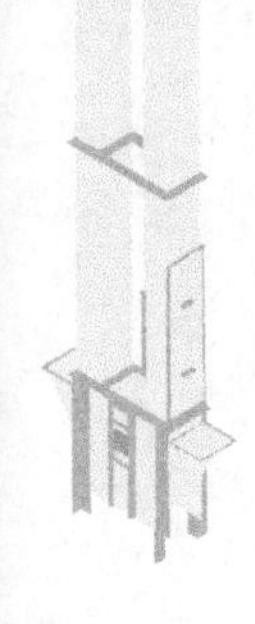

时，由于现代化对系统安全性要求的不断提高，直接从事故本身出发研究思路和对策，其理论效果不能完全满足新的要求。总之传统的安全技术建立在事故统计基础上，这基本属于一种纯反应式的。安全科学缺乏理性，人们仅仅在各种产业的局部领域发展和应用不同的安全技术，使得对安全规律的认识停留在相互隔离、重复、分散和彼此缺乏内在联系的状态。

第二阶段：事后预测型（预期控制型）阶段，人们对安全有了新的认识，该阶段以危险和隐患作为研究对象，其理论基础是对事故因果性的认识，运用事件链分析、系统过程化、动态分析与控制等方法，有了事故系统的超前意识和动态认识，这一阶段有了比早期事故学理论更为有效的方法，如失效分析、安全风险评价、故障树分析、危险控制等基本方法。该阶段充分体现出了超前预防、系统综合、主动对策的手段，达到防止事故的目的。但是，这一理论体系上，还缺乏系统性、完整性和综合性。

第三阶段：综合系统论（现代科学型）阶段，现代安全科学研究是近年来发展起来的，以安全系统为研究对象，建立了人、机、环境、信息的安全系统要素体系，安全问题的研究应放在开放系统中，安全具有科学性、系统性、动态性的特点。从事故的本质中去防止事故，更强调从建设安全系统的角度出发，认识安全系统的要素，人的安全（安全素质、心理与生理、安全能力、安全文化等），机与环境的安全可靠性（设计安全性、制造安全性、使用安全性等），信息的安全（可靠的安全信息流，管理效能的充分发挥等），揭示各种安全机理并将其系统化、理论化，变成指导解决各种具体安全问题的科学依据，在这一阶段中安全科学不仅涉及人体科学和思维科学，而且涉及行为科学、自然科学、社会科学等所有大的科学门类。要求从系统本质入手，研究本质安全化、硬技术原理（机电安全原理、防爆原理）、安全系统论、安全控制论、安全信息论原理、安全文化建设等，该阶段的理论系统随着科技进步和社会发展在不断更新和发展之中。

3.1.3 事故致因理论

电梯事故屡见报端，为何频发，有何规律？事故致因理论也叫事故成因理论，探索事故发生、发展规律，用来阐明事故的成因、始末过程和事故后果，以便对事故现象的发生、发展进行明确的分析。事故致因理论的出现，已有百年历史，是从最早的单因素理论发展到不断增多的复杂因素的系统理论。

事故致因理论的发展经历了几个阶段，即以事故频发倾向论和海因里希因果连锁论为代表的早期事故致因理论，以能量意外释放论为主要代表的二次世界大战后的事故致因理论，以及现代的系统安全理论。

(1) 事故频发倾向理论

1919年，英国的格林伍德和伍兹把许多伤亡事故发生次数进行了统计分析发现，一些工人由于精神或心理方面的原因，如果在生产操作过程中发生过一次事故，当再继续操作时，就有重复发生第二次、第三次事故的倾向。

在此研究基础上，1939年，法默和查姆勃等人提出了事故频发倾向理论。事故频发倾向是指个别容易发生事故的稳定的个人内在倾向。事故频发倾向者的存在是工业事故发生的主要原因，即少数具有事故频发倾向的工人是事故频发倾向者，他们的存在是工业事故发生的原因。如果企业中减少了事故频发倾向者，就可以减少工业事故。

尽管事故频发倾向论过分夸大了人的性格特点在事故中的作用，把工业事故归因于少数事故频发倾向者的观点是错误的，然而从职业适合性的角度来看，关于事故频发倾向的认识也有一定可取之处。

(2) 海因里希因果连锁理论

1931年，美国的海因里希在《工业事故预防》一书中，阐述了工业安全理论，该书的主要内容之一就是论述了事故发生的因果连锁理论，后人称其为海因里希因果连锁理论。

海因里希把工业伤害事故的发生发展过程描述为具有一定因果关系事件的连锁，即：人员伤亡的发生是事故的结果，事故的发生原因是人的不安全行为或物的不安全状态，人的不安全行为或物的不安全状态是由于人的缺点造成的，人的缺点是由不良环境诱发的或者是由先天的遗传因素造成的。

海因里希将事故因果连锁过程概括为以下五个因素：遗传及社会环境，人的缺点，人的不安全行为或物的不安全状态，事故和伤害。海因里希用多米诺骨牌来形象地描述这种事故因果连锁关系。在多米诺骨牌系列中，一颗骨牌被碰倒了，则将发生连锁反应，其余的几颗骨牌相继被碰倒。如果移去中间的一颗骨牌，则连锁被破坏，事故过程被中止。他认为，企业安全工作的中心就是防止人的不安全行为，消除机械的或物的不安全状态，中断事故连锁的进程而避免事故的发生。

事故因果连锁中一个最重要的因素是管理。大多数企业，由于各种原因，完全依靠工程技术上的改进来预防事故是不现实的，需要完善的安全管理工

作，才能防止事故的发生。如果管理上出现欠缺，就会使得事故基本原因的出现。

(3) 能量意外释放理论

正是由于一个安全系统中存在危险源的发展变化和相互作用，才使能量发生了意外释放。根据危险源在事故发生、发展中的作用，可以分为两类：第一类危险源是系统中可能发生意外释放的各种能量或危险物质；第二类危险源是导致约束、限制能量措施失效或破坏的各种不安全因素。第一类危险源的存在是事故发生的前提；第二类危险源是第一类危险源导致事故的必要条件。两类危险源共同决定危险源的危险性。第一类危险源释放出的能量，是导致人员伤害或财物损坏的能量主体，决定事故后果的严重程度；第二类危险源出现的难易，决定事故发生的可能性的大小。在具体的安全工程中，第一类危险源客观上已经存在并且在设计、建造时已经采取了必要的控制措施，其数量和状态通常难以改变，因此事故预防工作的重点是第二类危险源，事故控制的重点是第一类危险源。

1961 年，吉布森提出了事故是一种不正常的或不希望的能量释放，各种形式的能量是构成伤害的直接原因。因此，应该通过控制能量或控制作为能量达及人体媒介的载体来预防伤害事故。在吉布森的研究基础上，1966 年哈登完善了能量意外释放理论，提出“人受伤害的原因只能是某种能量的转移”，并提出了能量逆流于人体造成伤害的分类方法，将伤害分为两类：第一类伤害是由于施加了局部或全身性损伤阈值的能量引起的；第二类伤害是由影响了局部或全身性能量交换引起的，主要指中毒窒息和冻伤。哈登认为，在一定条件下，某种形式的能量能否产生伤害、造成人员伤亡事故取决于能量大小、接触能量时间长短和频率以及力的集中程度。根据能量意外释放论，可以利用各种屏蔽来防止意外的能量转移，从而防止事故的发生。

能量按其形式可分为动能、势能、热能、电能、化学能、原子能、辐射能、生物能等。防止能量意外释放的主要技术措施有：用安全的能量代替不安全的能量、限制能量、防止能量累积、缓慢释放能量、采取防护措施、在时间或空间上把能量与人隔离等。

(4) 变化-失误理论

变化-失误理论的主要观点是：运行系统中与能量和失误相对应的变化是事故发生的根本原因。没有变化就没有事故。人们能感觉到变化的存在，也能采用一些基本的反馈方法去探测那些有可能引起事故的变化。而且对变化的敏感程度，也是衡量安全管理水平的重要标志。

当然，必须指出的是，并非所有的变化均能导致事故。在众多的变化中，只有极少数的变化会引起人的失误，而众多的变化引起的人的失误中，又只有极少数的一部分失误会导致事故的发生。另外，并非所有主观上有着良好动机而人为造成的变化都会产生较好的效果。如果不断地调整管理体制和机构，使人难以适应新的变化进而产生失误，必将会事与愿违，事倍功半，甚至造成重大损失。

应用变化的观点进行事故原因分析时，可以考察如：①对象物、防护装置、能量等是否有变化；②人员是否发生变化；③目标、任务、时间、程序等是否有变化；④工作条件、环境是否有变化；⑤其他条件是否发生变化。该理论认为事故的发生往往是多重原因造成的，包含着一系列的变化-失误连锁。

（5）系统安全理论

系统安全理论把人、机、环境作为一个系统，研究人、机、环境的相互作用，反馈和调整，从中发现事故的致因，揭示出预防事故的途径。

在事故致因理论方面，改变了人们只注重操作人员的不安全行为，而忽略硬件的故障在事故致因中作用的传统观念，开始考虑如何通过改善物的系统可靠性来提高复杂系统的安全性，从而避免事故。

没有任何一种事物是绝对安全的，任何事物中都潜伏着危险因素，通常所说的安全或危险只不过是一种主观的判断。

不可能根除一切危险源，可以减少来自现有危险源的危险性，宁可减少总的危险性，而不是只彻底去消除几种选定的风险。

由于人的认识能力有限，有时不能完全认识危险源及其风险，即使认识了现有的危险源，随着生产技术的发展，新技术、新工艺、新材料和新能源的出现，又会产生新的危险源。安全工作的目标就是控制危险源，努力把事故发生概率减到最低，即使万一发生事故，也把伤害和损失控制在较轻的程度上。

（6）综合原因理论（综合论）

综合论认为事故的发生不是由单一因素造成的，也不是个人偶然失误或单纯设备故障所引起的，事故之所以发生是多重原因综合造成的，其发生是有极其深刻的原因的，包括直接原因、间接原因和基础原因。事故的直接原因是指不安全状态和不安全行为这些物质的、环境的以及人的原因构成了生产中的危险因素。间接原因是指管理缺陷、管理失误和管理责任。构成间接原因的因素称为基础原因，包括经济、文化、教育、社会历史和法律等。

目前，事故致因理论的发展还不完善，各学者仅从不同的角度对事故原因进行了离散分析，对事故过程进行了连续分析，并没有给出对于事故调查分

析、预测和预防方面的普遍和有效的方法，但其在为安全管理做出贡献的同时也在不停地完善着自己，对事故发生的因果关系、事故的发生与发展过程分析，对认识事故本质、指导事故调查、事故分析及事故预防都发挥着重要的作用。

3.1.4 预防原理

《特种设备安全法》第三条规定：特种设备安全工作应当坚持“安全第一、预防为主、节能环保、综合治理”的原则。这一方针是一个有机统一的整体。“安全第一”：要求必须把安全放在首位；“预防为主”：要求把安全工作的重心放在预防上，从源头上控制、预防和减少生产安全事故；“综合治理”：要求运用行政、经济、法治、科技等多种手段，充分发挥企业、社会、政府各个方面的作用，抓好安全生产工作。没有安全第一的思想，预防为主就失去了思想支撑，综合治理就失去了整治依据。早在东汉末年我国史学家荀悦（公元 148-209 年）就在《申鉴》提出了“防为上，救次之，戒为下”的思想。“千里之堤，毁于蚁穴”，事故总是从最薄弱之处突破的，预防为主是实现安全第一的根本途径。

根据伤亡事故致因理论以及大量事故原因分析结果显示，事故发生主要是由设备或装置上缺乏安全技术措施、管理上有缺陷和教育不够三个方面原因引起的。因此，必须从技术、教育、管理三个方面采取措施，并将三者有机结合，综合利用，才能有效地预防和控制事故的发生。

(1) 安全技术措施

安全技术措施包括预防事故发生和减少事故损失两个方面。这些措施归纳起来主要有以下几类。

① 减少潜在危险因素　在新工艺、新产品的开发时，尽量避免使用危险的物质、危险工艺和危险设备。例如，在消防员电梯中，采用不燃和难燃的物质代替可燃物质；在防爆电梯中，安全钳的楔块采用不产生火花的金属制造。这些都从根本上减少或消除潜在的危险因素。因此，这是预防事故的最根本措施。

② 降低潜在危险的程度　潜在危险往往达到一定的程度或强度才能施害，通过一些措施降低它的程度，使之处在安全范围以内就能防止事故发生。如在电梯底坑作业可能存在有毒气体，可先进行充分的通风，降低有害气体浓度，使之达到标准值以下，就不会影响人身安全和健康。

③ 联锁　就是当出现危险状态时，强制某些元件相互作用，以保证安全操作。例如，当检测仪表显示工艺参数达到危险值时，与之相连的控制元件就会自动关闭或调节系统，使之处于正常状态或安全停车。目前电梯上联锁的应用也越来越多，这是一种很重要的安全防护装置，可有效地防止人的误操作。在电梯上运用联锁设计，当轿门开启时，门回路断开，电梯不能运行。

④ 隔离操作或远距离操作　由事故致因理论得知，伤亡事故发生必须是人与施害物相互接触。如果将两者隔离开来或者远离一定距离，就会避免人身事故的发生或减弱对人体的危害。提高自动化生产程度，设置隔离屏障，防止人员接触危险物质和危险部位都属于这方面措施。

⑤ 设置薄弱环节　在设备和装置上安装薄弱元件，当危险因素达到危险值之前这个地方预先破坏，将能量释放，保证安全。例如，在电梯电源回路上安装熔丝等。

⑥ 坚固或加强　有时为了提高设备的安全程度，可增加安全系数，加大安全裕度，保证足够的结构强度。

⑦ 警告牌示和信号装置　警告可以提醒人们注意，及时发现危险因素或部位，以便及时采取措施，防止事故发生。警告牌示是利用人们的视觉引起注意；警告信号则可利用听觉引起注意。目前，电梯门旁路装置，在处于旁路运行期间既有闪烁灯光又有听觉信号，可以从视觉和听觉两个方面提醒人们注意。

⑧ 封闭　就是危险物质和危险能量局限在一定范围之内，可有效预防事故发生或减少事故损失。例如，防爆电梯的设计，将易燃易爆物质隔离在隔爆箱内密闭，不与外部空气、火源接触就不会波及外部发生爆炸事故。

此外，还有设备的合理布局、建筑物和设备保持一定安全距离等其他方面的安全技术措施。随着科学技术的发展，还会研发出新的更加先进的安全防护技术，要在充分辨识危险性的基础上具体选用。安全技术设施在投用过程中，必须加强维护保养，经常检修，确保性能良好，才能达到预期效果。电梯上许多的安全设计及措施都是基于预防原理的，上面仅做了简单的举例说明，在后面的章节中都有具体介绍。

(2) 安全教育措施

安全教育是对安全管理人员、安全作业人员及相关人员进行安全思想教育和安全技术知识教育。安全思想教育的内容包括国家有关安全生产、劳动保护的方针政策及法规法纪。通过教育提高各级人员的安全意识及法制观念，牢固树立安全第一的思想，自觉贯彻执行各项劳动保护法规政策，增强保护人、保

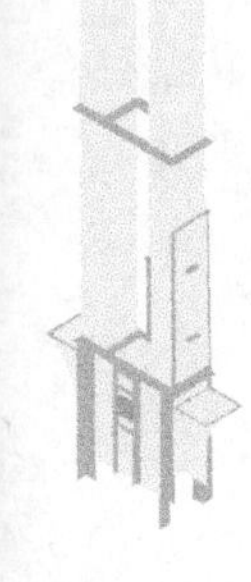

护生产力的责任感。安全技术知识教育包括一般生产技术知识、一般安全技术知识和专业安全生产技术知识的教育，安全技术知识寓于生产技术知识之中，在对人员进行安全教育时必须把二者结合起来。一般生产技术知识含安全主体基本概况、生产工艺流程、作业方法、设备性能及产品的质量和规格。一般安全技术知识教育含各种原料、产品的危险危害特性，生产过程中可能出现的危险因素，形成事故的规律，安全防护的基本措施和有毒有害的防治方法，异常情况下的紧急处理方案，事故时的紧急救护和自救措施等。专业安全技术知识教育是针对特别工种所进行的专门教育，例如锅炉、压力容器、电气、焊接、化学危险品的管理、防尘防毒等专门安全技术知识的培训教育。安全技术知识的教育应做到应知应会，不仅要懂得方法原理，还要学会熟练操作和正确使用各类防护用品、消防器材及其他防护设施。电梯是一个大众化的交通工具，每个人都应该接受电梯安全相关知识的教育。

(3) 安全管理措施

安全管理是通过制定和监督实施有关安全法令、规程、规范、标准和规章制度等，规范人们在生产活动中的行为准则，使劳动保护工作有法可依、有章可循，用法制手段保护职工在劳动中的安全和健康。

对于安全技术、安全管理、安全教育三个方面的措施，技术措施是提高工艺过程、机械设备的本质安全性，即当人出现操作失误时，其本身的安全防护系统能自动调节和处理，以保护设备和人身的安全，所以它是预防事故最根本的措施。安全管理是保证人们按照一定的方式从事工作，并为采取安全技术措施提供依据和方案，同时还要对安全防护设施加强维护保养，保证性能正常，否则，再先进的安全技术措施也不能发挥有效作用。安全教育是提高人们安全素质，掌握安全技术知识、操作技能和安全管理方法的手段。没有安全教育就谈不上采取安全技术措施和安全管理措施。所以说，技术、教育、管理三个方面的措施是相辅相成的，必须同时进行，缺一不可。技术措施（Engineering）、教育措施（Education）、管理措施（Enforcement），又称为“三E”措施，是防止事故的三根支柱。

3.1.5 人机匹配原则

电梯作为理想的人流输送机电设备，在生活和工作中都成为不可缺少的交通工具。人与机器形成双向交互，一方面电梯的设计使用需要结合人的品性，符合人的身体的基本生物构造，另一方面人类也需要适应电梯作为机器的特性，遵守机器的使用规则。安全技术中人机匹配原则根据人和机器各自的长处和局限性，把人机系统中任务分解，合理分配给人和机器去承担，使人与机器能够取长补短，相互匹配和协调，使系统安全、经济、高效地完成人和机器往往不能单独完成的工作任务。

人机功能分配，应全面考虑下列因素：①人和机器的性能、特点、负荷能力、潜在能力以及各种限度；②人适应机器所需的选拔条件和培训时间；③人的个体差异和群体差异；④人和机器对突然事件应激反应能力的差异和对比；⑤用机器代替人的效果，以及可行性、可靠性、经济性等方面的对比分析。表 3-1 列出了人与机器在感受能力、控制能力、工作效能、学习能力、归纳性和耐久性等方面的特征比较。

表 3-1　人机功能特征对比

序号	人	机器
控制能力	可进行各种控制，在自由度调节和联系能力等方面优于机器	操纵力、速度、精密度操作等方面都超过人的体力，必须外加动力源
工作效能	可依次完成多种功能作业，但不能进行高阶运算，不能同时完成多种操作和在恶劣环境工作	能在思考环境中工作，可进行高阶运算和同时完成多种操纵控制，单调、重复地工作也不降低效率
感受能力	人能识别物体的大小、形状、位置和颜色等特征，并对不同音色和某些化学物质也有一定的分析能力	在受超声、辐射、微波、电磁波、磁场等信号方面，超过人的感受能力
学习能力	具有很强的学习能力，能阅读也能接收口头指令，灵活性强	无学习能力
归纳性	能够从特定的情况推出一般的结论，具有归纳思维能力	只能理解特定的事物
耐久性	易产生疲劳，不能长时间的连续工作	耐久性高，能长期连续工作，并超过人的能力

从特征比较可以看出，人机功能分配的一般规律是：凡是快速的、精密的、笨重的、有危险的、单调重复的、长期连续不停的、复杂的、高速运算的、流体的、环境恶劣的工作，适于由机器承担；凡是对机器系统工作程序的指令安排与程序设计、系统运行的监督控制、机器设备的维修与保养、情况多变的非简单重复工作和意外事件的应急处理等，则分配给人去承担较为合适。

3.1.6　安全系统工程

安全系统工程是在系统思想的指导下运用系统论的观点和方法，结合工程

学原理及有关专业知识来研究安全管理和工程的新学科，是系统工程学的一个分支。其研究的内容主要有危险的识别、分析评价与事故预测；消除、控制导致事故的危险；分析构成安全系统各单元间的关系和相互影响，协调各单元之间的关系，建立综合集成的安全防控系统并使之持续有效运行。

为了保证电梯的安全，将电梯作为一个安全系统，运用安全系统的观点和方法，结合电梯自身的工作原理、运动特点、安全薄弱环节、作业条件、使用环境条件，处理好电梯整体与各安全单元的关系和相互作用，有利于提高电梯整体安全水平。近年来随着科技进步和社会发展，针对安全工作实际的不断变化和需求，安全系统工程主要发展方向包括以下方面。

（1）风险分析的定量化

安全系统工程认为，风险是描述系统危险性的客观量。客观、准确地认识风险是预防、控制各类事故的基础和前提。近年来，为了提升安全技术和管理水平，十分重视定量风险分析，提出了一系列风险统计方法和分析模型，这些分析涉及人员、社会风险可接受水平的定量化；风险概率、后果严重度的定量化；风险暴露程度的定量化；人员、财产脆弱程度的定量化等。

（2）事故应对的系统化

安全系统工程认为，事故由事故隐患、故障、偏差、事故、事故后果等一系列互为因果的事件构成，事故的预防和控制过程中需要系统化地研究：危险源及其动态变化情况；事故致因因素及其发展情况；初发事故及后续事故的多米诺规律；事故发生过程中损失的控制屏蔽；事故过后系统的恢复和重建等。

（3）安全管理的体系化

人们从大量事故教训中认识到，安全事故不是哪一次、哪一个人操作，而是一系列人为失误造成的，是一种文化的、管理体系的缺失。基于这样的认识，国内外广泛推行以戴明管理法则（即 PDCA 法则）为基础的安全管理体系，即通过策划（Plan）、实施与运作（Do）、检查与纠正（Check）、评估与不断改进管理措施（Action）等环节，不断地对安全技术进行调整与完善修正，不断地更新完善和提高安全管理技术水平，不断地向更高的目标方向发展，不断地提升安全水平。安全管理将质量、安全、健康、环境融为一体，突出预防为主、全员参与、持续改进的理念，以期最终达到用最优的技术方法手段提高安全水平。

（4）安全技术的工程化

本质安全、防护层分析和机能安全代表了近年来安全技术工程化的最新发展方向。

① 本质安全 针对日益规模化与复杂化的生产系统，人们注重采用本质安全的设计和工艺，最大限度地减少系统的危险性。从根本上消除发生事故的条件，是最理想的措施。许多机械事故是由于人体接触了危险点，如果将危险操作采用自动控制，用专用工具代替人手操作，实现机械化等都是保证人身安全的有效措施。

为使设备达到本质而进行的研究、设计、改造和采取各种措施的最佳组合，都称为本质安全化。设备能自动防止操作失误和设备故障。操作失误是操作人员违反操作规程的行为，设备故障是设备或其零、部件的功能受到损伤或破坏，以致不能正常运转而使其技术性能下降甚至完全丧失。这些现象在生产中是难以完全避免的。因此设备应有自动防范措施，以避免发生事故。这些措施应能达到：即使操作失误，也不会导致设备发生事故；即使出现故障，应能自动排除、切换或安全停机；当设备发生故障时，不论操作人员是否发现，设备应能自动报警，并做出应急反应，更理想的是还能显示设备发生故障的部位。

本质安全化的目的是：运用现代科学技术，特别是安全科学的成就，从根本上消除能形成事故的主要条件；如果暂时达不到，则采取两种或两种以上的相对安全措施，形成最佳组合的安全体系，达到最大限度的安全。同时尽可能采取完善的防护措施，增强人体对各种危害的抵抗能力。本质安全化强调先进技术手段和物质条件在保障安全生产中的重要作用。随着科学技术的进步，设备本质安全化程度也会不断提高，不会停留在现有的水平上。

本质安全的基本技术原则包括：最小化，使用较小量的危险物质；替换，用危险性小的物质替换危险性大的物质；缓和，采用不太危险的条件，不太危险形态的物料，或者危险物料或能量释放影响最小的设备；简化，简化设备的设计，消除不必要的复杂性而减少操作失误。

② 防护层分析 经过本质安全设计后的系统仍然存在“残余危险”，需要采取各种防护措施来预防事故的发生和减少事故损失。以化工生产为例，过程防护层包括基本工艺控制、工艺警报、操作者监视、危险警报、采取措施、安全监控系统、物理防护、工厂内外的应急等。防护层的防护性能，即防护层的有效性对控制剩余危险起着十分重要的作用。

③ 机能安全 随着计算机、集成电路等技术渗透到工业领域并彻底改变工业过程的控制，以计算机为基础的系统也越来越多地用于安全目的。这些复杂系统一旦发生故障，往往会直接或间接地导致事故的发生，有时甚至会造成

整个生产系统的瘫痪。鉴于此，安全相关系统的安全机能问题引起了广泛关注。

安全相关系统是以某种技术实现安全机能的系统，是被要求实现一种或几种特殊机能以确保危险性在可接受水平的系统。安全相关系统属于主动防护的范畴。安全相关系统可以是独立于设备、过程控制的系统，也可能是设备、过程控制系统本身实现安全机能。机能安全需要研究和解决的问题是：安全相关系统必须具有什么安全机能，以及安全机能必须实现到什么程度。前者称为安全机能要求，后者称为安全度要求。通过危险分析明确安全机能要求，并通过危险性评价得到安全度要求。

3.2 电梯安全要求

3.2.1 电梯基本安全要求

(1) 一般要求

为了防止电梯在生产（设计、制造、安装、维护保养）、使用各个环节发生安全事故，对电梯本身及周边环境安全技术方面提出了最基本的要求。

我们探讨的电梯安全技术措施是基于对电梯的正确使用，因使用人员自身疏忽和非故意而造成的问题予以保护，但如对电梯进行滥用和故意破坏，所采取的安全技术措施将不能有效保护。

电梯基本安全要求考虑到对人员的保护和物的保护。人员的保护包括：使用人员、维护和检查人员，以及电梯附近（如井道、机房和滑轮间）的人员；物的保护包括：轿厢中的装载物，电梯的零部件以及安装电梯的建筑。

在电梯设计、制造时，应考虑发生下列事故造成危险的可能：剪切，挤压，坠落，撞击，被困，火灾，电击，由机械损伤、磨损、锈蚀引起的材料失效。

在电梯设计、制造时，应该考虑组成电梯的每一零部件可能产生的危险，并且制定相应的规范。零部件应当有如下要求：

① 按照通常工程实践和计算规范设计，并且考虑所有失效形式及其严重性。

② 具有可靠的机械和电气结构。

③ 由足够强度和良好质量的材料制成。

④ 无缺陷。

⑤ 在获得良好维护的前提下，即使有磨损，仍然能够满足有关安全要求。

⑥ 在预期的环境影响和工作条件下，不会影响电梯的安全运行。

⑦ 不使用有害材料，如石棉等。

（2）相关技术标准要求

《电梯安全要求　第 1 部分：电梯基本安全要求》（GB 24803.1—2009/ISO/TS 22559-1：2004）中给出了直梯基本安全要求，其主要内容如下：

① 共性要求（共 14 条）。

a. 支承系统。支承系统应能支承所有载荷以及正常运行和紧急运行时产生的所有外力（包括冲击力）。

b. 电梯维修。当需要通过维修来保证电梯的持续安全时，应提供适当的操作规程并由受过培训的人员来完成。

c. 设备的非接近性。使用人员和非使用人员不应直接触及危险设备。

d. 轿厢地面和工作区间。轿厢地面和站人的工作区间应将绊倒和滑倒的风险减到最低。

e. 相对运动的危险。轿厢和外部设备之间，以及电梯设备之间均会产生相对运动，必须保护使用人员和非使用人员不受相对运动而产生的剪切、挤压、擦伤或其他伤害。

f. 层门锁紧和轿门关闭。在井道门（包括层门、井道安全门等）开着或未锁或者轿门没有关闭的情况下，轿厢运动是非常危险的。因此在上述情况下轿厢应停止运动。

g. 救援（包括方法和具体程序）应能。安全释放和救援被困人员。

h. 锋利边缘。应尽可能减少锋利边缘对人员（注：指使用人员和非使用人员）伤害的风险。

i. 电击危险。在使用电的地方，应尽可能减少人员（注：指使用人员和非使用人员）被电击的风险。

j. 电磁兼容。电梯的安全运行不受外部电磁的影响，自身发射的电磁也在规定的范围之内。

k. 轿厢和层站照明。在使用期间，轿厢和层站应提供足够的照明。

l. 地震的影响。在易遭受地震的地区应预测地震对电梯设备可能造成的影响，并将人员可能受到的危险降到最小（应考虑各种情况，如地震发生时、轿厢停止运行救援时以及电梯恢复正常运行等）。

m. 材料风险。电梯所使用的材料不应导致危险（如易燃、中毒等）。

n. 环境影响。应保护人员不受环境的影响（如考虑电梯安装地点的天气情况）。

② 电梯附近区域（共 1 条） 必须采取措施防止人员跌入井道。

③ 进出口（共 6 条）。

a. 进出口。在层站处应保证人员安全进出轿厢。

b. 地坎水平间隙。应限制轿厢地坎和层门地坎之间的间隙。

c. 轿厢和层站对齐。在人员进出轿厢时，轿厢和层站应充分对齐。

d. 轿厢内自救。只有在轿厢位于平层位置或平层位置附近时才允许轿厢内自救。

e. 层站门和轿厢门之间的间隙。层站门和轿厢门之间的空间应防止人员进入。

f. 轿门和层门的重开门。当关门过程中遇到障碍物时，轿门和层门应重新打开。

④ 轿厢内（共 15 条）。

a. 强度和尺寸。轿厢应容纳和承载额定载荷及可以预料的超载。

b. 轿厢支承/悬挂系统。应能承载额定载荷时，轿厢的全部重量及可以预料的超载。

c. 轿厢超载。应防止超载轿厢启动。

d. 轿厢内跌落。应防止人员从轿厢内跌落。

e. 行程限制。应防止轿厢越程。

f. 轿厢非受控运动。应限制轿厢的非受控运动。

g. 轿厢运行中的碰撞。必须避免在运行中可能引起乘客伤害的碰撞。

h. 轿厢水平运动和旋转运动。轿厢水平运动和旋转运动应限制到足够小，以免伤害使用人员和授权人员。

i. 速度变化或加速度。轿厢速度变化或加速度对人员的伤害应限制到最小。

j. 物体落在轿厢上。当物体落在轿厢上时，应保护使用人员的安全。

k. 轿厢通风。轿厢应足够通风。

l. 轿厢内火（烟）。轿厢内的建筑材料应是阻燃的，产生的火（烟）应是足够低的。

m. 轿厢在水淹没地区。如果轿厢可能下到水淹没的地区时，应检查到这一情况并防止其下到该淹没区。

n. 轿厢内停止装置。通常情况下轿厢内不得安装停止装置来有意中断电梯运行。如果必须安装的话，在部分封闭轿厢或特殊用途的电梯上允许安装。

o. 层站指示。轿厢内人员可知道自己所处的楼层。

⑤ 工作区域（共12条）。

a. 工作空间。应提供足够和安全的工作空间。

b. 设备可接近性。需要维护的电梯设备，授权人员可安全地接近。

c. 进出井道内的工作空间。应保证安全。

d. 工作区域的强度。应容纳和支承授权人员的重量及其所携带的设备。

e. 电梯空间其他设备的限制。电梯空间应只能安装与电梯有关的设备。

f. 工作区域的坠落。应防止授权人员从工作区域坠落。

g. 在授权人员控制下的运动。当授权人员在井道时应能控制轿厢的运动。

h. 井道内部件的非受控、非预期运动。必须提供足够的保护，防止井道内部件的非受控、非预期运动对授权人员造成的伤害。

i. 各种危险的防护。必须提供足够的保护，防止授权人员在工作空间受到剪切、挤压、擦伤、划破、高温或被困等伤害。

j. 井道内物体的坠落。在井道内时必须提供足够的保护，防止物体的坠落对人的伤害。

k. 工作空间电击危险设备的设计和安装。应使对授权人员的电击伤害降到最低。

l. 工作空间照明。工作空间及相关通道应提供足够的照明。

3.2.2 电梯的工作条件

现代电梯从运行的安全性、可靠性及维护的方便性等诸多因素考虑，对电梯的工作条件、供安装电梯的建筑物及其他相关方面提出了明确的要求。

（1）基本要求

① 建筑物的结构、承载能力满足安全要求。

② 电梯及其所有零部件应设计正确、结构合理，并遵守机械、电气及建筑方面的通用技术要求。制造电梯的材料应具有足够的强度和合适的性能。

③ 电梯整机和零部件应有良好的维修和保养，处于正常的工作状态。需要润滑的零部件应装有符合要求的润滑装置。

④ 与建筑物之间的空间尺寸、距离，应满足安全的安装、维护使用要求。

⑤ 建筑物环境满足安全要求，如防火、通风性能、光照度等。

⑥ 电梯安全通道、电梯井道下方有人到达的空间防护等满足安全要求。

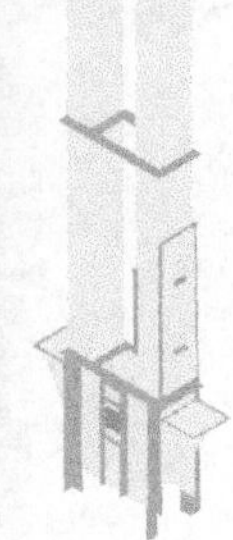

(2) 电梯工作环境条件

① 海拔高度不超过 1000m（超过时应按照相关规范验算工作条件）。

② 机房内的空气温度应保持在 5～40℃之间。

③ 运行地点的最湿月的月平均相对湿度为 90%，同时该月的月平均最低温度不高于 25℃。

④ 供电电压相对于额定电压的波动范围应在±7%以内。

⑤ 环境空气中不应含有腐蚀性和易燃性气体及导电尘埃（如果在易燃易爆等特殊环境条件下，应按照相关规范要求处理）。

各类型电梯基本构造

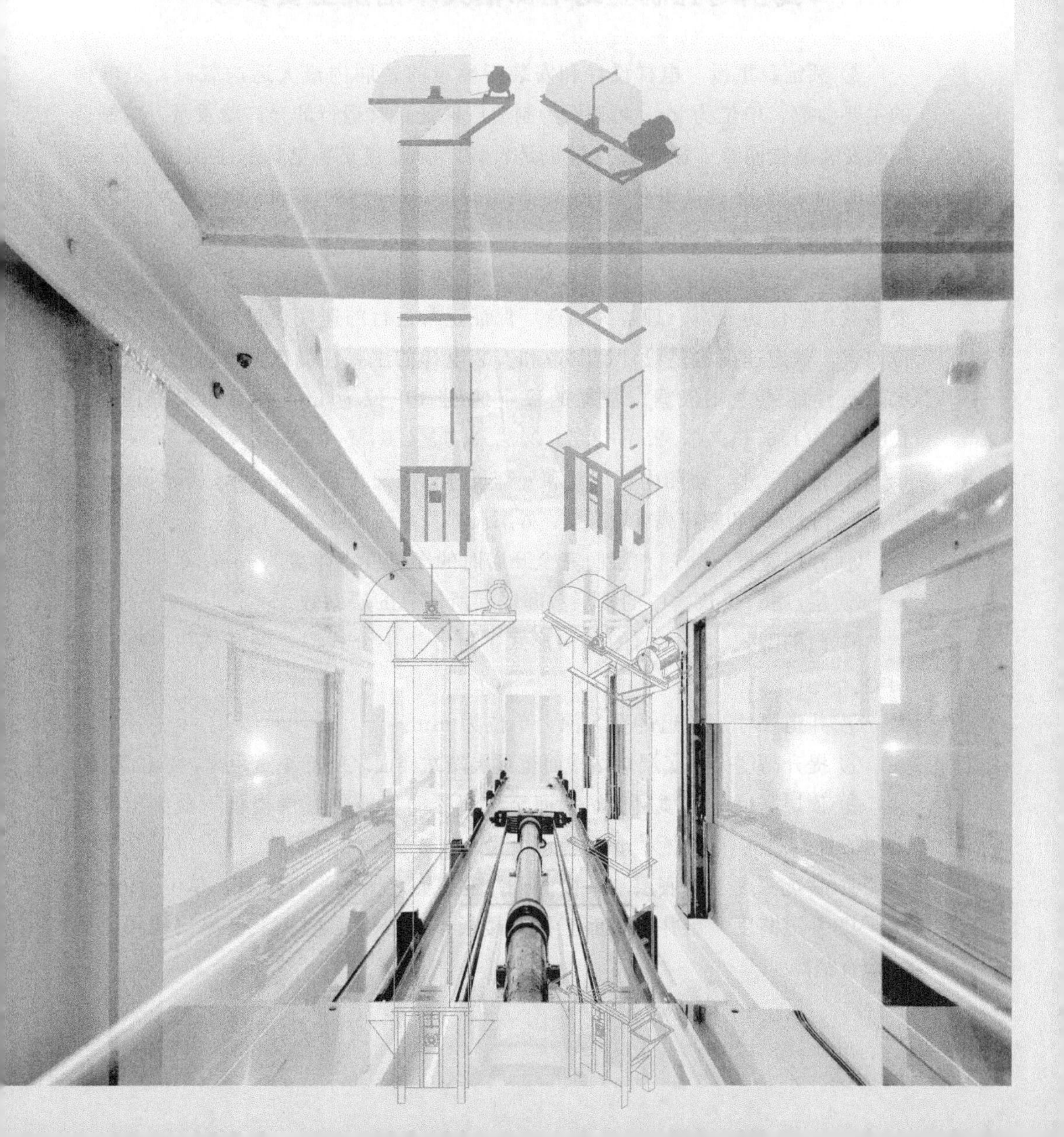

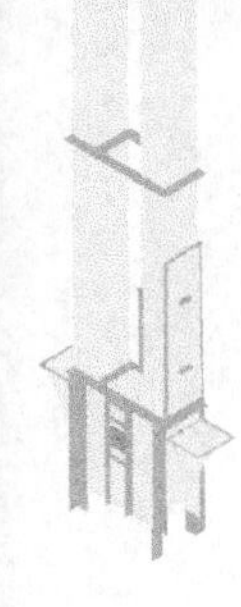

电梯是机电技术高度结合的特种设备，在研究电梯安全之前，有必要对电梯的基本结构进行介绍。因电梯的种类多，各类电梯的工作原理不尽相同，各类电梯又有其自身的特点，本章按照《特种设备目录》中电梯的分类，对各种类型电梯的构造分别进行介绍。

4.1 曳引与强制驱动电梯基本构造

4.1.1 曳引与强制驱动电梯相关术语及主要参数

① 额定载重量　电梯设计和安装所确定的轿厢内最大运送载荷，是电梯的主要参数，单位为kg。可理解为制造厂保证正常运行的允许载重量，对制造厂和安装单位而言，额定载重量也是设计、制造和安装电梯的主要性能依据。常见的额定载重量（单位为kg）：320，400，600/630，750/800，900，1000/1050，1150，1275，1350，1800，2000，2500，3000，5000。

② 额定速度　电梯设计和安装所确定的轿厢运行最高速度，是电梯的主要参数，单位为m/s，理解为制造厂保证正常运行的速度，对制造厂和安装单位而言，额定速度也是设计、制造和安装电梯的主要性能依据，对用户则是电梯运行性能的主要依据。常见的额定速度（单位为m/s）：0.5/0.63/0.75，1.0，1.5/1.6，1.75，2.0，2.5，3.5，3.5，4.0，5.0，6.0。

③ 轿厢尺寸　轿厢内部尺寸和外部尺寸，以深×宽×高表示，单位为mm。内部尺寸由梯种和额定载重量决定，外廓尺寸关系到井道的设计。

④ 开门宽度　轿门和层门完全开启时的净宽度，单位为mm。

⑤ 层/站　建筑物中的楼层数和电梯所停靠的层站数。

⑥ 门的型式　电梯门的结构形式，可分为中分式门、旁开式门、直分式门等。

⑦ 井道尺寸　井道的宽×深，单位为mm。

⑧ 提升高度　由底层端站楼面至顶层端站楼面之间的垂直距离，单位为m。

⑨ 顶层高度　由顶层端站楼面至机房楼面下或隔音层楼板下最突出构件之间的垂直距离，单位为mm。

⑩ 底坑深度　由底层端站楼面至井道底面之间的垂直距离，单位为mm。

⑪ 井道高度　由井道底面至机房楼板下或隔音层楼板下最突出构件之间的垂直距离。

⑫ 检修速度 电梯检修运行时的速度，单位为 m/s。

⑬ 层间距离 两个相邻停靠层站层门地坎之间的垂直距离。

⑭ 平层准确度 轿厢到站停靠后，轿厢地坎上平面与层门地坎上平面之间垂直方向的偏差值。

⑮ 机房 安装一台或多台曳引机及其附属设备的专用房间。

⑯ 层站入口 在井道壁上的开口部分，它构成从层站到轿厢之间的通道。

⑰ 基站 轿厢无投入运行指令时停靠的层站。一般位于大厅或底层端站乘客最多的地方。

⑱ 开锁区域 轿厢停靠层站时在地坎上、下延伸的一段区域。当轿厢底在此区域内时，门锁方能打开，使开门机动作，驱动轿门、层门开启。

⑲ 平层 在平层区域内，使轿厢地坎与层门地坎达到同一平面的运动。

⑳ 平层区 轿厢停靠站上方和（或）下方的一段有限区域。在此区域内可以用平层装置来使轿厢运行达到平层要求。

㉑ 轿厢入口 在轿厢壁上的开口部分，它构成从轿厢到层站之间的正常通道。

㉒ 乘客人数 电梯设计限定的最多乘客量（包括司机在内）。

㉓ 轿厢 运载乘客或其他载荷的轿体部件。

㉔ 水平滑动门 沿门导轨和地坎槽水平滑动开启的层门。

㉕ 中分门 层门或轿门，由门口中间各自向左、向右以相同速度开启的门。

㉖ 绳补偿装置 用来平衡由于电梯提升高度过高、曳引绳过长造成运行过程中偏重现象的部件。

㉗ 地坎 轿厢或层门入口出入轿厢的带槽金属踏板。

㉘ 轿顶检修装置 设置在轿顶上部，供检修人员检修时应用的装置。

㉙ 控制屏 有独立的支架，支架上有金属绝缘底板或横梁，各种电子器件和电气元件安装在底板或横梁上的一种屏式电控设备。

㉚ 控制柜 各种电子器件和电气元件安装在一个有防护作用的柜形结构内的电控设备。

㉛ 操纵箱 用于开关、按钮操纵轿厢运行的电气装置。

4.1.2 曳引驱动电梯结构

电梯的结构包括：四大空间，八大系统。曳引驱动电梯结构如图 4-1 所示。

四大空间：从有机房电梯所占用的空间来看，电梯由机房、井道、轿厢、

层站四部分空间组成。

八大系统：曳引系统、导向系统、门系统、轿厢系统、重量平衡系统、电力拖动系统、电气控制系统、安全保护系统。

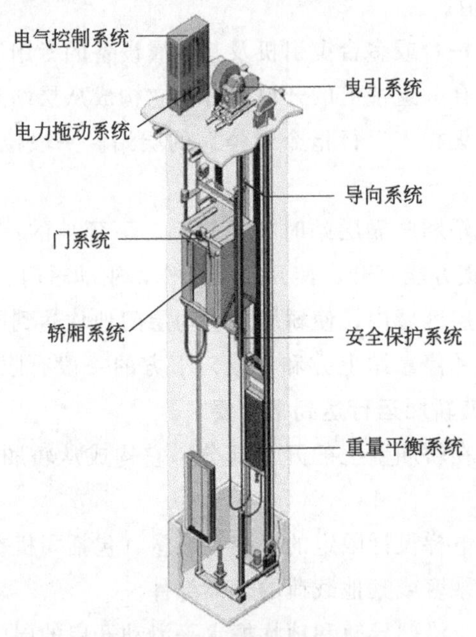

图 4-1　曳引驱动电梯结构图

下面对曳引电梯各系统结构及安全要求等内容分别介绍，各系统功能详见表 4-1。

表 4-1　曳引驱动电梯八大系统功能

序号	电梯各系统	主要功能
1	曳引系统	输出与传递动力，驱动电梯运行
2	导向系统	限制轿厢和对重的活动自由度，使轿厢和对重只能沿着导轨作上、下运动。承受安全钳工作时的制动力
3	轿厢系统	用以装运并保护乘客或货物的组件，是电梯的工作部分
4	门系统	供乘客或货物进出轿厢时用。运行时必须关闭，保护乘客和货物的安全
5	重量平衡系统	相对平衡轿厢的重量。减少驱动功率，保证曳引力的产生。补偿电梯曳引绳和电缆长度变化转移带来的重量转移
6	电力拖动系统	提供动力，对电梯运行速度实行控制
7	电气控制系统	对电梯的运行实行操纵和控制
8	安全保护系统	保护电梯的安全使用，防止危及人身和设备安全的事故发生

(1) 曳引系统

电梯制造厂家生产的电梯虽然不尽相同，但其曳引式结构基本相同。

曳引系统（图 4-2）由曳引机、曳引钢丝绳、导向轮等组成，输出与传输动力，驱动电梯运行。

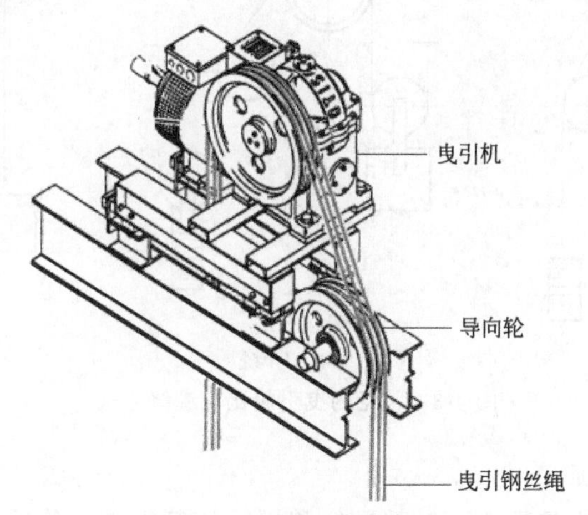

图 4-2　电梯曳引系统

曳引式电梯是指在电动机的驱动下曳引轮的正反旋转，利用曳引绳与曳引轮的静摩擦力，带动曳引绳两端的轿厢和对重上下升降运行。曳引摩擦力的设计和制造必须适宜，如果摩擦力过大，对重压缩缓冲器后，如轿厢被继续提升将撞击楼板；如果摩擦力过小，则会导致曳引绳与曳引轮之间的打滑，出现轿厢不受控的情况，引起轿厢蹲底、冲顶的危险。

曳引力的大小与曳引绳的缠绕方式、曳引轮的包角、曳引轮的结构有关。根据欧拉公式，即柔性体对刚性体的摩擦关系式，为了保证电梯工作中不打滑，保证有足够的曳引力，就必须满足下式：

$$F_1/F_2 < e^{fa}$$

式中　F_1, F_2——曳引轮两侧曳引绳的拉力；

e——自然对数底，e=2.7183；

f——当量摩擦因数；

a——曳引绳在曳引轮上的包角。

电梯曳引机是电梯的主拖机械，按照电动机的类型可分为直流电动机、交流电动机。按有无减速器可分为无齿轮曳引机和有齿轮曳引机。在现在的建筑物中，交流永磁同步曳引机被广泛采用。

曳引比是指电梯在运行时曳引钢丝绳的线速度与轿厢运行速度的比值，常

见的曳引比有 1∶1、2∶1、4∶1；按照钢丝绳在曳引轮上的缠绕方式可以分为单绕和复绕（如图 4-3 所示）。

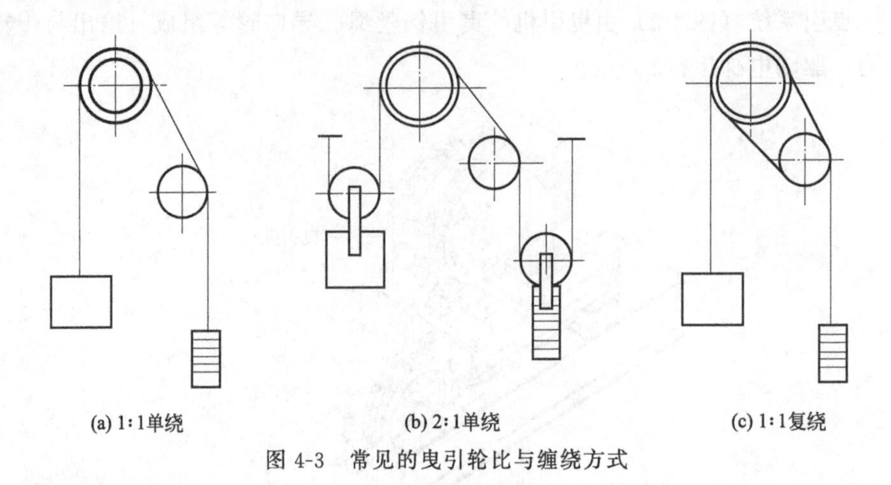

图 4-3　常见的曳引轮比与缠绕方式

（2）导向系统

导向系统由轿厢导轨、对重导轨和导轨架等组成，使轿厢和对重沿导轨上、下运行。

导轨是供轿厢和对重运行的导向部件。当轿厢和对重在曳引绳的拖动下，沿导轨上、下运行时，导向系统将轿厢和对重限制在导轨之间，不会在水平方向前后左右摆动。导轨的功能并不是用来支承轿厢或对重的重量。导轨的功能是对轿厢和对重的运行起导向作用，防止其水平方向摆动，并且作为安全钳动作的支承件，能承受安全钳制动时对导轨所施加的作用力。

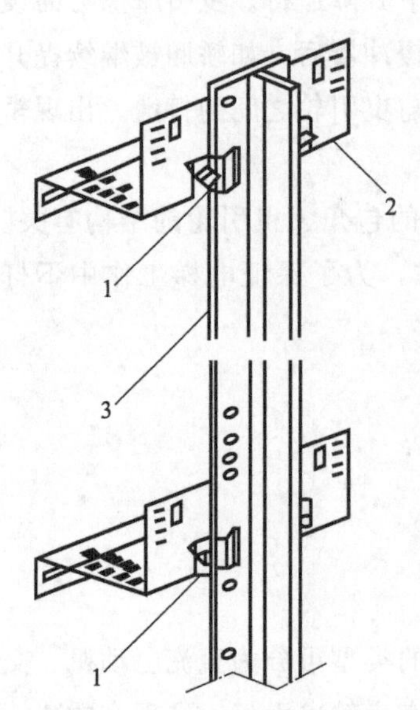

图 4-4　电梯导轨连接示意图

1—压导板；2—导轨支架；3—T 形导轨

导轨支架是固定在井道壁或横梁上，支承和固定导轨用的构件。导轨用压导板固定在导轨支架上，导轨支架作为导轨的支承件被固定在井道壁上（见图 4-4 电梯导轨连接示意图）。

导轨与导轨支架不应采用焊接或螺栓直接连接，每根导轨需要使用不少于两个导轨支架固定。导轨、导靴和导轨支架的组合使轿厢和对重只能沿着导轨上、下运行，运行中不会产生自由晃动。

（3）门系统

门系统（如图 4-5 所示）由轿门、层门、门机、门联动机构、门锁等组成，是乘客或货物的进出口，所有层门和轿门关闭后，电梯才能运行。

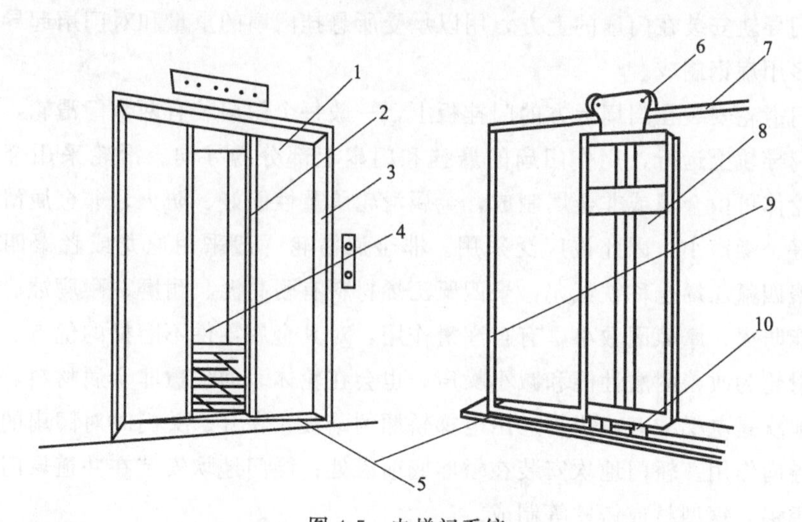

图 4-5　电梯门系统

1—层门；2—轿门；3—门套；4—轿厢；5—门地坎；6—门滑轮；
7—层门导轨；8—层门门扇；9—层门立柱；10—门滑块

电梯门分为层门和轿门，层门又称厅门。层门和轿门由各自的门扇、门导轨、门滑轮、门地坎、门滑块等组成。层门嵌在由门套、立柱组成的门框之中。

载货电梯作为特殊情况除外，电梯门扇应是无孔的。载货电梯包括非商用汽车电梯，可以采用向上开启的垂直滑动轿门，这种垂直滑动轿门可以是网状的或带孔板型的，但其网孔或板孔的尺寸须符合 GB 7588—2003 的要求，在水平方向不得超过 10mm，垂直方向不得超过 60mm。

电梯门扇由位于上方的门挂板和下方的门扇面板组成，门扇面板就是电梯日常使用时乘客正常可见的电梯门部分。门挂板与门面板一般采用螺栓连接，门挂板与门扇之间垫有金属调整片，用以调整门扇面板的高低和水平，以保证门扇在门滑轮的作用下正常滑动和门扇上、下部分的导向。

门扇面板的材料一般用厚度为 1～1.5mm 的钢板制成，背部设有加强筋。为了隔音和减振，部分电梯会在门扇背部涂以隔音泥或贴有阻尼材料。

电梯门扇应具有足够的机械强度，即：当施加一个 300N 的力，垂直作用于门的任何位置，并使该力均匀分布在面积为 $5cm^2$ 圆形或方形截面上时，门能够承受住且：

① 弹性变形不大于 15mm。

② 释放后没有永久变形。

③ 经这样的试验后，功能正常。

门导轨安装在门扇的上方，用以承受所悬挂门扇的重量和对门扇起导向作用，多用扁钢制成。

门滑轮安装在门扇上方的门挂板上，一般每个门扇装有两个门滑轮，门滑轮在门导轨上运行，用作门扇的悬挂和门扇上部分的导向。滑轮采用金属轴承，轮体可由金属或非金属制成，金属滑轮承重性能好、防火，非金属滑轮耐磨性好、噪声小，因此被广泛采用。非金属滑轮一般采用尼龙或者聚四氯乙烯。聚四氟乙烯也称铁氟龙，聚四氟乙烯材料有耐高温、耐磨、耐腐蚀、耐老化、能防火、摩擦因数小，有自润滑作用，对其金属零件不磨损的优点。部分金属滑轮为改善耐磨性能和减小噪声，也会在轮体表面包覆非金属材料。

地坎是电梯乘客或货物进出电梯轿厢的踏板，在开、关门时对门扇的下部分起导向作用。轿门地坎安装在轿厢底前沿处；层门地坎安装在井道层门牛腿处，用铝、钢型材或铸铁等制成。

门滑块固定在门扇的下底端，每个门扇上装有两只滑块，在门扇运动时门滑块卡在地坎槽中，起下端导向和防止门扇翻倾的作用。门扇正常运行时，门滑块底部与地坎门滑槽底部保持一定间隙。常见的门滑块通常是由钢板外面浇铸上耐磨性好、噪声小的尼龙制成。

(4) 轿厢系统

轿厢系统（如图 4-6 所示）由轿架和轿厢体构成，是运送乘客及货物的工作部件。对重用于平衡部分轿厢的重量，产生曳引力，并达到节能效果。

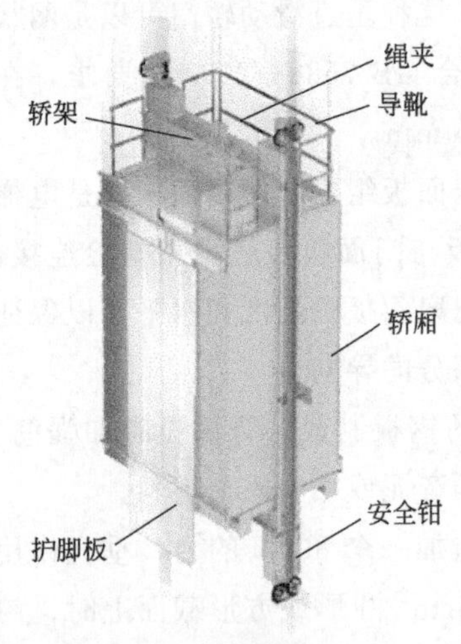

图 4-6　电梯轿厢系统

轿厢是电梯中装载乘客或货物的金属结构件，电梯的轿厢系统与导向系统、门系统是有机结合，共同工作的。轿厢系统借助轿厢架立柱上、下 4 个导靴沿着导轨做垂直升降运动，通过轿顶的门机驱动轿门和层门实现开关门，完成载客或载货进出和运输的任务，轿厢则是实现电梯功能的主要载体。不同用途的轿厢，在结构形式、规格尺寸、内部装饰等方面都存在一定的差异，如病床电梯的轿厢通常是窄而长的，以方便承载病床；乘客电梯为方便乘客进出，通常是宽度大于深度；汽车电梯拥有宽大的轿厢；载货电梯的轿厢没有装饰；观光电梯则可以观看井道外的风景。但作为运载乘客或其他载荷的装置，各种类型的电梯其轿厢的基本结构还是相同的。

轿厢系统由轿架、轿厢体和设置在轿厢上的护脚板、安全钳等部件与装置构成，其中轿门也是门系统的一个组成部分。

(5) 重量平衡系统

重量平衡系统（如图 4-7 所示）由对重和补偿装置构成，起到平衡轿厢重量以及补偿电梯曳引钢丝绳自身重量的作用。

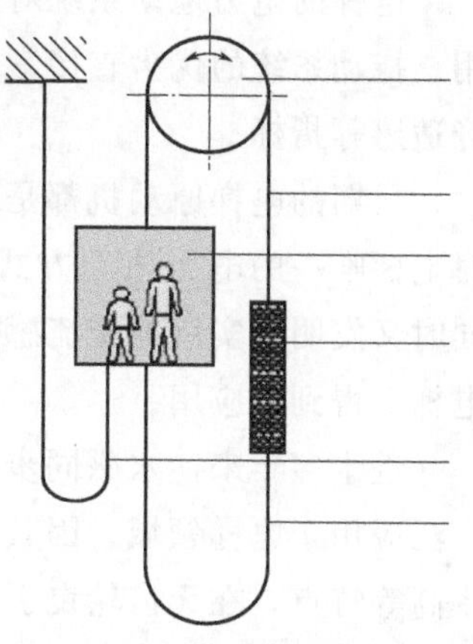

图 4-7　电梯重量平衡系统

对重装置简称对重，相对于轿厢悬挂在曳引绳的另一侧，起到相对平衡轿厢重量的作用，并使轿厢与对重的重量通过曳引钢丝绳作用于曳引轮，保证合适的曳引力。一般在电梯提升高度不高的情况下，不需要补偿装置就基本上可以满足曳引条件要求。

电梯运行过程中，当轿厢位于最低位置时，则对重升至最高位置。此时，曳引绳长度基本都转移到轿厢一侧，曳引绳自重也就作用于轿厢侧。反之，当轿厢位于最高位置时，曳引绳自重则作用于对重侧。加之随行电缆一端固定在井道高度的中部或上端，另一端悬挂在轿厢底部，其长度和自重也随电梯运行而发生转移，上述因素都给轿厢和对重的平衡带来影响。尤其当电梯运行的高度超过 30m 时，曳引轮两侧轿厢与对重的重量比在运行时变化较大，进一步引起曳引力和电动机的负载发生变化。此时应采用补偿装置来弥补两侧重量的平衡，以保证轿厢侧与对重侧的重量比在电梯运行过程中基本不变，增加电梯运行的平稳性。

对重运行的方向与轿厢相反，用于平衡轿厢的重量和部分电梯负载重量，确保了曳引绳和曳引轮间有足够的摩擦力，阻止打滑。

① 对重装置　对重重量

$$W=P+KQ$$

式中　W——对重重量，kg；

Q——电梯额定载荷，kg；

P——空载轿厢重量，kg；

K——电梯平衡系数，一般为 0.4～0.5。

② 平衡补偿装置　平衡由于电梯提升高度过高，曳引钢丝绳过长造成运

行过程中钢丝绳重量单侧偏重现象的部件。补偿装置通常分为补偿链、补偿缆和补偿绳等。

(6) 电力拖动系统

电力拖动系统提供电梯运行的动力，控制电梯运行的速度，由曳引电动机、电动机调速装置、供电系统等组成。

电梯的电力拖动系统对电梯的启动加速、稳速运行、制动减速起着控制作用。拖动系统的优劣直接影响电梯的启动、制动加减速度、平层精度、乘坐的舒适感等指标。

早期的电梯原动机都是直流电动机。在19世纪中叶之前，直流拖动是当时电梯唯一的电力拖动方式。19世纪末，电力系统出现了三相制交流电源，同时又发明了实用的交流感应电动机，因而从20世纪初开始交流电力拖动在电梯上得到了应用。

近十多年来，永磁同步电动机以其体积小、节能、控制性能好等优点，已广泛应用于电梯领域。因其具有低速大转矩、转矩惯量比高、功率密度高和效率高等特点，在无齿轮曳引电梯中得到相当的重视。

(7) 电气控制系统

电气控制系统对电梯的运行进行操纵和控制，由控制柜、位置显示装置、操纵装置、平层装置等组成。电梯的电气控制主要是对各种指令信号、位置信号、速度信号和安全信号进行管理，对拖动装置和开门机构发出方向、启动、加速、减速、停车和开关门的信号，使电梯正常运行或处于保护状态，发出各种显示信号。

电气控制系统有以继电器控制、PLC（可编程逻辑控制器）控制、一体化控制的控制系统。

① 以继电器控制为代表，其特点是易出现的故障点多、逻辑电路相当复杂、可靠性较差、元器件数量多且体积大、维修难度较大，目前在用电梯中使用继电器控制已很少见了。

② 以PLC（Programmable Logic Controller）为代表，加上通用变频器或电梯专用变频器。虽然这种系统整体性能不错，有较高的可靠性，但是占用空间较大，可能存在的故障点相对较多，资源利用不够充分，维修不便。PLC控制在货梯、自动扶梯、杂物电梯中还有部分应用。

③ 随着现代科技的快速发展，电梯一体化控制技术逐渐发展成熟，有成为主流的趋势。电梯一体化控制系统（如图4-8所示），是把逻辑控制部分和电动机驱动部分集成在一起，主要由以下几部分控制线路组成：轿内指令线

路、层外召唤线路、远程监控线路、层楼控制线路（包括定向选层线路、平层线路、指层线路）、门机控制线路、驱动控制线路。控制系统的功能与性能决定着电梯的自动化程度和运行性能。微电子技术、交流调速理论和电子学的迅速发展及广泛应用，提高了电梯控制的技术水平和可靠性。

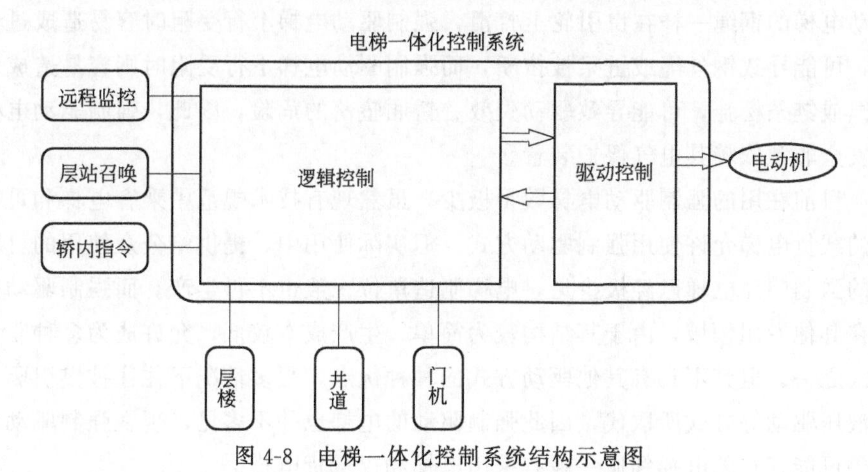

图 4-8　电梯一体化控制系统结构示意图

（8）安全保护系统

安全保护系统由限速器、安全钳、门锁装置、缓冲器、含有电子元件的安全电路、轿厢上行超速保护装置等安全保护装置及其他电气安全保护装置组成，保证电梯的安全使用，防止事故发生。安全保护系统装置将在后面的章节中进行详细叙述。

4.1.3　强制驱动电梯结构

强制驱动电梯是指用链或钢丝绳悬吊的非摩擦方式驱动的电梯，强制驱动电梯额定速度不应大于 0.63m/s，不能使用对重，但可使用平衡重，强制驱动电梯分为：

① 使用卷筒和钢丝绳；

② 使用链轮和链条作为电梯最早的驱动方式。

早期的电梯采用植物纤维绳强制驱动轿厢，很不安全。随着安全钳等安全装置的发明以及工业化的发展，链条和钢丝绳得以使用，强制与曳引式电梯作为具有一定安全保障的电梯开始推广使用。强制驱动电梯与曳引式电梯相比其优势明显不足，一方面，强制驱动电梯的性能低于曳引式电梯。受卷筒和链轮的限制，钢丝绳和链条的长度和数量受到限制，强制驱动电梯的提升高度小

（一般不高于4层）、载重量低（一般不大于1000kg），且能耗高、声响和振动大，卷筒、钢丝绳等驱动部件磨损较快，因此，强制驱动电梯只适合于低参数的情况下使用。另一方面，强制驱动电梯的安全性能也低于曳引式电梯。当强制电梯运行至行程末端或轿厢在运行中意外受阻时，钢丝绳或链条不能像曳引驱动电梯的钢绳一样在曳引轮上打滑，强制驱动电梯上行受阻时容易造成过卷扬，可能导致钢丝绳或链条被拉断，而强制驱动电梯下行受阻时则容易造成钢丝绳或链条松弛，可能导致驱动失效、轿厢坠落的危险，因此，强制驱动电梯的安全非常依赖其电气保护装置。

目前在用的强制驱动电梯数量极少，虽然现有技术规范中乘客电梯和可载人的载货电梯允许使用强制驱动方式，但实际使用中，提供给公众使用的可载人的强制驱动电梯已经极少见，电梯制造单位一般也不再生产。而强制驱动电梯在其他专用领域，由于其结构较为简单、生产成本较低，允许成为多种驱动方式之一，但其不具有其他驱动方式的种种优点，很多情况下往往被曳引驱动或液压驱动等方式所取代，因此强制驱动的电梯也并不多见，现在强制驱动电梯仍可能存在的电梯领域一般有家用电梯和仅载货电梯。

在《家用电梯制造与安装规范》（GB/T 21739—2008）中，家用电梯仅供单个家庭使用，其驱动方式可分为齿轮与齿条驱动、卷筒与链轮驱动、钢丝绳曳引驱动、液压驱动四种，只有在符合上、下两个运行方向上均提供动力的要求下，卷筒与链轮驱动的强制驱动才能作为家用电梯的其中一种驱动形式。在《仅载货电梯制造与安装安全规范》（GB 25856—2010）中，仅载货电梯安装于受限制区域和（或）仅由受过培训并得到授权的人员使用，其驱动方式分为曳引驱动、强制驱动和液压驱动三种，强制驱动作为仅载货电梯的其中一种驱动形式也需要符合各项安全要求。

鉴于强制驱动电梯的使用数量十分有限，在实际中很难见到，本节只对其进行简单的介绍。

4.2 液压电梯基本构造

4.2.1 液压电梯术语

① 液压电梯　靠电力驱动液压泵输送液压油到液压缸，直接或间接驱动轿厢的电梯。

② 泵站系统　由电动机、油泵、油箱及附属元件组成。其功能是为油缸提供稳定的动力源和储存油液。液压电梯油泵一般采用螺杆泵，输出压力在 0～10MPa 之间，油泵的功率与油的压力和流量成正比。目前，油泵一般都采用潜油泵，即电动机和油泵都设在油箱的油内。液压电梯油箱除了储油、过滤油液、冷却电动机和油泵以及隔音消音（对潜油泵）等功能之外，还有散热、分离混入油中的空气、沉淀油液中的污染物等功能。

③ 液压阀系统　由集成阀块（组）、截止阀和破裂阀（限速切断阀）等组成。集成阀块（组）是液压控制的主要装置，其将流量控制阀（比例流量阀）、单向阀、安全阀、溢流阀等组合在一起，控制输出流量，并有超压保护、锁定、压力显示等功能。

④ 液压缸　将液压系统输出的压力能转化为机械能，推动柱塞带动轿厢运动的执行机构。

⑤ 平衡重　为节能而设置的平衡部分轿厢自重的重量。

⑥ 直接作用式液压电梯　柱塞或缸筒直接作用在轿厢或其轿厢架上的液压电梯。

⑦ 间接作用式液压电梯　借助于悬挂装置（绳、链）将柱塞或缸筒连接到轿厢或轿厢架上的液压电梯。

⑧ 单向阀　只允许液压油在一个方向流动的阀。

⑨ 溢流阀　通过溢流限制系统，压力不超过设定值的阀。

⑩ 节流阀　通过内部一个节流通道将出入口连接起来的阀。

⑪ 截止阀　一般为球阀，是油路的总阀，用来停机后锁定系统。

⑫ 破裂阀（限速切断阀）　安装在油缸上，在油管破裂时，迅速切断油路，防止柱塞和轿厢下落。

4.2.2 液压电梯原理

液压驱动是较早出现的一种电梯驱动方式。早期的液压电梯的传动介质是水，利用水的不可压缩特性通过加压提高水的压力，将带有一定压力的水接入缸体内，推动缸体内的柱塞顶升轿厢，使轿厢向上运行；通过泄流阀开启泄流，轿厢在自重的作用下下降。但由于水压含有气泡会产生波动及缸体生锈问题难以解决，之后就用油为媒介驱动柱塞做直线运动。由于液压电梯提升力大、可以提供较高的机械效率且能耗较低，因此对于短行程、重载荷的场合使用，优点尤为明显。另外，因为液压电梯不必在楼顶设置机房，减小了井道竖

向尺寸，有效地利用了建筑物空间，所以液压电梯应用前景较为宽广。如今液压电梯广泛用于停车场、工厂及低层的建筑中。对于负载大、速度慢及行程短的场合，选用液压电梯比曳引电梯更经济、更适宜。

液压电梯运行分上行和下行。

① 电梯上行时，由液压泵站提供电梯上行所需的动力压差，液压系统中的阀组控制泵中液压油的流量，当液压油进入缸内油腔中，液压油推动液压油缸中柱塞来提升轿厢，从而实现电梯的上行运动，此时液压泵消耗的功为实际功。

② 电梯下行时，打开阀组，利用轿厢重量（包括乘客货物重量）造成的压差，使液压油回流液压油箱中，实现电梯的下行运动，此时液压泵站不消耗功，轿厢下行的速度是由液压系统中阀组开启的大小来控制的。

液压电梯的液压系统主要包括液压泵（称为动力元件）、油缸、液压马达（称为执行元件）、各类阀（称为控制元件）以及连接管路和接头等。

4.2.3 液压电梯结构

4.2.3.1 液压电梯机构组成

液压电梯是一种机、电、液一体化的高科技系统。由泵站系统、液压控制系统、液压缸及支承系统、导向系统、轿厢、门系统、电气控制系统、安全保护系统组成，各个子系统相对独立，但又相互协调配合。

因导向系统、轿厢、门系统、电气控制系统、安全保护系统与曳引式电梯基本相同，仅做简单介绍。下面着重对泵站系统、液压控制系统、液压缸及支承系统进行叙述。

(1) 泵站系统

泵站系统由液压泵、电动机、油箱及附属元件等组成，其功能是为液压缸提供稳定的动力源，储存油液。

液压泵是液压系统的动力源，液压泵都是依靠密封容积变化的原理来进行工作的，故一般称为容积式液压泵（简称容积泵）。容积泵工作的基本条件是：结构上能够实现具有密封性的工作腔；工作腔能够周而复始地增大和减小，增大时与吸油口相连，减小时与排油口相连；吸油口和排油口不能连通。

液压泵的形式多种多样，常用的类型主要分为齿轮泵、叶片泵、螺杆泵、柱塞泵等几类，每一类中又有不同的结构形式。如果泵体内工作腔几何参数固定不变，因此在每个工作周期中吸入和排出的液体容积恒定，这种泵称为定量泵。有些泵可以通过结构和措施改变工作腔的容积，这种泵就属于变量泵。

泵站系统：由电动机、油泵、油箱及附属元件组成。其功能是为油缸提供稳定的动力源和储存油液。目前，一般都采用潜油泵，即电动机和油泵都设在油箱的油内。油泵一般采用螺杆泵，输出压力在 0～10MPa 之间，油泵的功率与油的压力和流量成正比。油箱除了储油，还有过滤油液、冷却电动机和油泵以及隔音消音（对潜油泵）等功能。

(2) 液压控制系统

液压控制系统由各种类型的液压控制阀、液压系统控制电路等组成。其功能是控制电梯的运行速度，接收输入信号并操纵电梯的启动、运行、停止。

在液压传动系统中，用来对液流的方向、压力和流量进行控制和调节的液压元件称为控制阀，又称液压阀。控制阀是液压系统中不可缺少的重要元件，液压控制应满足如下基本要求：动作准确、灵敏、可靠，工作平稳，无冲击和振动；密封性能好，漏少；结构简单，制造方便，通用性好。

液压控制阀有多种分类方法，按照控制方式、结构形式、连接方式可以分为：

① 按照控制方式分为开关控制阀、比例控制阀、伺服控制阀和数字控制阀。

② 按照结构形式分为滑阀、锥阀和球阀。

③ 按照安装连接方式分为管式、板式、插装式和叠加式。

根据用途和工作特点的不同，液压控制阀分为方向控制阀、压力控制阀、流量控制阀三大类。

① 方向控制阀　是用于控制液压系统中油路的接通、切断或改变液流方向的液压阀（简称方向阀），主要用以实现对执行元件的启动、停止或运动方向的控制，常用的方向控制阀包括单向阀、液控单向阀、换向阀、截止阀等。

② 压力控制阀　是用于控制液压系统压力或利用压力作为信号来控制其他元件动作的液压阀，简称压力阀。常用的压力控制阀包括溢流阀、减压阀、顺序阀、卸荷阀等。

③ 流量控制阀　用来控制工作液体流量的阀，简称流量阀，常用的流量控制阀有节流阀、调速阀、分流阀等。其中节流阀是最基本的流量控制阀。流量控制阀通过改变节流口的开口大小来调节通过阀口的流量，从而改变执行元件的运动速度，通常用于定量液压泵液压系统中。

下面介绍几种液压电梯中常用的液压控制阀。

① 截止阀　截止阀主要用于液压系统管路、集成油路中控制油液的流通和截止。按照液压电梯相关要求，截止阀设置应符合下列要求：

a. 液压电梯应该设置截止阀。

b. 截止阀应该安装在将液压缸连接到单向阀和下行方向阀之间的油路上。

c. 截止阀应该位于机房内。

② 单向阀　单向阀（如图 4-9 所示）是只允许液流在一个方向流动的阀。P_1 口通油后阀芯右移，P_1 口通向 P_2 口的油路接通，反向油路截止不能流动。液压电梯的液压系统应设置单向阀。单向阀应该安装在油泵与截止阀间的回路上。

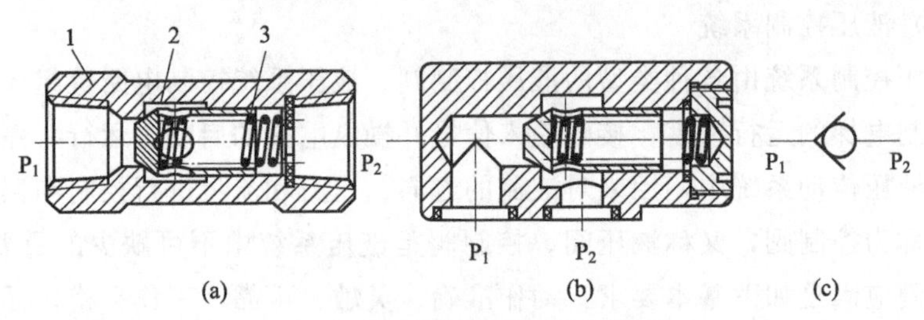

图 4-9　单向阀的结构工作原理图

1—阀体；2—活塞；3—弹簧

③ 液控单向阀　在液压系统中，有时需要使被单向阀所闭锁的油路重新接通，为此可把单向阀做成闭锁方向能够控制的结构，这就是液控单向阀。如图 4-10 所示为液控单向阀的结构。液控单向阀与普通单向阀不同之处就是多了一个控制油路 K，当控制油路未接通压力油液时，液控单向阀就像普通单向阀一样工作，压力油只从 P_1 进油口流向 P_2 出油口，不能反向流动。当控制油路接通压力油液时，活塞顶杆向右移动，单向阀打开使进出油路接通。液控单向阀也可以做成常开式结构，即平时油路畅通，需要时通过液控闭锁一个方向的油液流动，使油液只能单方向流动。

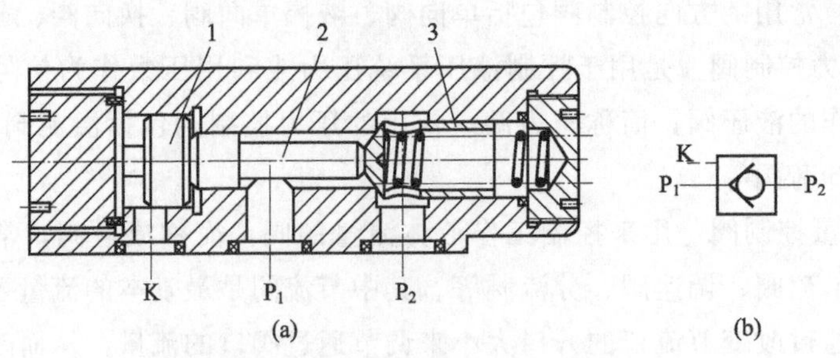

图 4-10　液控单向阀的结构工作原理图

1—活塞；2—顶杆；3—阀芯

④ 换向阀　换向阀是具有两种以上流动形式和两个以上油口方向的控制阀，是实现液压油流的接通、切断和换向，以及压力卸载和顺序动作控制的阀门，是靠

阀芯与阀体的相对运动实现功能的方向控制阀。按阀的结构可以分为转阀式、滑阀式、球阀式、锥阀式；按阀芯在阀体内停留的工作位置数分为二位、三位等；按与阀体相连的油路数分为二通、三通、四通和六通等（如图 4-11 所示）；按操作阀芯运动的方式分为手动式、机动式、电磁式、液动式、电液动式等。

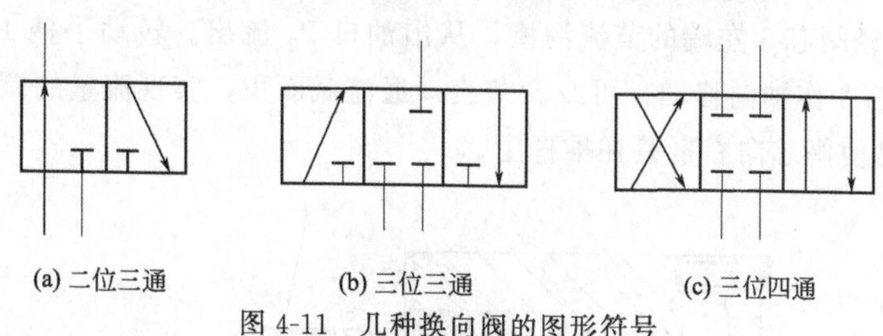

图 4-11　几种换向阀的图形符号

⑤ 溢流阀　溢流阀是通过溢流使系统压力不超过设定值的阀。液压电梯在连接油泵到单向阀之间的管路上应设置溢流阀，溢流阀的调定工作压力不应超过满负荷压力值的 140%。考虑到液压系统过高的内部损耗，可以将溢流阀的压力数值整定得高一些，但不得高于满负荷压力的 170%，在此情况下应提供相应的液压管路（包括油缸）的计算说明。

直动式溢流阀（如图 4-12 所示）是依靠系统中的压力油直接作用在阀芯上而与弹簧力相平衡，以控制阀芯的启闭动作的溢流阀。

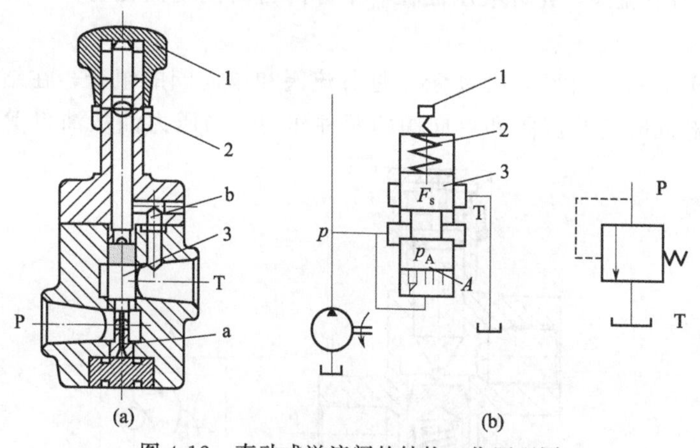

图 4-12　直动式溢流阀的结构工作原理图

1—调压螺母；2—弹簧；3—阀芯

图 4-12(a) 所示为直动式溢流阀的结构简图，图 4-12(b) 为工作原理图。由图可知，P 为进油口，T 为回油口。进油口 P 的压力油经阀芯 3 上的阻尼孔 a 通入阀芯底部，阀芯的下端面便受到压力为 p 的油液的作用，作用面积为 A，

压力油作用于该端面上的力为 p_A，阻尼孔 b 用来对阀芯的动作产生阻尼，以提高阀的工作平衡性，调压弹簧 2 作用在阀芯上的预紧力为 F_s。

⑥ 节流阀　节流阀是通过内部一个节流通道将出入口连接起来的阀。如图 4-13 所示的节流阀结构，其节流口采用轴向三角槽形式。压力油从进油口 P_1 流入，经阀芯 3 左端的节流沟槽，从出油口 P_2 流出。转动手柄 1，通过推杆 2 使阀芯 3 作轴向移动，可改变节流口通流截面积，实现流量的调节。弹簧 4 的作用是使阀芯向右抵紧在推杆上。

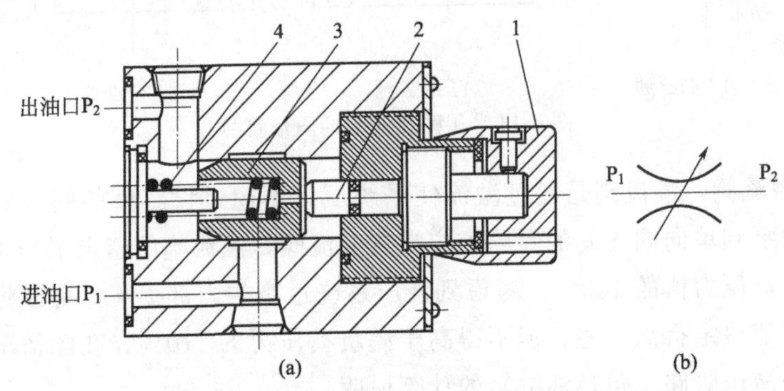

图 4-13　节流阀的结构工作原理图

1—手柄；2—推杆；3—阀芯；4—弹簧

⑦ 单向节流阀　允许液压油在一个方向自由流动而在另一个方向限制性流动的阀。

单向节流阀（如图 4-14 所示）是节流阀和单向阀的组合，在结构上是利用一个阀芯同时起节流阀和单向阀的两种作用。当压力油从油口 P_1 流入时，

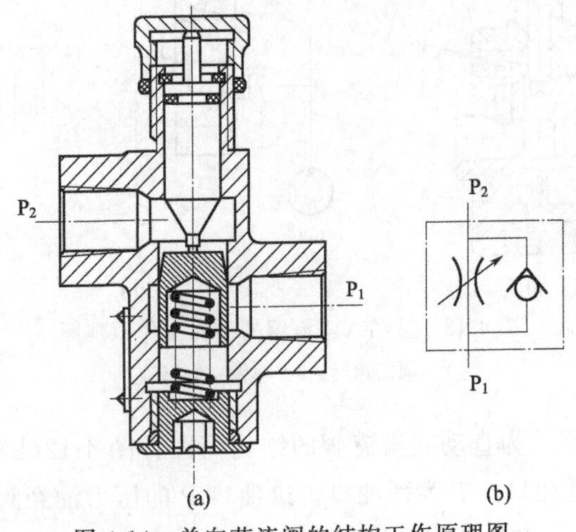

图 4-14　单向节流阀的结构工作原理图

油液经阀芯上的轴向三角槽节流口从油口 P_2 流出，旋转手柄可改变节流口通流面积大小而调节流量。当压力油从油口 P_2 流入时，在油压作用力作用下，阀芯下移，压力油从油口 P_1 流出，起单向阀作用。

⑧ 调速阀　调速阀是一种进行压力补偿的节流阀，一般有减压调速阀和溢流调速阀两种主要类型。减压调速阀是由定差减压阀和节流阀组合而成的调速阀。节流阀用来调节流量，定差减压阀用来保证节流阀前后的压力差不受负载变化的影响。定差减压阀左右两腔也分别与节流阀前后两端沟通。设定差减压阀的进口压力为 P_1，油液经减压后出口压力为 P_2，通过节流阀又降至 P_3 进入液压缸。P_3 大小由液压缸负载 F 决定，负载 F 变化，则 P_3 和调速阀两端压差（P_1-P_3）随之变化，但节流阀两端压差（P_2-P_3）却不变。例如 F 增大使 P_3 增大，减压阀芯弹簧腔液压作用力也增大，阀芯移动，减压口开度加大，减压作用减小，使 P_2 有所增加，结果压差（P_2-P_3）保持不变，由于压差的恒定，从而流速不随负载变化，而调节节流口的大小可获得不同的稳定速度。图4-15为调速阀的图形符号。

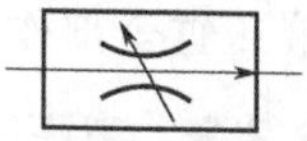

一个完善的液压系统，不论其简单或复杂，都是由这些基本的控制阀和回路组成的，通过合理的设计配合实现对液压系统方向、压力、速度控制。熟悉和掌握控制阀、控制原理对于液压电梯的安全使用和维护保养都是十分重要的。

图4-15　调速阀的图形符号

(3) 液压缸及支承系统

液压缸及支承系统的功能是直接带动轿厢的运动。

① 液压缸　将液压系统输出的压力能转化为机械能，通过柱塞的机械运动来带动轿厢的运动。液压缸的结构基本上分为缸体组件、活塞组件、密封装置、缓冲装置和排气装置等。

② 支承系统　根据支承方式的不同，支承机械部件有很大差别。

(4) 导向系统

导向系统由导靴、导轨和导轨支架组成，其功能是限制轿厢的活动自由度，使轿厢只能沿着导轨作升降运动。

(5) 轿厢

轿厢由轿厢架和轿厢体组成，其功能是直接运送乘客（或货物）。

(6) 门系统

门系统由轿厢门、层门、开门机、门锁装置等组成，其功能是按照电气控制系统的指令控制开启或封闭层站入口和轿厢入口。

（7）电气控制系统

电气控制系统由控制柜、位置显示装置、操纵装置等组成，其功能是控制电梯的运行，协调各部件的工作，并显示电梯运行情况。

（8）安全保护系统

安全保护系统由安全钳、限速器、缓冲器、端站保护装置等组成，其功能是确保电梯安全正常地工作，防止事故的发生。

4.2.3.2 液压电梯建筑结构的特点

① 不需要在井道上方设立要求和造价都很高的机房，顶房可与屋顶平齐。

② 机房设置灵活。液压传动系统是依靠油管来传递动力的，因此机房位置可设置在离井道 20m 内的范围内，且机房占用面积也仅为 $4\sim5m^2$。

③ 井道利用率高。通常液压电梯不设置对重装置，故可提高井道面积的利用率。

④ 井道结构强度要求低。由于液压电梯轿厢自重及载荷等垂直负荷均通过液压缸全部作用于井道地基上，对井道的墙及顶部的建筑性能要求低。

4.2.3.3 液压电梯技术性能的特点

（1）运行平稳、乘坐舒适

液压系统传递动力均匀平稳，且能实现无级调速，电梯运行速度曲线变化平缓，因此舒适感优于调速梯。

（2）安全性好，可靠性高，易于维修

液压电梯不仅装备有普通曳引式电梯具备的安全装置，还设有以下装置：

① 溢流阀　可防止上行运动时系统压力过高。

② 应急手动阀　电源发生故障时，可使轿厢应急下降到最近的层楼位置自动开启厅、轿门，确保乘客安全走出轿厢。

③ 手动泵　当系统发生故障时，可操纵手动泵打出高压油，使轿厢上升到最近的楼层位置。

④ 管路破裂阀　当液压系统管路破裂、轿厢失速下降时，可自动切断油路。

⑤ 油箱油温保护装置　当油箱中油温超过某一值时，油温保护装置发出信号，暂停电梯使用，当油温下降后方可启动电梯。

（3）载重量大

液压电梯是利用液压千斤顶的原理来顶升轿厢的，可采用多个油缸同时作用提升超大载重的轿厢。液压系统的功率重量比大，因此同样规格的电梯，可运载的重量大。

（4）噪声小

液压系统可远离井道设置，隔离了噪声源。

（5）防爆性能好

液压电梯采用低凝阻燃液压油，油箱为整体密封，电动机、液压泵浸没在液压油中，能有效防止可燃气体、液体的燃烧。

4.2.3.4　液压电梯的整体布置

按轿厢和液压缸的连接方式，液压电梯可分为直顶式和侧顶式（背包式）两种（如图 4-16 所示）。

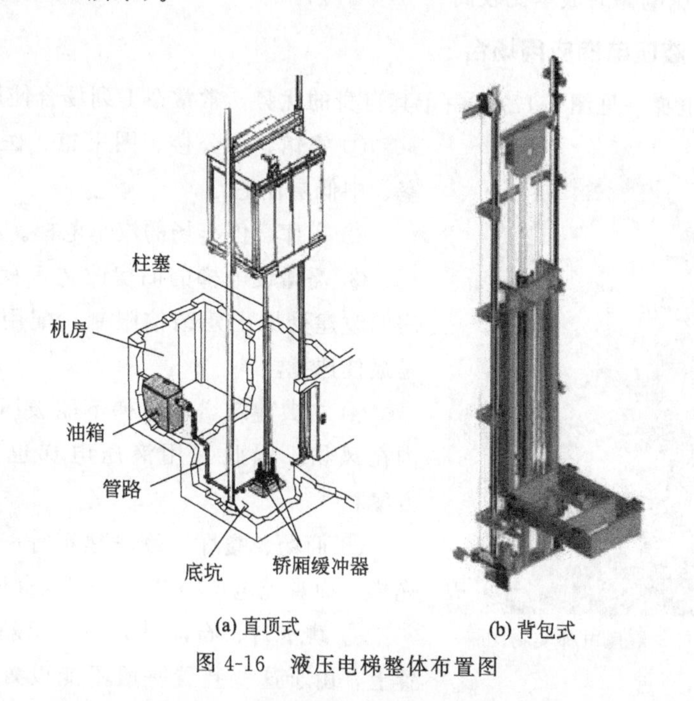

(a) 直顶式　　(b) 背包式

图 4-16　液压电梯整体布置图

① 直顶式是将柱塞直接作用在轿厢上或轿厢架上。轿厢和柱塞之间的连接必须是挠性的。直顶式柱塞的运动速度与轿厢运行速度相同，其传动比为 1∶1。直顶式液压电梯可以不设紧急安全制动装置，也不必设限速器，所以轿厢结构简单，井道空间小。建筑物顶部不需要设钢丝绳，轿厢的总载荷都加在底坑的底部，故要为液压缸做一个较深的竖坑。

② 侧顶式是将柱塞通过悬吊装置（绳索、链条）连接到轿厢架上，一般柱塞和轿厢的位移比是 1∶2，也有采用 1∶4 和 1∶6 的。侧顶式液压电梯不需要竖坑，因为使用钢丝绳或链条，故要配置限速器和安全钳装置。由于顶升液压缸在轿厢侧面，因此所需的井道空间要比直顶式的大些。

带平衡重的倒拉液压电梯提高了系统效率，减少了能量损失，但失去了液压电梯空间小和安装简单的优势。

4.2.3.5 液压电梯的不足之处：

① 提升速度在1.0m/s以下。

② 电动机功率大，相比较曳引电梯而言，同吨位、同速度的电梯，液压电梯配置的电梯功率要比曳引电梯大1倍。

③ 提升高度受到油缸长度的限制。

④ 液压电梯的成本比较高。

4.2.3.6 液压电梯应用场合

液压电梯（见图4-17），由于其自身的优势，常常在下列场合使用：

图4-17 液压电梯实物图

① 宾馆、办公楼、图书馆、医院、实验室、中低层住宅。

② 车库、停车场的汽车电梯。

③ 需增设电梯的旧房改造工程，由于旧房的改建受原土建结构限制，配用液压电梯是最佳选择。

④ 古典建筑增设电梯不能破坏其外貌及内在风格，因此采用液压电梯也是较好的方案。

⑤ 商场、餐厅、豪华建筑等一般选用观光梯，而观光电梯很多采用液压直顶式驱动。

⑥ 跳水台、石油钻井台、船舶等工业装置上，由于这些装置一般不能设置顶层机房且载重量大，因此液压电梯优势也较为明显。

4.3 自动扶梯和自动人行道基本构造

4.3.1 自动扶梯和自动人行道相关术语

① 自动扶梯　带有循环运行梯级，用于向上或向下倾斜输送乘客的固定电力驱动设备。

② 自动人行道　带有循环运行（板式或带式）走道，用于水平或倾斜角不大于 12°输送乘客的固定电力驱动设备。

③ 倾斜角　梯级、踏板或胶带运行方向与水平面构成的最大角度。

④ 提升高度　自动扶梯或自动人行道进出口两楼层板之间的垂直距离。

⑤ 额定速度　自动扶梯或自动人行道设计所规定的空载速度。

⑥ 理论输送能力　自动扶梯或自动人行道，在每小时内理论上能够输送的人数。

⑦ 扶手带　位于扶手装置的顶面，与梯级踏板或胶带同步运行，供乘客扶握的带状部件。

⑧ 围裙板　与梯级、踏板或胶带两侧相邻的金属围板。

⑨ 内侧盖板　在护壁板内侧，连接围裙板和护壁板的金属板。

⑩ 外侧盖板　在护壁板外侧装饰板上方，连接装饰板和护壁板的金属板。

⑪ 桁架　架设在建筑结构上，供支承梯级、踏板、胶带以及运行机构等部件的金属结构件。

⑫ 梯级　在自动扶梯桁架上循环运行，供乘客站立的部件。

⑬ 踏板　循环运行在自动人行道桁架上，供乘客站立的板状部件。

⑭ 胶带　循环运行在自动人行道桁架上，供乘客站立的胶带状部件。

⑮ 梳齿板　位于运行的梯级或踏板出入口，为方便乘客上下过渡，与梯级或踏板相啮合的部件。

⑯ 楼层板　设置在自动扶梯或自动人行道出入口，与梳齿板连接的金属板。

⑰ 驱动装置（驱动主机）　驱动自动扶梯或自动人行道运行的装置。

⑱ 扶手带驱动装置　扶手带驱动装置就是驱动扶手带运行，并保证扶手带运行速度与梯级运行速度偏差不大于 2%的装置。扶手带驱动装置一般分为摩擦轮驱动、压滚轮驱动和端部轮式驱动三种形式。

⑲ 名义宽度　对自动扶梯与自动人行道设定的一个理论上的宽度值，一般指自动扶梯梯级或自动人行道踏板安装后横向测量的踏面长度。

⑳ 名义长度　自动人行道头部与尾部基准点之间的距离称为自动人行道的名义长度。

㉑ 待机运行　自动扶梯或自动人行道在无负载的情况下停止或低于名义速度运行的模式。

㉒ 变速运行　自动扶梯或自动人行道，在无乘客时以预定的低速度运行，在有乘客时自动加速到额定速度运行的方式。

㉓ 自动启动　自动扶梯或自动人行道，在无乘客时停止运行，在有乘客

时自动启动运行。

㉔ 梳齿板安全装置　当梯级、踏板或胶带与梳齿板啮合处卡入异物时，能使自动扶梯或自动人行道停止运行的电气装置。

㉕ 驱动链保护装置　当梯级驱动链或踏板驱动链断裂或过分伸长时，能使自动扶梯或自动人行道停止运行的电气装置。

㉖ 附加制动器　当自动扶梯提升高度超过一定值时或在公共交通型电梯等要求增设的一种制动器。

㉗ 超速保护装置　自动扶梯或自动人行道运行速度超过限定值时，能使自动扶梯或自动人行道停止运行的装置。

㉘ 非操纵逆转保护装置　在自动扶梯或自动人行道运行中非人为的改变其运行方向时，能使其停止运行的装置。

㉙ 手动盘车装置（盘车手轮）靠人力使驱动装置传动的专用手轮。

4.3.2 自动扶梯和自动人行道参数

① 提升高度　一般在10m以内，特殊情况可到几十米。

② 倾斜角度　一般为30°、35°。

③ 速度　一般为0.5m/s，有的可达到0.65m/s、0.75m/s。

④ 梯级宽度　600mm、800mm，1000mm。

⑤ 理论输送能力　按照速度0.5m/s计算，不同梯级宽度的输送能力相应为4500人/时、6750人/时、9000人/时。

4.3.3 自动扶梯和自动人行道分类

(1) 按扶手装饰分类

① 全透明式　扶手护壁板采用全透明的玻璃制作的自动扶梯（自动人行道），按护壁板采用玻璃的形状又可进一步分为曲面玻璃式和平面玻璃式。

② 不透明式　扶手护壁板采用不透明的金属或其他材料制作的自动扶梯（自动人行道）。由于扶手带支架固定在护壁板的上部，扶手带在扶手支架导轨上作循环运动，因此不透明式其稳定性优于全透明式。主要用于地铁、车站、码头等人流集中的高度较大的自动扶梯。

③ 半透明式　扶手护壁板为半透明的，如采用半透明玻璃等材料的扶手护壁板。

就扶手装饰而言，全透明的玻璃护壁板具有一定的强度，其厚度不应小于6mm，加上全透明的玻璃护壁板有较好的装饰效果，所以护壁板采用平板全透明玻璃制作的自动扶梯（自动人行道）占绝大多数。

（2）按梯级驱动方式分类

① 链条式　驱动梯级的元件为链条的自动扶梯。

② 齿条式　驱动梯级的元件为齿条的自动扶梯。

由于链条驱动式结构简单，制造成本较低，所以大多数自动扶梯均采用链条驱动式结构。

（3）按提升高度分类

① 小提升高度自动扶梯　提升高度 3～10m。

② 中提升高度的自动扶梯　提升高度 10～45m。

③ 大提升高度的自动扶梯　提升高度 45～65m。

（4）按结构分类

可分为踏板式和胶带式及双线式自动人行道。双线式自动人行道是由一台主机通过一个特别设计的结构同时驱动相反方向运行的并列自动人行道。

4.3.4　自动扶梯和自动人行道结构

自动扶梯是一种以机械机构为主体的大型复杂运输设备，从外观上看由桁架、控制柜、梳齿板、护壁板、梯级、驱动主机、扶手带、导轨、梯级链、上下盖板等构成，如图 4-18 所示。自动扶梯结构的划分比较复杂，基本结构可划分为金属结构（又称支承机构、桁架）、导轨系统、驱动装置、梯级系统、扶手装置及扶手带系统、梳齿板装置、润滑装置、电力拖动系统、电气控制系统、安全保护装置。自动扶梯与其他运输设备的最大区别在于其运转是循环连续的。产品的特点是从设计上保证了乘客站立的梯级踏面是水平的。

自动人行道与自动扶梯在结构上的主要区别就是将自动扶梯的倾角从 30°减至 12°或 0°，同时将自动扶梯所用的特殊结构的“小车”梯级改为普通平板式“小车”踏板，使各踏板间不形成梯级状而形成一个平坦的路面。因此，它们之间的主要区别就是倾角与小车的不同。除了踏板式自动人行道以外还有胶带式自动人行道，胶带式是指乘客站立的踏面为表面覆有橡胶层的连续钢带的自动人行道。胶带式自动人行道运行平稳，但制造和使用成本较高，适用于长距离速度较高的自动人行道。

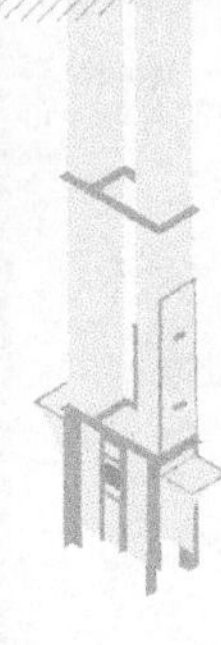

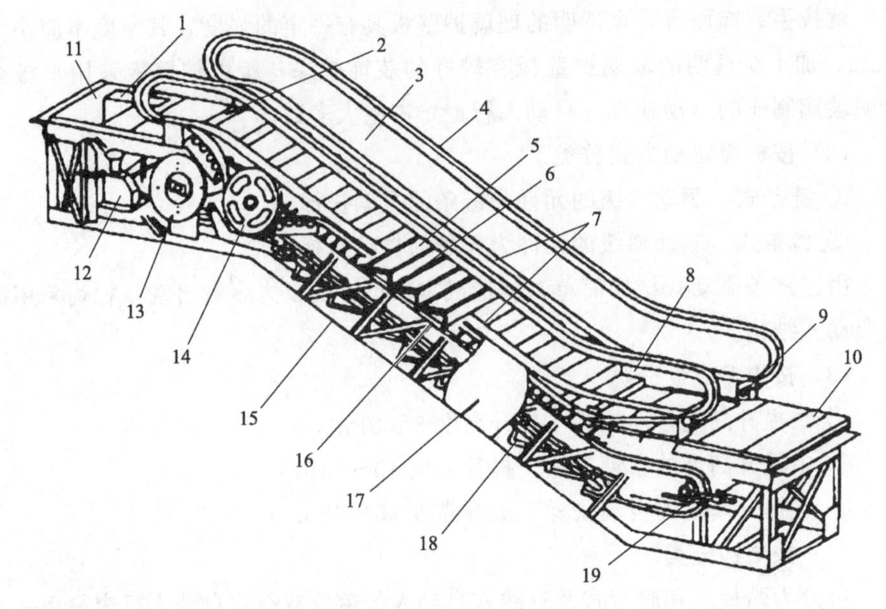

图 4-18　自动扶梯结构

1—控制柜；2—梳齿板；3—护壁板；4—扶手带；5—梯级；6—梯级组成件；7—内外盖板；8—围裙板；9—操作面板；10—下部盖板；11—上部盖板；12—驱动主机；13—转向链轮；14—扶手带驱动装置；15—桁架；16—梯级链；17—外装饰板；18—导轨；19—下转向部件

(1) 金属结构

基础构架的自动扶梯（自动人行道）所有零部件都装配在这一金属结构中。一般用角钢、型钢，或方形与矩形管等焊制而成。

(2) 导轨系统

自动扶梯（自动人行道）导轨系统通常由上部导轨、倾斜段导轨以及下部导轨组成。

① 上部导轨　通常是由鱼形板组合、切线导轨组成，并且预先与驱动链轮装配在一起，作为一个组合安装在桁架里。

② 倾斜段导轨　由金属型材制成，导轨位置由导轨装配工装确定。其主要由主轨、副轨、返轨、防偏侧轨和防跳轨等组成。

③ 下部导轨　由下鱼形板组合和切线导轨组成，它预先跟张紧装置装配在一起，作为一个组合件安装到桁架里。

(3) 驱动装置

驱动装置是自动扶梯（自动人行道）的动力源。它通过主驱动链将主机旋转提供的动力传递给驱动主轴，由驱动主轴带动梯级链轮以及扶手链轮，从而带动梯级以及扶手的运行。一般由驱动链轮、梯级链轮、扶手驱动链轮、主轴及制动轮或棘轮等组成。

(4) 梯级系统

梯级系统由梯级、牵引链条、导向装置组成。

梯级由踏板、踢板、梯级支架和车轮组成。其结构属于一种特殊形式的四轮小车，有两只主轮和两只辅轮。通过牵引链条与主轮的轮轴铰接而带动梯级沿设置的轨道运行，而辅轮支承梯级上的乘客，也沿着设置的轨道运行，通过轨道的设计，使自动扶梯上分支的梯级保持水平，而在下分支中将梯级悬挂。常见的梯级主要有两种制作方式，一种是采用铝合体压铸而成的整体式梯级，还有一种是采用不锈钢加工的部件拼装而成的分体式梯级。

牵引链条一般为套筒滚子链，由链片、销轴和套筒等组成。按连接方式区分，牵引链条分为可拆式和不可拆式两种，可拆式就是在任何环节都可以分拆而无损于链条及其零部件的完整性。不可拆式是仅在一定数目的环节处，也就是在一定的分段长度处可以拆装，其目的是方便安装和维修。目前一般均采用不可拆式结构，因为这种结构具有较高的可靠性且安装方便。

梯级主轮和辅轮沿各自的导向装置在链条的带动下带动梯级的运行。

(5) 扶手装置及扶手系统

扶手装置型式与组成常见的类型有：E 型（苗条型/轻型)、F 型（加固型）和 I 型（重型)，扶手装置主要由扶手驱动系统、扶手导向系统、扶手带和栏杆组成。

① 扶手驱动系统　常见的扶手驱动系统有两种型式，一种是传统的使用摩擦轮驱动扶手系统，另一种是压滚驱动型式。

② 扶手导向系统　由导向滚轮柱群、进出口的导向滑轮、支承滚轮组和扶手带转向端导向滚柱组构成闭合环路的扶手导向系统。

③ 扶手带　扶手带具有弹性和塑性、耐磨、耐用、耐老化性能好的特点，按照内部衬垫不同分为多层织物衬垫胶带、织物夹钢带胶带和织物夹钢丝绳胶带。

④ 扶手栏杆　由围裙板、内盖板、护壁板、外盖板以及外装饰板组成。其特点主要表现在护壁板的形式上，主要有全透明无支承式、半透明有支承式和不透明有支承式。透明材料均采用钢化玻璃，而不透明材料一般都使用不锈钢板来制造。不同型式的护壁板在制造时安装方式是不同的。

(6) 梳齿板装置

梳齿板装置主要由支承板、梳齿板和梳齿组成。

① 支承板　由左右两块支架钢板及用于安装梳齿板的钢板组成。

② 梳齿板　梳齿板有塑料梳齿板和铝合金梳齿板两种。其作用是使运动的梯级与出入口处着陆区固定的装置之间形成一个过渡，且间隙足够小，避免产生挤夹。

(7) 润滑装置

润滑是自动扶梯（自动人行道）保养的一项重要的工作，也是保持自动扶梯良好运行状态的重要条件。自动扶梯（自动人行道）配备有两种润滑装置，一种是普通润滑装置，它依靠重力作用进行滴油润滑，油量大小通过电磁阀来调节。还有一种是中央润滑系统，它通过电气控制系统调节油泵、电磁阀，来达到控制油量大小和加油时间的目的。自动扶梯（自动人行道）需要液态油润滑的部位主要包括主传动链条、扶手带传动链条和梯级（踏板）链条。链轮轴承均采用润滑油脂进行润滑。

(8) 电力拖动系统

电力拖动系统提供电梯运行的动力，控制电梯运行的速度，由电动机、电机调速装置、供电系统等组成。

(9) 电气控制系统

电气控制系统电路由主电路、控制电路、保护电路以及控制电源与照明电路组成。常见的电气控制系统有继电器式控制系统、电子式控制系统、PC 式控制系统以及单片机式控制系统。

① 继电器式控制系统是早期产品，由接触器、继电器和行程开关组成。其特点是电路简单、容易掌握。由于采用行程开关和继电器进行故障检测和记录，因此采集信号的速度较慢，这就要求保留故障状态，否则当故障瞬间出现又迅速消失时，难以采集到故障信号并进行处理。

② 电子式控制系统是根据自动扶梯（自动人行道）的性能要求进行设计的，利用电子元器件对自动扶梯（自动人行道）的启动、停止、正转、反转及Y-△变换进行逻辑控制和管理，并对运行中发生的故障实施高速并行处理，进行声光报警，及时切断控制电路和主电路电源，使自动扶梯（自动人行道）停止运行。

该系统利用体积小、性能可靠的微型接触器和继电器作为执行元件，采用光耦合器作为传输元件，输入输出没有直接电气联系，从而避免了输出端对输入可能产生的干扰。采用可靠性、灵敏度高的敏感元件，霍尔接近开关作为故障检测元件，克服了继电器＋行程开关所存在的反应迟钝易丢失瞬时故障信息的缺点，同时还减少了噪声对系统的干扰，保证了故障检测的准确、及时和可靠。

③ PC 式控制系统是计算机控制方式的一种，它与微机控制系统不完全相同，需要根据可编程控制器的特点进行系统设计。而与继电器式控制系统有着本质的区别，即硬件和软件可分开进行设计是可编程控制器的一大特点。

采用 PC 控制方式，可以在满足电气控制功能的前提下，尽量减少硬件设计量，充分发挥 PC 软件功能。

④ 单片机式控制系统就是将计算机系统中的标准分立部件优化组合在单一芯片上。包括中央处理器、存储器、输入/输出接口、定时器/计数器、串行接口单元、数模、模数转换器等。具有体积小、控制能力强、功耗低、成本低、设计周期短、通用性强等特点。它由控制电路板、驱动电路板、输入电路板、显示电路板操作盒和电源等组成。

(10) 安全保护系统

安全保护系统由入口保护、梳齿板保护装置、梯级缺失、下陷保护装置、超速保护装置、附加制动器、扶手带速度偏离保护装置等组成，安全保护系统将在后面的章节中进行详细的叙述。

自动扶梯和自动人行道各系统功能如表 4-2 所示。

表 4-2　自动扶梯和自动人行道各系统功能一览表

序号	系统	主要功能
1	金属结构	为保证扶梯处于良好工作状态，金属结构必须具有足够刚度，其允许挠度一般为扶梯上、下支承点间距离的 1‰。必要时，扶梯桁架应设中间支撑，该支撑不仅起支承作用，而且可随桁架结构的胀缩变化自行调节
2	导轨系统	作为梯级运行和返回导向支承作用
3	驱动装置	该装置从驱动机处获得动力，经驱动链用以驱动梯级和扶手带，从而实现扶梯的主运动，并且可在应急时制动，防止乘客倒滑，确保乘客安全
4	梯级系统	在驱动装置作用下在导轨系统上平稳运行
5	扶手装置	保证扶手带与梯级同步运行。如扶手带对乘客起安全防护作用，也便于乘客站立扶握
6	梳齿板装置	确保乘客平滑过渡到楼层板上
7	润滑系统	对驱动链条、梯级链、扶手驱动链自动润滑
8	电力拖动系统	提供动力，并对电梯运行速度实行控制
9	电气控制系统	对电梯的运行实行操纵和控制
10	安全保护系统	保证电梯安全使用。防止危及人身和设备安全的事故发生

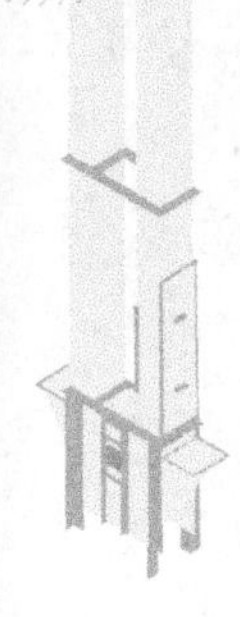

4.4 其他类型电梯基本构造

4.4.1 杂物电梯基本构造

(1) 杂物电梯相关术语

① 杂物电梯　一种专供垂直运送小型货物的电梯，通常安装在饭店、食堂、图书馆等场所，用于少量食物和书籍的垂直运输，俗称“服务梯”“餐梯”“食梯”“传菜梯”等。

② 电力驱动杂物电梯　靠电力驱动主机输出的作用力，通过悬挂绳或链来提升轿厢的杂物电梯。

③ 液压杂物电梯　靠电力驱动液压泵输送液压油到液压缸，直接或间接地驱动轿厢的杂物电梯。

④ 强制式杂物电梯　采用链或钢丝绳悬挂的非摩擦方式驱动的杂物电梯。

(2) 杂物电梯结构

杂物电梯（外观如图 4-19 所示）的结构与曳引电梯相比较为简单，对其相同内容不再赘述。

图 4-19　杂物电梯外观图

1) 杂物电梯分类

① 按层站出口型式分。

a. 窗口式：层站出口设置在层楼地面之上，离楼层地面距离在 70cm 以上，为便于放置餐具、书籍等物品，在层站口设置平台。窗口式杂物电梯较多地用于餐馆、厨房、图书馆等场所。

b. 落地式（外观如图 4-20 所示）：它的入口与普通电梯一样，层站出口与地面相平，可用于运送手推车和成捆的杂物，它的轿厢尺寸要比窗口式的大，额定载重量一般在 300kg。

图 4-20　落地式杂物电梯外观图

② 按驱动方式分。

a. 曳引驱动式：即曳引轮驱动钢丝绳。

b. 强制驱动式：常用的有两种型式，一种是使用卷筒和钢丝绳，但不用对重；另一种是使用链轮和链条，可以设置对重。

c. 液压式。

③ 按开门方式分。

a. 单扇上开式（或称闸门式）。

b. 两扇直分式。

④ 按有无轿门分。

a. 有轿门式。

b. 无轿门式。

⑤ 按运行操作方式分。

a. 基站控制型：这种控制方式只限于某特定层（设定的基站）和其他一般楼层互相往返的操作。具体操作是：在基站的操纵盘上有各层的按钮，当轿厢完成在该层楼的工作之后，关闭该层站层门，轿厢就自动返回基站待命，这种控制方式适用于低层建筑。

b. 相互层控制型：在各层的控制盘上都设有所有层的按钮。召唤轿厢时，

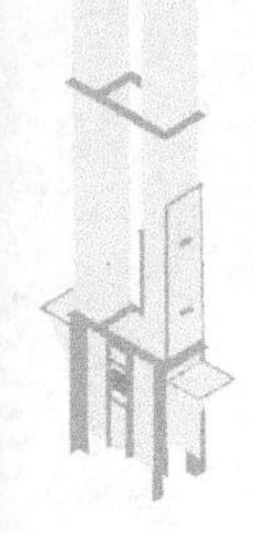

只要按本层的按钮即可。发送货物时，只要按目的层站按钮，轿厢就自动运行并到达目的层楼。采用这种控制方式可以自由选择层与层之间的运行，并能够根据记忆呼梯发出运行指令。这种控制方式多适用于高层建筑。

2）杂物电梯尺寸　GB 25194—2010《杂物电梯制造与安装安全规范》中，服务于规定楼层（一般最高在八层以下）的固定式升降设备。它具有一个轿厢，就其尺寸和结构形式而言，轿厢内不允许进入人员。轿厢运行在两列垂直的倾斜角小于15°的刚性导轨之间。为满足不得进入人员的条件，轿厢尺寸不得超过：

① 轿底面积：1.0m^2。

② 深度：1.0m。

③ 高度：1.2m。

④ 载重：300kg。

但是，如果轿厢由几个固定的间隔组成，且每一个间隔都能满足上述要求，则轿厢总高度允许大于1.20m。

3）杂物电梯控制方式　杂物电梯一般有微机控制和PLC控制两种。

4）杂物电梯速度

① 杂物电梯额定速度不大于1.0m/s，常见的速度从0.4m/s到1.0m/s不等。

② 对于电力驱动杂物电梯，当电源为额定频率，电动机施以额定电压时，杂物电梯轿厢在半载向下运行至行程中段（除去加速和减速段）时的速度，不应大于额定速度的110%，宜不小于额定速度的92%。

③ 对于液压驱动杂物电梯，空载轿厢上行速度不应大于额定上行速度 v_m 的10%。载有额定载重量的轿厢下行速度宜不大于额定下行速度 v_d 的10%。以上两种情况下，速度均与液压油正常温度有关。上行方向运行时，供电电源频率为额定频率，电动机电压为设备的额定电压。

5）安全钳设置

① 如果轿厢额定载重量大于250kg，应在轿厢上设置安全钳装置。

② 若在杂物电梯井道下方对重或平衡重区域内有人员可进入的空间，则对重或平衡重应配置安全钳。

③ 安全钳装置可以是瞬时式的。

④ 轿厢和对重的安全钳装置的动作情况由电动机运行时间保护装置来确认。

6）开锁区域　按照GB 25194—2010《杂物电梯制造与安装安全规范》要

求，开锁区域不应大于层站平层位置上下的 0.10m。

(3) 曳引驱动电梯与杂物电梯制动器要求的差异

① 结构要求不同　曳引驱动电梯制动器要求所有机械部件至少两组设置，若其中一组不起作用，制动器应仍有能力将载有额定载荷以额定速度下行的轿厢减速，须满足安全制动器的要求，而杂物电梯无此要求。

② 制动效果不同　曳引驱动电梯制动器要求在制停125%额定载重量以额定速度下行的轿厢减速度不超过安全钳或缓冲器制停的规定，杂物电梯无此要求。

③ 控制方式不同　曳引驱动电梯要求切断制动器的电流至少由两个独立的电气装置来实现，而杂物电梯无此要求。

④ 供电防护要求不同　两者制动器供电防护除了不因接地、短路和剩磁等作用下滞后甚至造成失效外，曳引驱动电梯还要求工作在发电状态时的电动机不得向操纵制动器供电。

⑤ 制动功能不同　除了具有驻车、平层和紧急制动要求外，靠近曳引轮的曳引驱动电梯冗余型制动器也被认为可以作为上行超速保护装置的制动元件，制动效果有进一步的要求，且需要进行型式试验，而杂物电梯无此要求。

(4) 杂物电梯应用

杂物电梯具有体积小、功能全、运送平稳、价格低廉等特点，广泛应用于餐厅食堂运送饭菜及工厂、图书馆等运送杂物，现在为了安装方便大都使用框架式的，此种结构具有安装方便，使用空间小，且不使用专门的井道。

4.4.2 防爆电梯基本构造

(1) 防爆电梯相关术语

① 防爆电梯　由若干电气部件和非电气部件组成，并按规定条件设计、制造和安装，而不会引起周围爆炸性环境燃烧或爆炸的电梯。

② 防爆型式　为防止点燃周围爆炸性环境而对防爆电梯采取的各种特定措施。

③ 电气部件　全部或部分利用电能可达到其预定功能的电梯部件，如控制柜、驱动主机等。

④ 防爆电气部件　按规定条件设计、制造和安装而不会引起周围爆炸性环境燃烧或爆炸的具有危险的电气部件。

⑤ 非电气部件　不使用电能可达到预定功能的电梯部件，如安全钳、缓冲器等。

⑥ 防爆非电气部件　按规定条件设计、制造和安装而不会引起周围爆炸性环境燃烧或爆炸的具有危险的非电气部件。

(2) 防爆基础知识

① 燃烧和爆炸产生的条件　燃烧是人们十分熟悉的一种现象，它是一种氧化反应，氧化反应放出热量，当反应放出的热量使反应介质温度升高到一定程度时，可以形成可见的火焰。

爆炸是燃烧的一种形式，当氧化反应的速度达到一定程度时，由于反应瞬时释放大量的热，造成气体急剧膨胀，形成冲击波，并伴有声响，这种现象称为爆炸。

可控条件下的燃烧和爆炸可为人类服务；失控的燃烧和爆炸能造成人员伤亡和财产损失。

可燃性物质，例如氢气、乙炔、甲烷等可燃性气体，汽油、柴油、苯等可燃性液体，以及煤尘和棉花纤维等可燃性粉尘纤维等，能够形成燃烧或爆炸。但是，形成燃烧和爆炸必须具备一定条件。

下述条件在时间和空间上相遇，才会产生燃烧或爆炸：

a. 燃烧剂，例如氢气、汽油等。

b. 氧化剂，例如氧气、空气等。

c. 点燃源，例如明火、火花、电弧、高温表面等。

上述条件被称为形成燃烧和爆炸的三要素。为了防止出现火灾和爆炸危险，采取的技术措施就是要防止三要素同时存在。

② 爆炸性物质与爆炸性环境　在大气条件下，可燃性物质以气体、蒸汽、粉尘、纤维或飞絮的形式与空气形成混合物，被点燃后，能够保持燃烧自行传播的环境。

a. 危险物质分类。爆炸性危险物质分三类：Ⅰ类——矿井甲烷（CH4）；Ⅱ类——爆炸性气体、蒸汽；Ⅲ类——爆炸性粉尘、纤维或飞絮。

b. Ⅱ类、Ⅲ类的进一步分类。Ⅱ类按最大试验安全间隙和最小引燃电流比分为ⅡA、ⅡB、ⅡC类，ⅡC类最危险。

ⅢA：可燃性飞絮；ⅢB：非导电粉尘；ⅢC：导电粉尘。

c. 爆炸性气体环境的危险区域划分。根据可燃性气体出现的频率和持续时间将危险场所划分为0区、1区和2区。

0区：爆炸性气体环境连续出现或长时间存在的场所，危险环境存在的时间大于 1000 小时/年。

1 区：在正常运行时，可能出现爆炸性气体环境的场所，危险环境存在的时间在 10～1000 小时/年之间。

2 区：在正常运行时，不可能出现爆炸性气体环境，如果出现也是偶尔发生并且仅是短时间存在的场所，危险环境存在的时间少于 10 小时/年。

在此，"正常运行"是指正常的开车、运转、停车，易燃物质产品的装卸，密闭容器盖的开闭，安全阀、排放阀以及场所所有设备都在其设计参数范围内工作的状态。

d. 爆炸性粉尘环境危险区域的划分。根据可燃性粉尘/空气混合物出现的频率和持续时间及粉尘层的厚度进行分类，可分为 20 区、21 区和 22 区。

20 区：在正常运行过程中可燃性粉尘连续出现或经常出现，其数量足以形成可燃性粉尘与空气混合物和/或可能形成无法控制和极厚的粉尘层的场所及容器内部。

21 区：在正常运行过程中，可能出现粉尘数量足以形成可燃性粉尘与空气混合物但未划入 20 区的场所。该区域包括与充入排放粉尘点直接相邻的场所，出现粉尘层和正常操作情况下可能产生可燃浓度的可燃性粉尘与空气混合物的场所。磨坊、煤炭、谷物仓库以及包装生产线及其周围是典型的 21 区场所。在 21 区中，可能会发生因粉尘泄漏等原因而形成爆炸性粉尘混合物。

22 区：在异常条件下，可燃性粉尘会偶尔出现并且只是短时间存在或可燃性粉尘偶尔堆积，或可能存在粉尘层并且产生可燃性粉尘空气混合物的场所。如果不能保证排除可燃性粉尘堆积或粉尘层，则应划分为 21 区。

③ 爆炸极限　可燃性物质与空气混合形成可以燃烧后爆炸的物质，称为爆炸性混合物。混合物中爆炸性物质含量称为浓度，用克每立方米（g/m^3）或者体积分数（%）表示。爆炸性混合物能被引燃发生爆炸的最低浓度称为爆炸下限，能被引燃发生爆炸的最高浓度称为爆炸上限，爆炸极限就是能引起爆炸性混合物燃烧爆炸的浓度范围。例如汽油的爆炸极限是 1%～6%，在该范围内遇火就会发生爆炸，如低于 1%或者高于 6%都不会爆炸。这是因为当混合物浓度低于爆炸下限时，因含有过量的空气，空气的冷却作用会阻止火焰的蔓延而不能引爆。当混合物浓度高于爆炸上限时，空气非常不足，火焰也不能传播。所以当浓度在爆炸范围以外时，混合物就不会爆炸。爆炸下限越低，或爆炸极限范围越大，爆炸危险性就越大。表 4-3 和表 4-4 列举了几种常见的可燃性气体或蒸气和粉尘的爆炸界限。

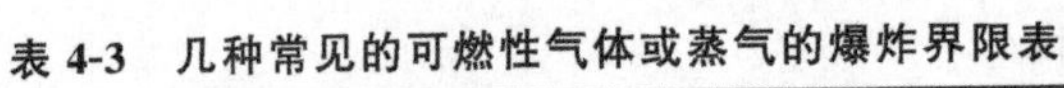

表 4-3 几种常见的可燃性气体或蒸气的爆炸界限表

气体名称	爆炸上限/%	爆炸下限/%
甲烷	15	5.0
丙烷	9.5	2.1
丁烷	8.5	1.5
异丁烷	8.5	1.8
乙醇	19	3.5
乙烯	34	2.7
乙醚	48	1.7
氢气	75.6	4.0
乙炔	82	1.5

表 4-4 几种常见的粉尘空气中爆炸界限表

粉尘名称	爆炸下限/(g/m^3)	起火点/℃
锌	500	680
硅	160	775
钛	45	460
铁	120	316
硅铁合金	425	860
镁	20	520
镁铝合金	50	535
锰	210	450
绝缘胶木	30	460
环氧树脂	20	540
合成橡胶	30	320
尼龙	30	500
聚乙烯	20	410
聚苯乙烯	20	490
棉花絮凝物	50	470
木屑	40	430
玉米及淀粉	45	470
大豆	40	560

续表

粉尘名称	爆炸下限/(g/m³)	起火点/℃
小麦	60	470
花生壳	85	570
砂糖	19	410
煤炭(沥青)	35	610
肥皂	45	430
干浆纸	60	480

注：1. 粉尘粒径越小，爆炸下限越低；2. 氧浓度越高，爆炸下限越低；3. 可燃挥发性成分含量越高，粉尘爆炸下限越低。

④ 引燃温度　按照标准方法试验时，引燃爆炸性混合物的最低温度。在没有明火等点火源的情况下，可燃性混合物的温度达到某一温度时，由于内部氧化放热加剧而自动着火，也称作自燃，有时候也把引燃温度称作自燃温度。

⑤ 温度组别　为了便于设备的制造和现场选择电气产品，防爆标准将可燃性物质按照其引燃温度、爆炸性气体环境的温度组别分为六组（见表 4-5）。

表 4-5　温度组别、设备表面温度和可燃性气体或蒸气的引燃温度之间的关系

温度组别	设备的最高表面温度/℃	气体或蒸气的引燃温度/℃
T1	450	＞450
T2	300	＞300
T3	200	＞200
T4	135	＞135
T5	100	＞100
T6	85	＞85

对于爆炸型粉尘环境，按照粉尘的点燃温度划分为 T11、T12、T13 三组，分别对应点燃温度为：

T11——大于 270℃；

T12——大于 200℃；

T13——大于 150℃。

⑥ 最小点燃能量　在最易点燃浓度混合物中，一个电路的一次放电正好足够点燃混合物，这个电路总能量的最小值，表示为相应的物质与空气混合物的最小点燃能量。

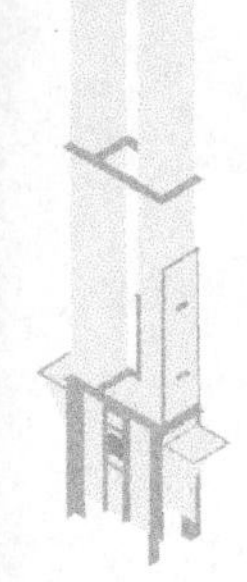

如果一次点燃是由于一个电容放电引起的，电容的电容量为C（单位 F），电容两端的电压为U（单位 V），则相应的放电能量W（单位 J）为：

$$W=\frac{1}{2}CU^2$$

由于可燃性气体或蒸气的物质性质差异，它们被点燃时需要的活化能不同，当它们被电火花点燃时，需要的电能量也不相同。例如，甲烷的最小点燃能量是 0.28mJ，正丁烷是 0.25mJ，异丁烷是 0.52mJ，乙烯是 0.096mJ，氢气是 0.019mJ。

在工程上可以采取限制电路中能量的方法来避免电路断开或闭合时产生的火花点燃周围的爆炸性混合物，根据这种原理可以设计成本质安全电路和 n 型设备中的限能电路。

在实际电路设计中，常常用电压和电流来表征电路中的能量，因此，在工程上常常利用最小点燃电压和最小点燃电流来判断电路的安全性能。

⑦ 最大试验安全间隙（MESG） 在标准规定的试验条件下，一个外壳内最易点燃浓度的爆炸性混合物被点燃后产生的爆炸火焰穿越 25mm 长的接合面，不能点燃外壳外部环境的爆炸性混合物时，接合面两部分之间最大间隙。其最大试验安全间隙的试验方法，如图 4-21 所示。

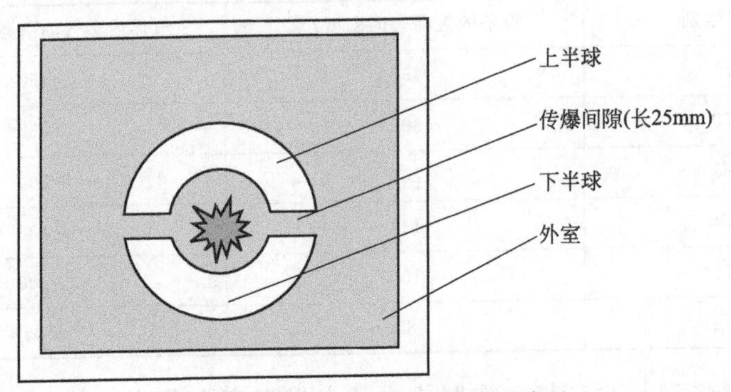

图 4-21　最大试验安全间隙的试验图

影响气体爆炸火焰穿越狭缝引爆的因素很多，例如混合物的压力、温度、湿度以及点火源的位置都对其有不同影响，但是，对其影响最大的是可燃性物质的性质。乙炔、氢气、二硫化碳等气体的爆炸火焰穿越间隙时传爆能力很强，即其最大试验安全间隙值较小，如表 4-6 所示。例如：氢气 MESG 是 0.28mm，甲烷等烷类物质的传爆能力较弱，其相应 MESG 值较大，如甲烷 MESG 是 1.14mm，丁烷是 0.98mm，乙烯是 0.65mm。

表 4-6　一些可燃性气体或蒸气的最大试验安全间隙

气体名称	MESG/mm	气体名称	MESG/mm
氨	3.17	氰化氢	0.80
甲烷	1.14	丙烯腈	0.87
异丙醇	0.99	环氧丙烷	0.70
醋酸甲酯	0.99	二甲醚	0.86
醋酸戊酯	0.99	丙烯酸甲酯	0.85
丁醇	0.94	丁二烯	0.79
甲醇	0.92	乙烯	0.65
丙酮	1.02	二硫化碳	0.34
丁烷	0.98	乙炔	0.37
丙烷	0.92	氢	0.29

⑧ 最小点燃电流（MICR） 是指在规定的火花试验装置中和规定的条件下，能点燃最易点燃混合物的最小电流。这个指数常用于防爆电器中的本质安全型电气设备的使用条件的评级。在本质安全型电气设备中，气体和蒸气的分级是以它们的最小点燃电流与实验室用甲烷最小点燃电流的比值确定。

按照可燃性气体的最大试验安全间隙（MESG）及最小点燃电流比（MICR）的大小，可以将气体按照传爆能力分级（见表 4-7）。

表 4-7　可燃性气体或蒸气按传爆能力分级

类、级别	最大试验安全间隙(MESG)/mm	最小点燃电流比(MICR)
Ⅰ	1.14	1
ⅡA	MESG≥0.9	MICR>0.8
ⅡB	0.9>MESG>0.5	0.8≥MICR≥0.45
ⅡC	0.5≥MESG	0.45>MICR

根据上述分级参数，可以设计制造不同类别、级别的防爆电气产品，用户也根据上述参数将工作环境中的可燃性物质分类、分级，以便选择合适的防爆电气产品。

(3) 防爆电梯结构

总体来说，防爆电梯的结构与相同类型的非防爆电梯的结构相似，其差异主要集中在可能会产生能量聚集的材料，电气设备和部分机械装置对摩擦、撞击、火花以及局部高温等情况的处理方面。

防爆电动机、防爆液压泵站、防爆控制柜、防爆接线盒、防爆型限速器和安全钳以及无火花材料等的应用，就是防爆电梯的结构与非防爆电梯结构的不

同之处。

根据 GB 31094—2014《防爆电梯制造与安装安全规范》的规定，防爆电梯可分为额定速度不大于 1m/s 的电力驱动的曳引式、强制式防爆电梯和液压式防爆电梯这三种类型。

① 曳引驱动防爆电梯　其工作原理同非防爆式曳引驱动电梯一样，是通过曳引轮与悬挂装置之间的摩擦力来驱动防爆电梯上、下运行的。

② 强制驱动防爆电梯　其工作原理同非防爆式强制驱动电梯一样，是通过钢丝绳或链条在卷筒的驱动下实现防爆电梯上、下运行的。

③ 液压驱动防爆电梯　其工作原理同非防爆液压驱动电梯一样，是通过防爆液压泵站所产生的动力来驱动防爆电梯的向上运行，而防爆液压驱动电梯的下行，则是通过轿厢的载重和自重来实现的。

机械和结构的防爆措施总的来说就是避免或减轻发生撞击和摩擦，防止产生火花和高温。所有连接件、紧固件必须有可靠的防松和防脱落措施。

(4) 防爆电梯的应用

① 石油化工、香料、香精、制药、油墨、涂料等行业，及军工、火药推进剂工厂仓库，火箭发射架及海军综合补给舰等。

② 适用于爆炸性气体环境的1区、2区。

③ 适用于ⅡA、ⅡB类爆炸性气体环境。

④ 适用于 DIPA21TAT4 爆炸性粉尘环境。

⑤ 适用于ⅡB爆炸性气体和 DIPA21TAT4 爆炸性粉同时存在的环境。

⑥ 适用于潮湿、防护要求较高的爆炸性环境。

4.4.3　消防员电梯基本构造

(1) 消防员电梯相关术语

① 消防电梯　根据《消防电梯制造与安装安全规范》(GB 26465—2011)，消防电梯是设置在建筑的耐火封闭结构内，具有前室和备用电源，在正常情况下为普通乘客使用，在建筑发生火灾时其附加的保护、控制和信号功能，能专供消防员使用的电梯。这种电梯与《特种设备目录》及本书所指的消防员电梯，实际是同一种电梯设备。

② 消防电梯开关　在井道外面，设置在消防员入口层的开关。火灾发生时，用于控制消防电梯在消防员控制下运行。

③ 消防员入口层　建筑物中，预定用于让消防员进入消防电梯的入口层。

（2）消防员电梯结构

高层建筑的日益发展向建筑设计者和消防服务提出了两个明确要求，其一，是设计为阻止火和烟扩散并为使用者提供高度安全的建筑物，如为建筑物划分各自独立的防火分区；其二，就是把固定的消防器材与有效和实用的救援方案运用于这些建筑物。消防服务人员接受在离地面很高的楼层上进行消防作业的任务后，应能携带着他们的设备快速安全地到达着火点，消防员应有足够的精力去面对艰巨而持久的消防作业。对于运送消防员和设备，以及消防员控制下的人员疏散，消防员电梯是一种重要的工具。

普通电梯具备简单的消防功能，发生火灾时禁止人们搭乘电梯逃生。普通电梯不具备火灾时的防火、防水、烟雾隔离能力，因为当其受火灾的影响，或停电停运，或着火燃烧，必将殃及搭乘电梯的人员，十分危险。

对于高层民用建筑的主体部分，楼层面积不超过 1500m^2 时，应设置一台消防电梯；超过 1500m^2，不足 4500m^2 时，应设置两台消防电梯；每层面积超过 4500m^2 时，应设置三台消防电梯。消防电梯的竖井应当单独设置，不得有其他的电气管道、水管、气管或通风管道通过。

消防电梯通常都具备完善的消防功能结构，主要有：

① 消防前室设置　消防电梯应当设有前室，前室的位置宜靠外墙设置，这样可利用外墙上开设的窗户进行自然排烟，既满足消防需要，又能节约投资。其布置要求总体上与消防电梯的设置位置是一致的，以便于消防人员迅速到达消防电梯入口，投入抢救工作。

前室的面积应当由建筑物的性质来确定，居住建筑不应小于 4.5m^2，公共建筑和工业建筑不应小于 6m^2。当消防电梯和防烟楼梯合用一个前室时，前室里人员交叉或停留较多，所以面积要增大，居住建筑不应小于 6m^2，公共建筑不应小于 10m^2，而且前室的短边长度不宜小于 2.5m。

前室内应设有机械排烟或自然排烟的设施，火灾时可将产生的大量烟雾在前室附近排掉，以保证消防队员顺利扑救火灾和抢救人员。

消防电梯前室应设有消防竖管和消火栓。消防电梯是消防人员进入建筑内起火部位的主要进攻路线，为便于打开通道，发起进攻，前室应设置消火栓。值得注意的是，要在防火门下部设活动小门，以方便供水带穿过防火门，而不致使烟火进入前室内部。

消防电梯前室与走道的门应至少采用乙级防火门或采用具有停滞功能的防火卷帘，以形成一个独立安全的区域，但合用前室的门不能采用防火卷帘。

消防电梯前室门口宜设置挡水设施，以阻挡灭火产生的水从此处进入电

梯内。

② 电梯井道的设置　消防电梯的梯井应与其他竖向管井分开单独设置，不得将其他用途的电缆敷设在电梯井内，也不应在井壁开设孔洞。与相邻的电梯井、机房之间，应采用耐火等级不低于 2h 的隔墙分隔；在隔墙上开门时，应设甲级防火门。井内严禁敷设可燃气体和甲、乙、丙类液体管道。

为了保证消防电梯在任何火灾情况下都能坚持工作，电梯井井壁必须有足够的耐火能力，其耐火等级一般不应低于 2.5～3h。现浇钢筋混凝土结构耐火等级一般都在 3h 以上。

消防电梯所处的井道内不应超过 2 台电梯，设计时，井道顶部要考虑排出烟热的措施。轿厢的载重应考虑 8～10 名消防队员的重量，最低不应小于 800kg，其净面积不应小于 1.4m^2。

③ 双路电源　即万一建筑物工作电梯电源中断时，消防电梯的非常电源能自动投合，可以继续运行。除日常线路所提供的电源外，供给消防电梯的专用应急电源应采用专用供电回路，并设有明显标志，使之不受火灾断电影响，其线路敷设应当符合消防用电设备的配电线路规定。

④ 紧急控制功能　应当具有紧急控制功能，即当楼上发生火灾时，它可接受指令，及时返回首层，而不再继续接纳乘客，只可供消防人员使用。

⑤ 紧急疏散出口　在轿厢顶部预留一个紧急疏散出口，万一电梯的开门机构失灵，也可由此处疏散逃生。

消防电梯轿厢内应设有专用电话，在首层还应设有专用的操纵按钮。消防电梯应在首层设有供消防人员专用的操作按钮，这种装置是消防电梯特有的万能按钮，设置在消防电梯门旁的开锁装置内。消防人员一按此钮，消防电梯能迫降至底层或任一指定的楼层，同时，工作电梯停用落到底层，消防电源开始工作，排烟风机开启。消防电梯轿厢内应设有专用电话和操纵按钮，以便消防队员在灭火救援中保持与外界的联系，也可以与消防控制中心直接联络。操纵按钮是消防队员自己操纵电梯的装置。

⑥ 功能转换　平时消防电梯可作为工作电梯使用，火灾时转为消防电梯。其控制系统中应设置转换装置，以便火灾时能迅速改变使用条件，适应消防电梯的特殊要求。

⑦ 轿门和层门　应使用轿门和层门联动的自动水平滑动门。

⑧ 井底排水设施　消防电梯井底应设排水口和排水设施。如果消防电梯不到地下层，可以直接将井底的水排到室外，为防止雨季水倒灌，应在排水管外墙位置设置单流阀。如果不能直接排到室外，可在井底下部或旁边开设一个

不小于 $2m^3$ 的水池，用排水量不小于 10L/s 的水泵将水池的水抽向室外。

（3）消防员电梯其他特点及要求

① 消防电梯的行驶速度　我国规定消防电梯的速度按从首层到顶层的运行时间不超过 60s 来计算确定，例如，高度在 60m 左右的建筑，宜选用速度为 1m/s 的消防电梯；高度在 90m 左右的建筑，宜选用速度为 1.5m/s 的消防电梯。

② 应急照明　消防电梯及其前室内应设置应急照明，以保证消防人员能够正常工作。

③ 轿厢的装修　消防电梯轿厢的内部装修应采用不燃烧材料，内部的传呼按钮等也要有防火措施，确保不会因烟热影响而失去作用。

④ 电气系统的防火设计要求　消防电源及电气系统是消防电梯正常运行的可靠保障，所以，电气系统的防火安全也是至关重要的一个环节。工作电梯在发生火灾时常常因为断电和不防烟火等而停止使用，因此设置消防电梯很有必要，其主要作用是：供消防人员携带灭火器材进入高层灭火；抢救疏散受伤或老弱病残人员；避免消防人员与疏散逃生人员在疏散楼梯上形成“对撞”，既延误灭火时机，又影响人员疏散；防止消防人员通过楼梯登高时间长，消耗大，体力不够，不能保证迅速投入战斗。

第5章 电梯生产及使用各环节安全技术措施

电梯属于危险性较大的特种设备，特点是整机出厂、部件组装、终身维保，其生产（设计、制造、安装、维护保养）、使用等各个环节安全技术形成一个有机的整体。为了保证使用人员及电梯设备本身安全，需要从生产（设计、制造、安装、维护保养）、使用、检验等各个环节考虑防止危险发生的安全技术措施。

设计阶段是保障电梯安全的根本源头，安全理论已经告诉我们，当一个设计安全措施不足以完全避免或充分限制各种危险和遗留风险时，则设计应由用户自行采取补充的安全控制措施，以便最大限度地减小设计遗留的风险。而采取安全措施的基本原则是优先采用安全设计，设计中的缺陷不能以采用信息安全警告方式弥补，应使其采取的安全措施适合所有用户，选择安全风险技术措施的基本顺序：实现某一本质安全性、采用安全风险防护装置、使用安全信息、附加风险预防措施、安全风险管理措施、安全教育培训措施。

安装施工阶段作业活动多、人员流动性大、安全风险多，存在高处坠落、摔伤、触电、灼烫、中毒窒息、物体打击等危险点。施工过程中应加强风险管理，采取施工安全风险防护设置，加强作业人员的安全教育培训等工作。

电梯在使用中由于机械损伤、磨损、锈蚀等引起材料失效、强度丧失而造成结构破坏等，同样维护保养和使用也十分重要，很多事故就是由于维护保养不到位使电梯状态不良和不正确的使用造成的。

电梯安全系统的复杂性及每种安全措施都应具有各自的安全适用范围和安全局限性，决定了要实现安全就要把所有安全措施综合考虑。本章介绍的内容有电梯安全设计、制造过程安全技术应用；安装、改造、修理、维保过程中安全技术应用；使用过程中安全技术措施；检验检测过程中安全技术措施及其他一些经常应用到的电梯安全技术措施。

5.1　设计、制造过程

5.1.1　安全设计概述

我国目前专业从事电梯产品设计的单位较少，电梯的设计大都由制造单位承担。设计电梯及其安全保护装置与主要部件，应当符合国家有关安全技术规范和强制性标准的要求。对现行安全技术规范和强制性标准中未涉及的电梯及

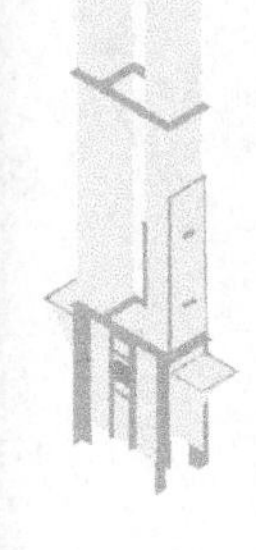

其安全保护装置与主要部件的设计，必须符合保障人体健康和人身财产安全的要求，或应当按照相应安全技术规范的规定经等效安全性评价合格。电梯设计时应考虑电梯的总体方案布置、各零部件与建筑物的配合间隙、各零部件和元器件的选型、零部件与安全保护装置的配置与计算校核、整机性能与技术指标的实现等方面。

本质安全设计措施是保证电梯安全的第一步，也是最重要的步骤。这是因为尽管所采取的保护措施作为机器固有部分可能是有效的，然而经验表明即使设计得再好的安全防护也可能失去作用或被违反，甚至使用信息不被遵循。

第一步：本质安全设计措施。本质安全设计措施通过适当选择机器的设计特性和（或）暴露人员与机器的交互作用，消除危险或减小相关的风险。这一步是不采用安全防护或补充保护措施等保护措施而消除危险的唯一阶段。

第二步：安全防护和（或）补充保护措施考虑到预定使用和可合理预见的误用，如果通过本质安全设计措施消除危险或充分减小与其相关的风险实际不可行，则可使用经适当选择的安全防护和补充保护措施来减小风险。

第三步：使用信息，尽管采用了本质安全设计措施、安全防护和补充保护措施，但风险仍然存在时，则应在使用信息中明确剩余风险。该信息应包括但不限于下列内容：

① 符合机械使用人员或其他暴露于机械有关危险人员预期能力的使用机械的操作程序。

② 详细描述使用该机械时推荐的安全操作方法和相关的培训要求；足够的信息，包括对该机械生命周期不同阶段剩余风险的警告。

本质安全设计措施是指通过适当选择机器的设计特性和（或）暴露人员与机器的交互作用来消除危险或减小风险。

本质安全设计措施包括：

① 几何因素和物理特性的考虑。

② 考虑机械设计的通用技术知识。

③ 适用技术的选择。

④ 采用直接机械作用原则。

⑤ 稳定性的规定。

⑥ 维修性的规定。

⑦ 遵循人类工效学原则。

⑧ 防止电气危险。

⑨ 气动与液压危险。

⑩ 对控制系统应用本质安全设计措施。

⑪ 最大程度降低安全功能失效的概率。

⑫ 通过设备的可靠性限制暴露于危险。

⑬ 通过加载（装料）或卸载（卸料）操作的机械化或自动化限制暴露于危险。

⑭ 将设定和维护点的位置放在危险区之外来限制暴露于危险。

安全技术方面借助于本质安全设计、安全保护装置、人员防护设备、安全教育、人员的培训及组织管理措施降低安全风险。如果仅通过本质安全设计措施不足以减小风险时，可采用用于实现减小风险目标的安全防护和补充措施，本书后面章节将进行详细介绍。

5.1.2　设计、制造过程选型和计算配置

电梯整机及机械、电气、电子部件的设计制造符合相关要求，设计中需要对总体方案的布置、结构、部件、电气及安全保护装置等涉及的选型和配置等相关技术参数进行详细计算，并应按照相关标准进行检验及试验，满足安全技术规定要求。

（1）电梯设计计算书应齐全、正确

设计计算书内容（如果有）应包括：

① 限速器（包括限速器绳或者安全绳安全系数计算）、安全钳、缓冲器、轿厢上行超速保护装置、轿厢意外移动保护装置安全部件选型计算。

② 驱动主机选型计算（应当能确保电梯在110%额定载重量和额定速度下运行的能力）、制动器制动力选型计算、盘车力计算。

③ 控制柜选型计算（应当能确保电梯在110%额定载重量和额定速度下运行的能力）。

④ 悬挂装置（包括绳头固定）安全系数计算，曳引轮、滑轮或者卷筒的节圆直径与钢丝绳直径（包括卷筒放线角计算）的比值计算。

⑤ 曳引条件计算，平衡系数计算。

⑥ 轿架的强度计算及安全系数计算（应当考虑电梯正常运行、安全钳动作、限速切断阀动作、夹紧装置动作、棘爪装置动作或者轿厢撞击缓冲器的工况）。

⑦ 导轨计算（包括导轨安装用膨胀螺栓、支架）。

⑧ 布置在井道内的驱动主机和悬挂装置固定处承载构件的受力计算。

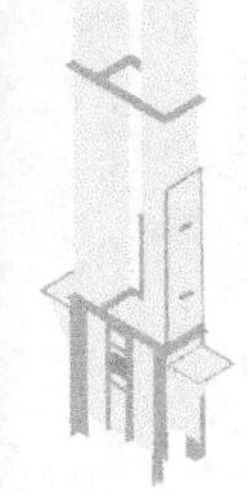

⑨ 轿厢有效面积计算，轿厢上、下部位通风孔面积计算（包括杂物电梯自动搭接地坎受力强度计算）。

⑩ 电梯层门和轿门装置在平均关门速度下的动能计算。

⑪ 垂直滑动层门悬挂件的安全系数、悬挂绳轮直径与绳径比值的计算。

⑫ 液压（包括液压杂物）电梯满载压力计算。

⑬ 液压（包括液压杂物）电梯缸筒和柱塞安全系数计算。

⑭ 液压电梯液压缸稳定性安全系数计算。

⑮ 液压电梯液压缸在拉伸载荷作用下的安全系数计算。

⑯ 液压（包括液压杂物）电梯硬管和附件安全系数计算。

⑰ 液压（包括液压杂物）电梯软管安全系数计算。

⑱ 液压（包括液压杂物）电梯用于套筒式液压缸机械同步的钢丝绳或者链条安全系数计算。

⑲ 液压电梯和强制驱动电梯的平衡重计算。

⑳ 维修空间和安全空间（距离）计算。

㉑ 底坑地面受力计算。

㉒ 直接驱动梯级（踏板、胶带）的传动部件［如梯级（踏板）链、牵引齿条等］要具有足够的抗断裂强度的计算。

㉓ 工作制动器和梯级（踏板、胶带）驱动装置之间的所有驱动元件，包括减速齿轮、联轴器、驱动链条、扶手带驱动链等，安全系数不小于 5 的静力计算。

㉔ 公共交通型自动扶梯和自动人行道驱动主机和控制柜的功率计算，应当能确保整机在100％制动载荷工况下正常工作且持续时间与载荷条件相匹配。

㉕ 桁架挠度计算或者测试报告。

㉖ 有载自动人行道制动距离计算。

㉗ 自动人行道胶带及接头强度计算及试验报告。

㉘ 轿厢有效面积计算，自动搭接地坎受力强度计算。

㉙ 其他计算。

(2) 按照国家相关要求，电梯整机、安全保护装置及主要部件需要进行型式试验

电梯型式试验是指在制造单位完成产品全面试验验证的基础上，由经核准的承担型式试验工作的检验机构根据相关规定，对电梯是否符合安全技术规范而进行的技术资料审查、安全性能试验，以验证其安全可靠性，按照规定取得型式试验证书的电梯方能制造、安装、投入使用。

5.1.3 安全系数数据与安全力

(1) 安全系数

电梯在生产（设计）上安全系数的大小反映结构安全程度的大小。安全系数的确定需要考虑工况、荷载大小、材料的力学性能、产品实际质量等各种不确定因素。安全系数的大小与国家的技术水平和经济政策密切相关，既要考虑安全性同时也得兼顾经济效益。按照国家相关标准要求，电梯安全系数通常满足表 5-1 所示要求。

表 5-1　电梯安全系数一览表

项目	安全系数	相关说明	备注
导轨	2.25	正常使用延伸率 $A \geqslant 12\%$	延伸率为 A
	3.75	正常使用延伸率 $8\% \leqslant A < 12\%$	
	1.8	安全钳动作延伸率 $A \geqslant 12\%$	
	3.0	安全钳动作延伸率 $8\% \leqslant A < 12\%$	
悬挂绳	12	对于用三根或三根以上钢丝绳的曳引驱动电梯	
	16	对于用两根钢丝绳的曳引驱动电梯	
	12	对于卷筒驱动电梯	
悬挂链	10	—	
限速器绳	8	—	
安全钳	2	未到弹性极限值，或达到弹性极限值按达到弹性极限值时的面积积分值计算时	
	3.5	达到弹性极限值，并按与最大力相应的面积积分值计算时	
悬挂用的绳、链、皮带	8	—	垂直滑动层门悬挂装置
驱动元件	5	—	自动扶梯与自动人行道
链条	5	—	自动扶梯与自动人行道
胶带及其接头	5	—	自动扶梯与自动人行道
缸筒和柱塞压力	1.7	在 2.3 倍满载压力或悬挂机构断裂工况形成的力的作用下，或在材料屈服强度为 $R_p0.2$ 时	液压电梯
液压缸稳定性及应力	2	当液压缸全部伸出且承受由 1.4 倍满载压力形成的力作用时	液压电梯

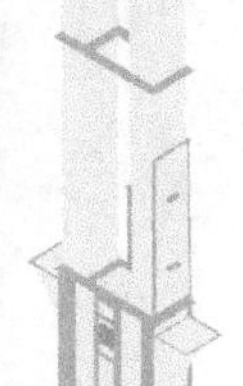

(2) 安全空间数据

1) 轿厢面积（乘客电梯） 为了防止人员的超载，轿厢的有效面积应予以限制。为此额定载重量和最大有效面积之间的关系见表5-2。

为了允许轿厢设计的改变，对表5-2所列各额定载重量对应的轿厢最大有效面积允许增加不大于表列值5%的面积。

表5-2 电梯（乘客电梯）轿厢最大允许面积一览表

额定载重量/kg	轿厢最大有效面积/m^2	额定载重量/kg	轿厢最大有效面积/m^2
100①	0.37	900	2.20
180②	0.58	975	2.35
225	0.70	1000	2.40
300	0.90	1050	2.50
375	1.10	1125	2.65
400	1.17	1200	2.80
450	1.30	1250	2.90
525	1.45	1275	2.95
600	1.60	1350	3.10
630	1.66	1425	3.25
675	1.75	1500	3.40
750	1.90	1600	3.56
800	2.00	2000	4.20
825	2.05	2500③	5.00

①一人电梯的最小值。

②二人电梯的最小值。

③额定载重量超过2500kg时，每增加100kg，面积增加0.16m^2。对中间的载重量，其面积由线性插入法确定。

2) 电梯作业安全空间

① 当轿厢完全压在上缓冲器上时，轿厢上方应有足够的空间，该空间的大小以能容纳一个不小于0.50m×0.60m×0.80m的长方体为准，任一平面朝下放置即可。

② 当对重完全压在它的缓冲器上时，轿厢上方应有足够的空间，该空间的大小以能容纳一个不小于0.50m×0.60m×0.80m的长方体为准，任一平面朝下放置即可。

③ 当轿厢完全压在缓冲器上时，底坑中应有足够的空间，该空间的大小以能容纳一个不小于0.50m×0.60m×1.0m的长方体为准，任一平面朝下放置即可。

④ 机房应有足够的尺寸，以允许人员安全和容易地对有关设备进行作业，尤其是对电气设备的作业。

⑤ 作业人员工作区域的净高不应小于2m，且在控制屏和控制柜前有一块净空面积，该面积：

a. 深度，从屏、柜的外表面测量时不小于0.70m。

b. 宽度，为0.50m或屏、柜的全宽，取两者中的大者。

c. 为了对运动部件进行维修和检查，在必要的地点以及需要人工紧急操作的地方，要有一块不小于0.50m×0.60m的水平净空面积。

d. 轿顶应有一块不小于$0.12m^2$的站人用的净面积，其短边不应小于0.25m。

e. 在机房，尤其是在桁架内部的驱动站和转向站内，应当具有一个没有任何永久固定设备的、站立面积足够大的空间，站立面积不小于$0.3m^2$，其较短一边的长度不小于0.5m。

f. 当主驱动装置或者制动器装在梯级、踏板或者胶带的载客分支和返回分支之间时，在工作区段应当提供一个水平的立足区域，其面积不小于$0.12m^2$，最小边尺寸不小于0.3m。

(3) 安全力

安全系数用比值来表示受力安全与否，这里所说的安全力，则是用物理量来表示电梯设备对力的安全要求，其单位符号为N，单位名称为牛（顿）。电梯设备中对安全力的要求有的地方为“不大于”，而有的地方则要求“不小于”，这有别于安全系数。按照国家相关标准要求，电梯安全力通常满足以下要求（见表5-3）。

表5-3　电梯安全力一览表

项目	安全力要求	备注
动力操纵的自动门其阻止关门的力	应不大于150N	这个力的测量不得在关门行程开始的1/3之内进行
门锁装置进行静态试验	对于滑动门为1000N，对于铰链门为3000N	
停在靠近层站地方的轿厢门的开启力	在断开门机电源的情况下，开门所需的力不得大于300N	
轿顶的任何位置支承力	应能支承两个人的重量，每个人按照0.20m×0.20m面积上作用力1000N计算，作用后无永久变形	
手动盘车力	需要向上移动具有额定载重量的轿厢时所需的力不大于400N	
限速器绳的张紧力	不小于300N	

5.1.4 设计、制造过程注意的几个问题

(1) 土建设计及配合问题

在建筑项目开发建设中，电梯招标往往滞后，施工图设计中由于没有具体的电梯参数而只能根据经验设计电梯井道，这往往与最终定标的电梯参数不符，常见的情况如下：

① 电梯井道尺寸过大。

② 电梯无集水坑或集水坑设在电梯基坑底部。

③ 电梯机房无排风装置。

④ 井道未设安全门。

⑤ 电梯底坑、顶部空间不足。

⑥ 电梯地坎与建筑地面有高差。

⑦ 自动扶梯（自动人行道）起步处与建筑完成面有高差。

⑧ 无机房电梯钢梁未预留支座。

⑨ 无机房电梯顶部圈梁未加密。

每个厂家的电梯参数不尽相同，因此提前确定好实际电梯，根据电梯参数进行具体设计，能够很大程度上避免上述等问题。

(2) 设计制造缺陷问题

① 电梯机械、电气设计存在缺陷。如：电气元件选用不合理、电梯制动器选型不正确、层门设计有脱轨缺陷等。

② 对电梯零部件的质量控制不严，采用了有缺陷的（材质、性能）低于设计要求的零部件。

③ 电梯的运输能力低于实际需要运行能力，造成疲劳运行。

④ 环境的因素，未考虑使用环境因素，如海拔、高温、噪声、地震等因素。

⑤ 设计制造的质量对电梯安全至关重要，通过合理的选型配置，不仅能提高电梯的本质安全可靠性，同时能节省制造成本。

5.2 安装、改造、修理、维保过程

电梯设备出厂时并非是独立的整体设备，只有将电梯各部件安装好才具有使用功能。随着电梯技术的发展，电梯使用条件的变化，提高电梯安全性能等

方面的考虑，使电梯处于良好的运行环境中，需要对电梯进行改造、修理和维护保养。电梯安装、改造、修理、维保环节危险性大，对其采取对策乃是电梯安全技术和管理要求的重中之重。

5.2.1　电梯施工类别划分表

2019 年 1 月 28 日，国家市场监督管理总局发布《市场监管总局关于调整〈电梯施工类别划分表〉的通知》（国市监特设函〔2019〕64 号），对国质检特〔2014〕260 号文件进行了修订。电梯施工类别划分情况详见表 5-4。

表 5-4　电梯施工类别划分表

施工类别	施工内容
安装	采用组装、固定、调试等一系列作业方法，将电梯部件组合为具有使用价值的电梯整机的活动；包括移装
改造	①改变电梯的额定（名义）速度、额定载重量、提升高度、轿厢自重（制造单位明确地预留装饰重量或累计增加/减少质量不超过额定载重量的 5%除外）、防爆等级、驱动方式、悬挂方式、调速方式或控制方式① ②改变轿门的类型、增加或减少轿门 ③改变轿架受力结构、更换轿架或更换无轿架式轿厢
修理	修理分为重大修理和一般修理两类 （1）重大修理 ①加装或更换不同规格的驱动主机或其主要部件、控制柜或其控制主板，或调速装置、限速器、安全钳、缓冲器、门锁装置、轿厢上行超速保护装置、轿厢意外移动保护装置、含有电子元件的安全电路、可编程电子安全相关系统、夹紧装置、棘爪装置、限速切断阀（或节流阀）、液压缸、梯级、踏板、扶手带、附加制动器② ②更换不同规格的悬挂及端接装置、高压软管、防爆电气部件 ③改变层门的类型、增加层门 ④加装自动救援操作（停电自动平层）装置、能量回馈节能装置等，改变电梯原控制线路的 ⑤采用在电梯轿厢操纵箱、层站召唤箱或其按钮的外围接线以外的方式加装电梯 IC 卡系统等身份认证方式③ （2）一般修理 ①修理或更换同规格不同型号的门锁装置、控制柜的控制主板或调速装置④ ②修理或更换同规格的驱动主机或其主要部件、限速器、安全钳、悬挂及端接装置、轿厢上行超速保护装置、轿厢意外移动保护装置、含有电子元件的安全电路、可编程电子安全相关系统、夹紧装置、限速切断阀（或节流阀）、液压缸、高压软管、防爆电气部件、附加制动器等 ③更换防爆电梯电缆引入口的密封圈 ④减少层门 ⑤仅通过在电梯轿厢操纵箱、层站召唤箱或其按钮的外围接线方式加装电梯 IC 卡系统等身份认证方式

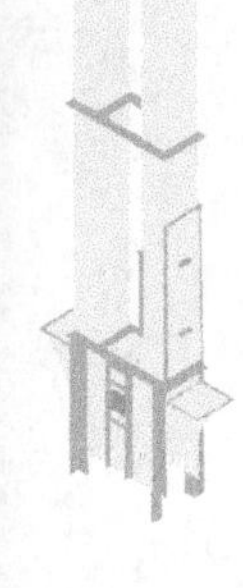

续表

施工类别	施工内容
维护保养	为保证电梯符合相应安全技术规范以及标准的要求,对电梯进行的清洁、润滑、检查、调整以及更换易损件的活动,包括裁剪、调整悬挂钢丝绳,不包括上述安装、改造、修理规定的内容 更换同规格、同型号的门锁装置、控制柜的控制主板或调速装置,修理或更换同规格的缓冲器、梯级、踏板、扶手带,修理或更换围裙板等实施的作业视为维护保养

①改变电梯的调速方式是指如将乘客或载货电梯的交流变极调速系统改变为交流变频变压调速系统；或者改变自动扶梯与自动人行道的调速系统，使其由连续运行型改变为间歇运行型等；控制方式是指为响应来自操作装置的信号而对电梯的启动、停止和运行方向进行控制的方式，例如：按钮控制、信号控制以及集选控制（含单台集选控制、两台并联控制和多台群组控制）等。

②规格是指制造单位对产品不同技术参数、性能的标注，如：工作原理、力学性能、结构、部件尺寸、安装位置等；驱动主机的主要部件是指电动机、制动器、减速器、曳引轮。

③电梯 IC 卡系统等身份认证方式包括但不限于密码、磁卡、移动支付、指纹、掌形、面部、虹膜、静脉等。

④型号是指制造单位对产品按照类别、品种并遵循一定规则编制的产品代码。

5.2.2 电梯施工工艺流程

电梯施工应按照特种设备管理的相关规定，向特种设备监察部门履行告知手续，进行施工。以下为电梯一般施工流程，实际工作中可以根据工地情况予以适当调整。

电梯（以曳引式有机房无脚手架施工为例）施工流程为：

电梯土建工程移交→施工前安全防护→材料、设备到货吊机、开箱检查验收→机房设备安装、井道内配管配线→组装轿厢及检查其安全配件功能可靠→导轨、厅门安装→检修运行调试→呼梯盒及层显盒→调试、并检测各安全装置动作是否正常→空载、满载的试验及功能的调试工作→验收。

电梯（以自动扶梯为例）施工流程为：

电梯土建工程移交→施工前安全防护→材料、设备到货吊机、开箱检查验收→放线、吊装桁架调整水平度→安装梯级链及部分梯级→接线、调试控制箱→安装护壁板支承件及护壁板→安装扶手系统→安装裙板及内盖板→调整安全装置→安装梯级，调整梯级与裙板之间的间隙→检修运行→调试，并检测各安全装置动作是否正常→空载、满载的试验及自动扶梯功能的调试工作→验收。

5.2.3 安装（含改造、修理、维保）作业安全技术措施

（1）一般要求

① 电梯安装（含改造、修理、维保）应符合相关安装安全规范、标准的

规定。

② 电梯安装（含改造、修理、维保）作业人员应经过专业技术培训和安全操作培训。

③ 工作前应对工作中识别的风险采取有效的安全措施，做好安全防护措施。

④ 作业中随时检查安全防护措施，如发现有安全隐患或其他不安全因素，应立即采取有效措施消除安全隐患。

（2）进入作业场所的要求

① 进入施工现场应配戴安全帽，并穿工作服、工作鞋等安全防护用品，施工现场严禁吸烟。

② 作业前，应检查设备和工作场地，确保安全防护、安全标识完整，排除设备故障和现场隐患。

③ 在施工现场要设置安全遮拦和标记，应提供充足的照明以确保人员安全出入以及安全的工作环境，控制开关和为便携照明提供电源的插座应安装在接近工作场所出入口的地方。

④ 工作中应集中精力，坚守岗位，不准擅自把自己的工作交给他人。

⑤ 两人以上共同工作时，应有主有从，统一指挥；工作场所不准打闹、玩耍和做与本职工作无关的事。

⑥ 注意警示标志，严禁跨越危险区，严禁攀登吊运中的物件，以及在吊物、吊臂下通过或停留。

⑦ 应保护所有的照明设备以防止机械破坏。

⑧ 所有金属移动爬梯与地面接触部位应有绝缘材料和防滑措施。

⑨ 联络两人（含两人）以上共同作业时应根据距离的远近及现场的情况确定联络方式，其目的是保证联络有效，可以采用喊话、对讲机、轿内电话等形式。

⑩ 凡需要对方配合或影响到另一方工作的，应先联络后操作，被联络人对联络人发出的联络信号应先复述，联络人对复述确认并得到对方的同意后再开始作业。

⑪ 在层门口、机房入口应做好安全防护和安全标志，确认其完好可靠。

⑫ 应对电动工具、电气设备、起重设备及吊索具、安全装置等进行检查，确认其安全有效。

⑬ 对个人携带的安全防护用品应进行检查，确认其完好齐全。

⑭ 除作业需要，层门口防护栏（门）不应打开，防护栏（门）打开时应

有人监护。

⑮ 进入井道前应将各层门口附近的杂物清理干净，以防止掉入井道，伤及井道内的作业人员。安装材料应码放在层门口的两侧，不应在层门口前放置任何物品，以防落入井道。

(3) 曳引电梯作业安全要求

① 机房作业。

a. 进入机房作业，应将机房与井道的预留孔洞盖好，防止杂物掉入井道。

b. 两台及以上电梯公用机房作业时，电源开关与电梯各部件应设置好一致的标识，防止发生误操作。如果已经有运行的电梯，应在运行的电梯周围设置好安全防护围栏，悬挂警示标志。

② 井道作业。

a. 每层的层门开口处均应张贴醒目的安全标识。

b. 井道内作业时，应关闭作业面以上的全部层门或在整个井道的开口设置防护屏障，并提供有效的保护措施。

c. 层门开口处应设置防护栏或护板，其高度不得低于 1.1m 并能承受水平方向 1000N 的作用力；护栏除框架外，中间宜采用垂直杆件，其间距应不大于 0.11m，护栏的底部应有至少 100mm 的脚板；除作业需要层门口防护栏不应打开，防护栏打开时应有人监护。

d. 安装材料应码放在层门口的两侧，不应在层门口前放置任何物品；进入井道前应将各层门口附近的杂物清理干净，以防止掉入井道伤及井道内的作业人员。

e. 井道施工禁止上下交叉作业，不得在井道内上下抛掷工具、零件、材料等物品。

f. 进入井道及在 2m 以上的高空作业，应采取坠落防护措施（如配戴安全带），并确认安全可靠。在层门口作业时也应配戴安全带。

g. 装有多台电梯井道作业安全应符合：两台（含两台）以上电梯的井道，施工前应确认井道已经标准封闭；井道内只要有一台电梯进行明火作业，其他井道内在明火作业面以下不应有人。

h. 导轨吊装、轿厢组装等起重作业时，相邻区域下方应暂时停止工作，待吊装作业完成后方可恢复工作。

i. 导轨吊装、轿厢组装等起重作业时，相邻井道应暂时停止工作退出井道，待吊装作业完成后再恢复工作。

j. 井道放样时，梯井内操作人员必须系安全带；上下走爬梯，不得爬脚手架；放样板工具和材料应装入工具袋中，并固定在工作平台上确保不会坠落。如在井道中不易固定，则应在不使用时随时退出井道；物料严禁上、下抛扔。

k. 底坑配合人员应在放样人员允许时才可进入底坑，并保持联络。

l. 电梯施工操作用的手持电动工具必须绝缘良好，漏电保护器灵敏有效。

m. 进入底坑前应确认底层门锁有效，确认进入底坑的人员安全后方可关闭层门。

n. 进入底坑前应先确认坑内无异常气味，然后再进入底坑。

o. 底坑深度大于 1.6m 时，无底坑爬梯不得进入底坑，攀爬时不得手握厅门边及随行电缆等。

③ 导轨作业。

a. 焊接导轨支架和吊装导轨时应遵守高空作业、安全用电、消防安全的有关规定。

b. 安装导轨时如需临时拆卸吊装导轨就位位置的脚手架横杆，不应同时拆卸两根（含两根）以上，且应采取防护措施，在导轨就位后，应立即恢复。

c. 使用绳索牵拉时绳索强度应满足要求，应两人（含两人）以上牵拉。牵拉时应有锁紧方式。

d. 使用卷扬机吊装时，卷扬机应安装牢固并有可靠的制动装置。

e. 吊装导轨时下方不准有人，操作时有专人指挥，信号要清晰、规范，操作者分工明确。

f. 吊装导轨前应认真检查卷扬机、U 型环、绳索等吊具，确认安全后方可使用。

g. 在井道内提升导轨时，作业人员应离开井道。

h. 导轨压板、连接板螺栓紧固前不应放松吊挂绳索，不得摘下卡具；导轨入榫时操作要稳，防止挤伤。

i. 井道中作业必须系好安全带，穿戴好工作服和防护用品。交叉作业时一定要做好安全防护工作。

j. 脚手架上不得放置杂物，导轨支架应随装随取，不得大量放置在脚手板上。

④ 层门作业。

a. 层门门扇安装后，在安装门锁并起作用前，不应拆除安全围挡。

b. 动用电、气焊时应有防火措施，设专人看火。

c. 如层门套与土建结构间缝隙大于 100mm，则不应拆除安全围挡。

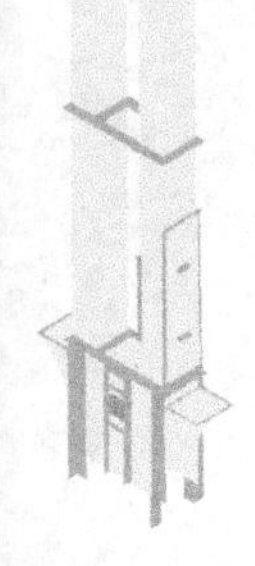

d. 作业人员开启层门时动作要慢，看清楚井道内情况后再操作。

e. 不允许两腿分跨于层门内外侧作业。

⑤ 轿厢、对重作业。

a. 起吊悬挂点、承重葫芦、钢丝绳等应满足相关安全技术规范要求。

b. 导靴、安全钳、反绳轮等部件的定位及紧固件应安装牢固可靠。

c. 在轿厢、对重下方施工时，应采取有效措施防止轿厢、对重下滑而导致人员受到伤害。

d. 轿厢、对重位置锁定过程中落实安全钳以及主吊葫芦保护外，还要设置可靠的辅助保险装置。

e. 在确保安全的前提下，临时拆除对重防护栏等部件，保证作业顺利进行。加装对重块时应防止压手，装完后应及时压紧对重块。

⑥ 曳引绳作业。

a. 采用巴氏合金工艺的曳引绳应严格遵守动火作业规定，做好防止火灾或烫伤的措施。

b. 安装曳引绳时不应将曳引绳两端同时送入井道，以免滑落到井道内。曳引绳在往下放的过程中，底坑人员应先撤离，在钢丝绳放到位并稳住后方可进入。

c. 曳引绳安装完成后，应及时安装防跳装置和防护罩。

d. 更换曳引绳时，不得同时拆除一半以上曳引绳。

⑦ 无机房主机作业。

a. 作业层平台应满铺。

b. 吊装电梯主机等部件时，应加双方向的导索，一拉一送缓慢地将其移到相应的位置上，在就位后，定位件及紧固件未紧固前不应放松吊挂绳索及导索。

c. 在无机房电梯维修操作平台作业，应使防止轿厢移动的机械装置处于动作状态。

⑧ 检查与调试作业。

a. 电梯各安全部件应试验有效。

b. 各控制回路不允许短接。由于作业需要进行短接时，应由经过培训的专门人员使用专用短接线短接，作业结束后应立即拆除，并确认。

c. 进行检查时，应站在运动或旋转部件不会触及身体的位置，轿顶作业人员的身体各部位均不应超出轿顶边缘之外。

d. 进入井道作业，应打开井道照明。

e. 在同一井道内有多台电梯运行，应注意相邻电梯运行可能发生危险。

f. 进入或退出轿顶时，在打开层门前应确认轿厢位置，确认轿顶紧急停止开关、检修开关及层门门锁有效。

g. 在轿顶作业时，应将检修开关转换至“检修”位置，检修运行速度不得大于 0.63m/s。

h. 在轿顶检修运行时，应站在安全位置，禁止站在轿架横梁上并注意头顶上方的建筑物，井道四周的各附属物，避免发生撞击。

(4) 自动扶梯与自动人行道作业安全要求

① 桁架中作业安全。

a. 工作开始前，应在自动扶梯和自动人行道的出入口设置有效的防护栏杆，警告与防止无关人员进入工作危险区域。

b. 试验停止和检修开关的安全有效性。

c. 自动扶梯和自动人行道只能检修运行。

d. 除作业需要，不允许在梯级踏板上行走。

e. 采取有效措施防止梯级链条的意外移动。

② 驱动站和转向站作业。

a. 进入驱动站和转向站工作时，入口处应设置有效的防护装置。

b. 进入驱动站和转向站应按下停止开关。

c. 工作区域应有足够的照明和作业空间。

(5) 其他专项安全技术

① 用电安全。

a. 施工现场用电应遵守现场用电安全的有关规程。

b. 施工作业用电应从产权单位指定的电源接电，使用专用的电源配电箱，配电箱应能上锁。

c. 配电箱内的开关、保险、电气设备的电缆等应与所带负荷相匹配。严禁使用其他材料代替熔丝。

d. 井道作业照明应使用 36V 以下的安全电压。作业面应有良好的照明。

e. 所有的电气设备均应保持在完好的状态下使用。

f. 电焊机的地线应与所焊工件可靠连接，严禁用脚手架或建筑物钢筋代替地线。

g. 电动工具应在装有漏电保护开关的电源上使用，使用前应试验漏电按钮，确认漏电保护开关有效。

② 吊装安全。

a. 曳引机应由专业吊装人员吊装进入电梯机房，吊装人员应持有特种作

业人员（起重）证书。

b. 吊装就位前应确认机房吊钩的允许负荷大于等于设计要求。

c. 起重装置的额定载荷应大于曳引机自重的1.5倍。

d. 索具应采用直径≥12mm的钢丝绳，钢丝绳、绳套、绳卡符合标准要求。

e. 吊装前应确认起重吊钩防脱钩装置有效。

f. 索具须吊挂在曳引机的吊环上，不应随意吊挂。

g. 曳引机吊离地面30mm时，应停止起吊，观察吊钩、起重装置、索具、曳引机有无异常，确认安全后方可继续吊装。

h. 吊装时，曳引机上下均不应站人，不应有杂物。

i. 起重装置不应将曳引机吊停在半空时吊装人员离开吊装岗位。

③ 动火安全。

a. 电焊、气焊作业应遵守相应的安全操作规程。

b. 电焊、气焊等明火作业时，应在作业处清理易燃易爆品，并设置防火员，填充剂在有效使用期内的灭火器，井道明火作业，除在作业处以外，还应在最底层设置底坑防火员，作业前清除底坑内的易燃物。

c. 明火作业结束后，防火员应确认无明火和火灾隐患后方可离开。

d. 存放配件的库房应配备灭火器，库房内严禁明火。

e. 电焊、气焊等明火作业应提出动火申请，按照动火作业程序经批准后方可进行动火作业。进入井道及在2m以上的高空作业，必须戴安全带，并确认安全可靠。

④ 搭设脚手架。

a. 脚手架应由专业人员搭设，并经相关部门验收后方可使用。脚手架的更改、拆除也应由专业人员完成。

b. 在每层楼作业位置设置作业平台，作业平台的脚手板应使用厚度大于50mm的坚固干燥木板，脚手板的宽度应在200mm以上。工作平台上的脚手板不应少于两块，其承载能力不得小于250kg/m^2。

c. 脚手板两端应伸出脚手架横杆150mm以上，脚手板应用铁丝捆扎在脚手架钢管上。

d. 禁止在脚手架上放置材料、工具等物品。

e. 应按标准规定敷设安全网，随时清理脚手板及安全网上的杂物，安全网发生破损应及时更换。

f. 同一工作平台上作业的人员不应超过3人。

5.2.4　安装（含改造、修理、维保）作业危险点/源及预控措施

电梯安装（含改造、修理、维保）作业时危险因素多，进入作业现场，可能存在物体打击、高处坠落、起重伤害、灼烫、中毒、触电等危险伤害，只有对各项作业项目/活动各种潜在的危险点/危险源进行辨识，做好安全预防和控制措施才能保证安全。下面笔者对电梯安装（含改造、修理、维保）中可能的危险点/危险源及预防控制措施进行了归纳整理，见表 5-5。

表 5-5　电梯安装（含改造、修理、维保）安全预控措施

序号	项目/活动	危险点/危险源	可能的后果	预防/控制措施
1	施工前个人劳动防护	失去防护用品保护进入危险环境	物体打击、高处坠落、灼烫、中毒窒息、其他伤害	进入施工现场，做好个人劳动安全防护，按规定佩戴防护用品，如戴好安全帽、穿好防护服、戴好护目眼镜、戴好防毒面具、戴好绝缘手套等
2	施工前危险孔洞防护	向井道内抛掷杂物，层门洞防护缺失	高处坠落、物体打击	清理好施工现场，各层门门洞设置可靠的防护栏杆、盖板、设置警示性标志
3	施工前作业区防护	作业区和四周未布置警戒线、挂醒目安全警示牌	物体打击、高处坠落、灼烫、中毒窒息、爆炸、其他伤害	安装作业区域和四周布置两道警戒线，安全防护范围内，搭设好防护棚，挂好警示牌，严禁任何人进入作业区内，现场安全员做好安全区域的安全监护工作
4	到货吊装	汽车吊钢丝绳编结不符合要求、吊索具选配不合理、超载、操作不当、在架空输电线附近工作	起重伤害、高空坠落、物体打击、触电	选用符合要求的吊索具、支好支腿、严禁超载，选准重心起吊、绑扎牢固，汽车吊臂下严禁站人、起吊中信号清楚、视线良好，在架空输电线附近工作时，应有措施保持安全距离，防止碰触，如有必要停电应办理停电后再作业
5	开箱检验	开箱检验中包装板及物件乱放、包装板上的钉子未妥善及时处理	其他伤害	开箱检验后的部件应及时合理堆放、保管、处理，防止人员被绊倒、钉子扎伤
6	搬运材料、工器具	搬运时失手，电气工具漏电、触碰带电体	物体打击、触电	搬运时应轻拿轻放，多人同时搬运时应同起同落。搬运电气设备时必须先切断电源，搬运金属物体时，严禁触碰带电体

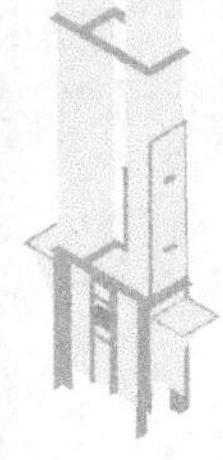

续表

序号	项目/活动	危险点/危险源	可能的后果	预防/控制措施
7	脚手架搭设	不按规定搭设,架体上的物件坠落伤人,架体人员失去防止坠落保护	坍塌、物体打击、高空坠落	脚手架按照标准专人搭设;禁止在脚手架上放置材料、工器具等重物;平台上作业人员应系好安全带及安全绳
8	设备组装	未可靠连接	机械伤害、物体打击	组装时随时检查连接情况,未连接好不得进行下步工作
9	吊装就位	吊装使用工器具损坏或以小带大,超载使用,用手指找正	起重伤害、高空坠落、挤压、物体打击	使用前确认工器具安全性,悬挂醒目标志牌,严禁超载,有条件装配重量限制器,使用专用工具
10	电梯部件安装	安装作业中施工人员对现场情况不明,指挥、联络方式和信号不明,野蛮施工	机械伤害、物体打击、其他伤害	向施工人员进行全面安全技术培训,严格按照施工程序方案施工,施工中联络和信号畅通,服从统一指挥,不违章指挥、违章作业、违反劳动纪律
11	高处作业	高处作业失去安全保护,高处焊接、气割等作业下方有易燃易爆危险物品	高处坠落、火灾、爆炸	应避免高处上下交叉同时作业,在人员转移过程中不要失去安全带的保护,严禁高处投掷物件,高处焊接、气割作业时,事先清除周围易燃易爆物品
12	进入、退出轿顶作业	未按照安全步骤进入、退出轿顶作业	剪切、挤压、坠落撞击、被困	按照安全步骤进入、退出轿顶,进入轿顶开启层门前再次确认轿顶位置方可进入
13	进入底坑作业	未按照安全步骤进入底坑,未确认底坑有害气体、积水情况	剪切、挤压、坠落撞击、被困、窒息、触电	按照安全步骤进入底坑,确认底坑有害气体、积水情况,正确使用安全防护用品用具
14	检修作业	未按规定在轿顶上的作业	剪切、挤压、坠落撞击、被困、触电	电梯检修速度不能超过允许值,电梯完全停稳后按下停止按钮,电梯允许中整个身体置于轿厢护栏之内,以防被其他部件碰伤
15	电气作业	线路不清、开关未上锁、未做好电气作业个人防护,绝缘损坏及接地保护失效	触电	按规定布线,电源柜内插座电压等级、开关负荷名称标示清楚,电源柜上锁;按照规定使用漏电保护器,做好设备保护接地、作业时戴上绝缘手套
16	大风、雨、雪、大雾等恶劣天气作业	恶劣天气未停止作业	机械伤害、高空坠落、其他伤害	及时收听气象预报,如突遇恶劣天气应停止作业,并做好应急防范措施,遇6级以上大风、大雪、大雨、大雾等恶劣天气时不得进行高空、起重等作业

续表

序号	项目/活动	危险点/危险源	可能的后果	预防/控制措施
17	夜间作业	夜间作业照明不足	各种伤害	尽量避开夜间作业，否则必须有足够照明
18	对手持电动工具的使用	漏电、绝缘损坏、转动部件防护罩缺失	触电、机械伤害	要有可靠的保护接地，并应戴绝缘手套、穿绝缘鞋，确认手持电动工具安全完好
19	对便携式工具的使用	使用便携式工具发生跌落	物体打击	进入井道时应戴好安全帽，所使用的螺丝刀、钳子、扳手等工具随时放在工具袋中，使用过程中抓好拿稳防止不慎跌落
20	使用易燃、易爆危险物品	使用的易燃物品未能妥善保管	火灾、爆炸	使用的氧气、乙炔、汽油、油漆等易燃物品要妥善保管，不用时做好密封，远离火源，并备有一定的消防器材
21	寒冷天气作业	使用明火、照明器取暖	火灾、触电、爆炸	禁止使用照明器取暖，禁止使用明火取暖，周围严禁摆放危险物品

注：本表所列作业过程危险源仅供学习参考，在实际电梯安装（含改造、修理、维保）工作中的危险源应根据现场情况进行详细分析辨识，并加以预控。

5.2.5　安装（含改造、修理、维保）安全管理

电梯安装（含改造、修理、维保）过程中安全风险大，在实施中应做好安全管理的各项工作，主要有以下几个方面：

① 电梯安装（含改造、修理、维保）单位应当取得相应许可，方可从事相应的工作。

② 安装（含改造、修理、维保）单位应建立健全质量保证、安全管理和岗位责任等规章制度，管理机构和各岗位人员到位、职责明确。

③ 加强基础安全教育，提高全员安全意识，未经安全生产教育培训的人员及未按照相关规定取得相应资格证的人员不得上岗作业。

④ 严格执行法律法规及安全技术规范、标准的要求，正确使用劳动安全防护用品用具，作业过程中制定切实可行的作业指导书或方案，按照程序作业。

⑤ 经常检查安全的落实情况，是否符合作业指导书和相关安全技术规范要求，不符合要求的必须按照程序进行处置；检查新技术、新设备、新工艺、新材料的施工安全技术措施是否切实可行。

⑥ 安全警示标志明显、清晰，现场布置规范。

⑦ 机械设备完好、清洁，材料堆放有序，有消防设施，有防盗措施。

⑧ 开展应急、急救、流行病等安全相关知识宣传教育，制定应急措施和救援预案，并按规定进行演练，切实保障作业人员身体健康。

5.2.6 维保项目（内容）和要求

为了保证电梯正常运行，及时发现和处理电梯运行中的问题，保持电梯安全运行状态，根据电梯维护保养相关规定要求进行维保。在维保过程中，维保记录应当经使用单位安全管理人员签字确认，发现事故隐患及时告知电梯使用单位；发现严重事故隐患，及时向当地特种设备安全监察部门报告。

按照维保的周期和维保项目分为半月、季度、半年、年度四类，下面节选了曳引与强制驱动电梯在 TSG T5002—2017《电梯维护保养规则》中电梯半月维保项目（内容）和要求（见表 5-6），其他各类电梯及各周期的维保项目内容本书不再赘述。

表 5-6 电梯半月维保项目（内容）和要求

序号	维护保养项目(内容)	维护保养基本要求
1	机房、滑轮间环境	清洁,门窗完好,照明正常
2	手动紧急操作装置	齐全,在指定位置
3	驱动主机	运行时无异常振动和异常声响
4	制动器各销轴部位	动作灵活
5	制动器间隙	打开时制动衬与制动轮不应发生摩擦,间隙值符合制造单位要求
6	制动器作为轿厢意外移动保护装置制停子系统时的自监测	制动力人工方式检测符合使用维护说明书要求;制动力自监测系统有记录
7	编码器	清洁,安装牢固
8	限速器各销轴部位	润滑,转动灵活;电气开关正常
9	层门和轿门旁路装置	工作正常
10	紧急电动运行	工作正常
11	轿顶	清洁,防护栏安全可靠
12	轿顶检修开关、停止装置	工作正常
13	导靴上油杯	吸油毛毡齐全、油量适宜,油杯无泄漏
14	对重/平衡重块及其压板	对重平衡重块无松动,压板紧固

续表

序号	维护保养项目(内容)	维护保养基本要求
15	井道照明	齐全,正常
16	轿厢照明、风扇、应急照明	工作正常
17	轿厢检修开关、停止装置	工作正常
18	轿内报警装置、对讲系统	工作正常
19	轿内显示、指令按钮、IC 卡系统	齐全,有效
20	轿门防撞击保护装置(安全触板,光幕、光电等)	功能有效
21	轿门门锁电气触点	清洁,触点接触良好,接线可靠
22	轿门运行	开启和关闭工作正常
23	轿厢平层准确度	符合标准值
24	层站召唤、层楼显示	齐全,有效
25	层门地坎	清洁
26	层门自动关门装置	正常
27	层门门锁自动复位	用层门钥匙打开手动开锁装置释放后,层门门锁能自动复位
28	层门门锁电气触点	清洁,触点接触良好,接线可靠
29	层门锁紧元件啮合长度	不小于 7mm
30	底坑环境	清洁,无渗水、积水,照明正常
31	底坑停止装置	工作正常

5.2.7　危险性较大的几种常用工器具使用安全

(1) 倒链、手扳葫芦的安全使用

① 倒链、手扳葫芦是电梯施工中常用的一种工具，它适用于小型设备和重物的短距吊装，临时挂置，以及吊装大型组件时的调整等。起重量一般在 5～200kN。倒链、手扳葫芦具有结构紧凑，手拉力小，使用稳当，较其他起重机械容易掌握。

② 悬挂倒链、手扳葫芦的构架必须牢固可靠。工作时其挂钩、销子、链条、刹车等装置必须保持完好。

③ 起吊用的倒链、手扳葫芦，不准超负荷使用。

④ 起吊物件时，除操作人员外，其他人员不得靠近被起吊的物件。

⑤ 起吊物件时，必须捆缚牢固可靠。吊具、吊索应在允许负荷范围，严

禁在起吊物件下站人或近距离行走。

⑥ 用两个倒链、手扳葫芦同时起吊一个物件时，必须由专人指挥。负荷应均匀分担，操作人员动作要协调一致。

⑦ 放下物件时，必须缓慢、轻放，不允许自由落下。

(2) 喷灯的安全使用

① 不熟悉喷灯使用方法的人员不准擅自使用喷灯。

② 喷灯必须符合下列要求，才可以点火：

a. 油筒不漏油，喷火嘴无堵塞，丝扣不漏气；

b. 加油的螺钉塞拧紧；

c. 油桶内的油量不超过油桶容积的 3/4。

③ 用喷灯工作时，应遵守下列各项：

a. 点火时不准把喷灯正对着人或易燃物品；

b. 油筒内压力不可过高；

c. 工作地点不可靠近易燃物体和带电体；

d. 尽可能在空气流通的地方工作，以免燃烧气体充满室内；

e. 不准把喷灯放在温度高的物体上；

f. 禁止在使用煤油或酒精的喷灯内注入汽油；

g. 喷灯用毕后，应放尽压力，待冷却后，方可放入工具箱内。

④ 喷灯的加油、放油及拆卸喷火嘴等工作，必须待喷火嘴冷却泄压后方可进行。

(3) 手持电钻的安全使用

① 手持电钻的导线必须经常检查，必须保证绝缘强度符合技术标准，并做好接地，操作时要戴好绝缘手套或垫好绝缘橡胶。

② 必须严格按照手持电钻的铭牌正确掌握电压、功率和使用时间，发现有漏电现象或电器超过规定温度，转动速度变慢或有异声时，应当立即停止使用，送交电工修理。

③ 钻头必须卡紧，大型手电钻必须用双手扶把，钻杆要连接垂直。钻穿时应轻压电钻，清除铁屑必须用毛刷，严禁用手去抹或用嘴吹。

④ 在向上钻孔时只许用手顶住钻把，不准用头或肩扛等办法，以免滑钻伤人。

⑤ 电钻在转动过程中，必须用钻把对准孔位，严禁用手扶钻头对孔。

(4) 电焊机的安全使用

① 电焊机使用之前应检查各零部件是否完整，外壳是否可靠接地，电流

调节器是否灵活，导线有无破损等情况。

② 电焊机长期停用，或在潮湿地方存放，使用前应测量绝缘电阻。

③ 电源接线端子及把线端子必须连接牢固，防护罩完好。

④ 进行电焊机调整、换零件或较长时间停止使用，以及工作人员离开现场时，应断开电源。

⑤ 电焊把线应无老化、裸露线芯现象，焊把钳各部件不应松动，要完整无损。

⑥ 电焊把线较长时，剩余的把线不应堆放在一块，应均匀地分开挂在木制品上。

⑦ 电焊机电源线不宜超过 5m，在人员走动过多时电源线应采取安全措施。

⑧ 电焊机露天使用时，遇下雨天气应有防雨措施。

⑨ 在易燃易爆场所及库房进行电焊时，要采取安全措施。

⑩ 在可能存在有毒有害气体的狭小作业空间进行电焊时，要采取通风的安全措施。

⑪ 电焊机短时间不用或焊接完毕后，应立即切断电源。

(5) 手提砂轮机的安全使用

① 使用砂轮机前请仔细检查保护罩、辅助手柄，必须完好无松动。

② 装好砂轮片前注意是否出现受潮现象和有缺角等现象，并且安装必须牢靠无松动，严禁不用专用工具而用其他外力工具敲打砂轮夹紧螺母。

③ 插头插上之前，务必确认砂轮机开关处在关闭的位置。

④ 使用的电源插座必须装有漏电开关装置，并检查电源线有无破损现象。

⑤ 操作砂轮机前必须配戴防护眼镜及防尘口罩，防护设施不到位不准作业。

⑥ 砂轮机在使用前必须要开机试转，看砂轮片运行是否平稳正常，确认无误后方可正常使用。

⑦ 砂轮机在操作时的磨切方向严禁对着周围的工作人员及一切易燃易爆危险物品，以免造成不必要的伤害。

⑧ 事前夹紧工件，磨片与工件的倾斜角度在 30°～40°为宜。切割时勿重压、勿倾斜、勿摇晃，根据材料的材质适度控制切割力度。保持切割片与板料切口的平行，不可侧压方式歪斜下切。

⑨ 使用砂轮机时要切记不可用力过猛，要缓慢均匀用力，以免发生砂轮片撞碎的现象，如出现砂轮片卡阻现象，应立即将砂轮机提起，以免烧坏砂轮机或因砂轮片破碎，造成安全隐患。

⑩ 严禁使用无安全防护罩的砂轮机，对防护罩出现松动而无法紧固的砂

轮机严禁使用并由专人及时修理，严禁使用人擅自拆卸。

⑪ 砂轮机工作时间较长而机体温度在50℃以上并有烫手的感觉时，应立即停机待自然冷却后再行使用。

⑫ 更换砂轮片时必须关闭电源或拉掉电源线，确认无误后方可进行砂轮片的更换，务必使用专用工具拆装，严禁乱敲乱打。

⑬ 定期检查传动部分的轴承、齿轮等部件是否灵活完好，适时对转动部位加注润滑油，以延长砂轮机的使用寿命。

5.3 电梯使用过程

5.3.1 电梯（直梯）安全搭乘方法

（1）乘客候梯时

① 在候梯厅，前往目的层站需上楼时按上行呼梯按钮“△”，需下楼时按下行呼梯按钮“▽”。按钮灯亮表明呼叫已被登记（如果按钮已被其他乘客按亮，则无需重按），轿厢即将前来该层站停靠。

② 当搭乘距离在两个层站之内时，由于候梯时间的原因搭乘电梯未必能更先到达，而且可能会降低大楼电梯的总输送效率，建议走行楼梯，同时也利于健康。

③ 呼梯时，乘客仅需按亮候梯厅内所去方向的呼梯按钮，请勿同时将上和下行方向按钮同时按亮，以免造成无用的轿厢停靠，降低大楼电梯的总输送效率。

④ 爱护候梯厅内和轿厢内的按钮，要轻按，按亮后不要再反复按压，禁止拍打或用尖利硬物（如雨伞尖端）触打按钮，以免缩短按钮使用寿命甚至发生故障。勿大力触按电梯按钮，根据需要按下楼层和方向按钮提高电梯使用效率。

⑤ 候梯时，严禁倚靠层门，以免影响层门开启或开门时跌入轿厢，甚至因层门误开（电梯故障）时坠入井道，造成人身伤亡事故，严禁手推、撞击、脚踢层门或用手持物撬开层门，以免损坏层门结构，甚至坠入井道。

（2）乘客进入电梯时

① 轿厢到达该层站时到站钟发出声响以提示乘客，乘客由层门方向指示灯（或声音、数字提示）确认轿厢将上行或下行。若轿厢运行方向与呼叫方向

相同，则已经按亮的呼梯按钮灯将熄灭，表明乘客可乘该梯；若方向相反，则呼梯按钮灯不熄灭，乘客仍须等待。

② 层门打开时，乘客应先下后上，进梯乘客应站在门口，让出梯的乘客先行，出入乘客不要相互推挤。

③ 轿门打开后数秒即自动关闭。若需要延迟关闭轿门，按住轿厢内操纵盘上的开门按钮；若须立即关闭轿门，按动关门按钮。

④ 进入轿厢后，立即按选层按钮中目的层站按钮（如果迟疑，轿厢可能会反向运行），按钮灯亮表明该选层已被登记，轿厢将按运行方向顺序前往。若有轿厢扶手，握住扶手。

⑤ 注意轿厢内层站显示装置指示的轿厢所到达的层站。轿厢在运行途中，发生新的轿厢内选层或候梯厅呼梯时，则轿厢会顺路停靠。到达目的层站时，待轿厢停止且轿门完全开启后，按顺序依次走出轿厢。

⑥ 搭乘电梯前应留心松散、拖曳的服饰（例如长裙、礼服等），以防电梯在其被层门、轿门夹住的情况下运行，造成人身伤亡。勿在电梯门中间停留，以免被电梯门夹伤。

⑦ 勿搭乘没有张贴电梯安全检验合格证或合格证超过有效期的电梯（合格证通常张贴于轿厢内明显的位置），这样的电梯不能保证其安全性。

⑧ 严禁搭乘正在进行维修的电梯，此时电梯正处于非正常工作状态，一旦搭乘容易发生安全事故。电梯维修和保养时，禁止乘梯，以免发生伤亡事故。

⑨ 切忌使用过长的细绳牵领着宠物搭乘电梯，应用手拉紧或抱住宠物，以防电梯在细绳被层门、轿门夹住的情况下运行造成安全事故。乘坐电梯时儿童和宠物必须由成人陪同，避免发生意外。

⑩ 电梯层门、轿门开启时，禁止将手指放在层门、轿门的门板上，以防门板缩回时挤伤手指。电梯层门、轿门关闭时，切勿将手搭在门的边缘（门缝），以免影响关门动作，甚至挤伤手指。

⑪ 进入轿厢前，应先等层门完全开启后看清轿厢是否停在该层站（不排除电梯会出现层门误开的可能），切忌匆忙迈进，以免造成人身坠落伤亡事故。切忌将头伸进电梯井道窥视轿厢，以免发生人身剪切伤亡事故。

⑫ 进出轿厢前，应先等层门或轿门完全开启后看清轿厢是否准确，平层是否在该层站，即轿厢地板和候梯厅地板是否在同一平面（故障电梯会因平层不准确，轿厢与地面形成台阶）切忌匆忙举步，以免绊倒。切忌将手、腿伸入轿门与井道间缝隙处，以免轿厢突然启动造成意外事故。

⑬ 进入轿厢时，切忌在轿厢出入口逗留，也不要背靠安全触板（或光幕），以免影响他人搭乘或影响层门、轿门的关闭，甚至遇到开门运行故障时会发生人身剪切伤亡事故。进入轿厢后乘客应往轿厢里面站，切勿离轿门太近，以免服饰或随身携带的物品影响轿厢关门，甚至被夹住。

⑭ 电梯层门、轿门正在关闭时，切勿为了赶乘电梯或担心延误出轿厢而用手、脚、身体，或棍棒、小推车等直接阻止关门动作。虽然正常的层门、轿门会在安全保护装置的作用下自动重新开启，但是一旦门系统发生故障就会造成严重后果。正确的方法是等待下次电梯，或按动候梯厅内呼梯按钮，或按动轿厢内开门按钮，使层门、轿门重新开启。禁止用异物卡住电梯厅门、轿门中间，人为阻止电梯关门；搬运重物需长时间使用电梯时，需要提前联系电梯管理部门工作人员。

(3) 乘客在轿厢内

① 乘客勿将流水的雨伞等带入轿厢，保洁员在清洁楼板时不能将水、杂物等扫入轿门与地坎间缝隙处以免造成井道内的电气设备短路。

② 进入轿厢后，勿乱按非目的层站按钮，以免造成无用的停靠，降低大楼电梯的输送效率。正常情况下禁止尝试按动警铃按钮，以免误导电梯值班人员前来救援。

③ 请勿在轿厢内乱蹦乱跳、追逐打闹、左右摇晃，以免安全装置误动作造成乘客被困在轿厢内，影响电梯正常运行。

④ 勿在轿厢内大声喧哗、嬉闹，勿打开有臭味、刺鼻气味等特异味的物品的包装，以免影响他人搭乘，注意扶老携幼，讲究文明礼貌。

⑤ 轿厢运行过程中，禁止乘客用手扒动轿门，一旦扒开门缝，就会紧急制停，造成乘客被困在轿厢内，影响电梯正常运行。禁止扒门和打开轿厢顶安全窗，以免坠落电梯井道，发生重大伤亡事故。

⑥ 搭乘时切忌在轿厢内倚靠轿门，以免影响轿门的正常开启、损坏轿门或开启时夹持衣物，甚至当轿门误开时造成人身伤亡事故。身体勿倚靠电梯门，以免电梯开门时摔伤。

⑦ 爱护轿厢内设施（例如装饰、操纵盘、楼层显示器、警铃按钮、摄像头等），勿将口香糖贴在按钮上，勿在轿厢内乱写乱画、乱抛污物，保持轿厢内清洁，以保证电梯的使用寿命。

⑧ 禁止在轿厢内吸烟，以免影响他人健康，甚至引起火灾。

(4) 电梯发生异常情况时的处理

① 电梯因停电、安全装置动作、故障等原因发生乘客被困在轿厢内时，

乘客应保持镇静，使用轿厢内“报警装置电话”“警铃按钮”等通信设备，及时与电梯值班人员联络，并耐心等待救援人员的到来。等候时为防止轿厢突然启动而摔倒，最好蹲坐着或握住轿厢扶手。专业人员前来救援时，应配合其行动。

② 乘客被困在轿厢内时，严禁强行扒开轿门或企图从轿厢顶安全窗外爬逃生（安全窗仅供专业人员进行紧急救援或维修时使用），以防发生人身剪切或坠落伤亡事故。轿厢有通风孔，不会造成窒息；轿厢的应急照明能持续一段时间。电梯发生故障或停电被困时保持镇静，使用电梯内报警装置报警后等待救援，千万不要强行撬门，擅自逃离。

③ 乘客发现电梯异常（如层门、轿门不能关闭，有异常声响、振动或烧焦气味），应立即停止乘用并及时通知电梯专业人员前来检查修理，切勿侥幸乘用或自行采取措施。

④ 电梯所在大楼发生火灾时，禁止企图搭乘电梯逃生，应采用消防通道疏散。电梯的消防控制功能仅供专业的消防人员救生时使用，不响应乘客的召唤。发生火灾时切勿乘坐电梯。

⑤ 发生地震时，禁止企图搭乘电梯逃生。轿厢内的乘客应设法尽快地在最近的安全楼层撤离轿厢。

⑥ 电梯发生水淹时（例如因大楼水管破裂），禁止乘客搭乘。轿厢内的乘客应设法尽快地在最近的安全楼层撤离轿厢。

（5）其他安全使用要求

① 勿让儿童单独乘梯，儿童一般不了解电梯搭乘规则，遇到紧急情况也缺乏及时、镇静的处理能力。

② 杂物电梯仅能用作运送图书、文件、食品等物品，没有针对载人的安全措施，严禁人员搭乘杂物电梯。

③ 勿不加任何保护措施而随意将易燃易爆或腐蚀性物品带入轿厢，以防造成人身伤害或设备损坏，禁止在轿厢内存放这类物品。

④ 搬运体积、尺寸长的笨重物品搭乘时，应请专业人员到场指导协助，进出轿厢时切忌拖拽，也不要打开轿厢顶安全窗将长物品伸出轿厢外，以免损坏电梯设备，造成危险事故。

⑤ 进出轿厢时，注意拐杖、高跟鞋尖跟不要施力于层门地坎、轿门地坎或二者的缝隙处，以免被夹持或损坏地坎。

⑥ 勿向电梯门地坎沟槽内丢扔果核等，以免影响层门、轿门的启闭，甚至损坏门系统。若不慎将物品落入到轿门与井道缝隙中，勿自行采取措施，应

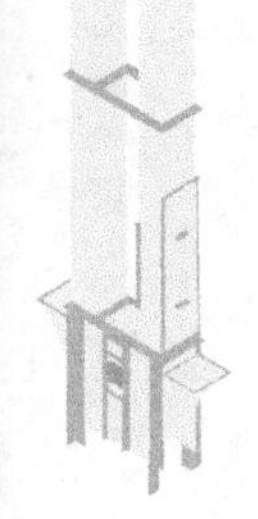

立即通知电梯专业人员协助处理。

⑦ 搬运大件物品时，若需保持层门、轿门的开启应按住开门按钮“<‖>”，禁止用纸板、木条等物品插入层门和轿门之间，或用箱子等物件拦阻层门、轿门的关闭，以免损坏层门、轿门部件，造成危险。

⑧ 切勿超载搭乘电梯。轿厢承载超过额定载荷时会超载报警且电梯不能启动，此时后进入的乘客应主动退出轿厢。严重超载时会发生溜梯，造成设备损坏或人身伤害事故。

⑨ 严禁非专业人员未经允许进入电梯机房、监控室、井道（通过检修门等）、底坑，以防受到运动部件的伤害，或者是进行错误操作导致电梯发生事故。

⑩ 通往机房的通道和机房进出口勿堆放物品，要保持其畅通无阻，以免影响专业人员日常维保和紧急情况下的救援与修理，或者因堆放物引起火灾。

⑪ 电梯层门钥匙、操纵盘钥匙、机房门钥匙仅能由经过批准的且受过训练的专业人员使用，严禁非专业人员或乘客擅自配置而随便使用，以防造成人身伤亡或设备损坏。

⑫ 禁止私自拆装候梯厅内、轿厢内的操纵盘等各类电梯部件（例如当按钮面板松脱时）进行修理，以免造成电梯故障或遭到电击。

⑬ 除专门设计的载货电梯外，禁止使用叉车在轿厢内起卸货物，以免造成设备损坏。

⑭ 发现其他乘客有危险的乘梯动作或状态时，应善意地进行劝阻，并向其说明危险性。

5.3.2 自动扶梯和自动人行道安全搭乘方法

（1）进入自动扶梯（人行道）时

① 搭乘前应系紧鞋带，留心松散、拖曳的服饰（例如长裙、礼服等），以防被梯级边缘、梳齿板、围裙板或内盖板挂拽。乘梯时应踩在黄色线边框内并握好扶手带。穿软胶鞋、系带鞋、长裙、宽脚长裤等衣物时，请注意避免鞋带或衣角卷入梯级缝隙而造成伤害。

② 由于“洞洞鞋”的鞋头太软，摩擦力又太强，来不及抬脚就很容易贴合上前端和侧面的扶手电梯台阶齿，造成卷吸。尽量避免乘客穿“洞洞鞋”乘坐自动扶梯，如乘坐不要站在梯级两侧的边缘，防止与围裙板发生接触引发伤害。

③ 在自动扶梯或自动人行道出入口处，乘客应按顺序依次搭乘，勿相互推挤，特别是有老年人、儿童及视力较弱者共同乘用时更应注意。

④ 乘客在自动扶梯梯级入口处踏上梯级水平运行段时，应注意双脚离开梯级边缘，站在梯级踏板黄色安全区域内。勿踩在两个梯级的交界处，以免梯级运行至倾斜面时因前后梯级的高差而摔倒。搭乘自动扶梯或自动人行道时，勿将鞋子或衣物触及围裙板或内盖板，避免梯级运动时因挂拽而造成人身伤害。

⑤ 搭乘时应面向梯级运动方向站立，一手扶握扶手带右侧或左侧，以防因紧急停梯或他人推挤等意外情况造成摔倒。若因故障扶手带与梯级运行不同步时，注意随时调整手的位置。

⑥ 在自动扶梯或自动人行道梯级出口处，乘客应顺梯级运动之势抬脚迅速迈出，跨过梳齿板落脚于前沿板上，以防绊倒或鞋子被夹住。

⑦ 勿在自动扶梯或自动人行道出口处逗留，以免影响其他乘客的到达。儿童和宠物乘梯时要由成人陪同。人多时，不要推挤他人，以免造成危险。

⑧ 乘梯人员如有小孩应由大人拉住，宠物应抱好，扶手带应握好，以免发生意外事故。依靠拐杖、助行架、轮椅行走的乘客应去搭乘直梯。

⑨ 除了无坡度的自动人行道外，禁止使用非专用手推车。

(2) 禁止不安全搭乘行为

① 切忌将头部、肢体伸出扶手装置以外张望，以防受到天花板、相邻的自动扶梯或倾斜式自动人行道的撞击，或被夹住造成人身伤害事故。

② 禁止将拐杖、雨伞尖端或高跟鞋尖跟等尖利硬物插入梯级边缘的缝隙中或梯级踏板的凹槽中，以免损坏梯级或梳齿板，造成意外事故。

③ 勿沿扶手带运行的反方向故意用手回拉扶手带企图阻止其运行；勿让手指、衣物接触两侧扶手带以下的部件；勿用手翻抠扶手带下缘。否则，会影响扶手带的正常运行，损坏扶手装置部件，或擦伤、挤伤手指。

④ 禁止儿童单独乘扶梯，乘坐扶梯时不得攀爬于扶手带或内盖板上搭乘，禁止将扶手带或内、外盖板当做滑梯玩耍，禁止在梯级上奔跑等行为，以防发生人员擦伤、夹伤或坠落事故。

⑤ 禁止在运动的梯级上蹦跳、嬉闹、奔跑。

⑥ 禁止沿梯级运行的方向行走与跑动，以免影响他人使用或跌倒。

⑦ 禁止依靠在扶手上，以防衣物挂拽、夹住等发生意外。

⑧ 禁止在梯级上丢弃烟蒂，以防发生火灾；勿在梯级上丢弃果核、瓶盖、雪糕棒、口香糖、商品包装等杂物，以防损坏梳齿板；乘客勿脚穿鞋底沾有

水、油等易使人滑倒的鞋子搭乘。

⑨ 自动扶梯或自动人行道运行时梳齿板是较为危险的部位，乘客应尽量避免手、身体、鞋子、衣物、物品、尖利硬物触及此处，以免发生危险。

⑩ 禁止用手、脚或其他异物触及扶手带入口处，以防卷住；禁止儿童在扶手带转向端附近玩耍、嬉闹，以防头部、手臂或身体在扶手带和地板之间夹住。

⑪ 禁止赤脚搭乘，禁止蹲坐在梯级踏板上搭乘，勿穿着松软的塑料鞋、橡胶鞋搭乘，尤其是当梳齿板有梳齿缺损、变形时，容易使脚部或臀部受到严重伤害。

⑫ 搭乘时乘客随身的箱包、手提袋等行李物品应用手提起携带（对于自动人行道可将其放在购物小推车内），切勿放在梯级踏板上或扶手带上。

⑬ 禁止利用自动扶梯或自动人行道作为输送机直接运载物品。禁止乘客携带外形长或体积大的笨重物品乘用，以防碰及天花板、相邻的自动扶梯等而造成人身伤害或设备损坏。

（3）当发生异常情况时

① 发生意外紧急情况时（例如乘客摔倒或手指、鞋跟被夹住），应立即呼叫位于梯级出入口处的乘客或值班人员按动扶手盖板附近的红色紧急停止按钮，停止自动扶梯或自动人行道的运行，以免造成更大伤害。正常情况下勿按动此按钮，以防突然停止运行使其他乘客因惯性而摔倒。

② 禁止大楼发生火灾和地震时搭乘，应通过消防楼梯疏散。自动扶梯和自动人行道发生水淹时（例如因大楼水管破裂），勿搭乘。

③ 自动扶梯停止运转期间，勿将其作为步行楼梯使用，因为梯级的垂直高度不适于人员步行，造成绊倒或滚落。

5.3.3 电梯使用过程中安全预控措施

为了保证电梯的安全运行，按照特种设备安全管理相关要求，使用单位需要建立健全安全管理制度及配置必要的安全管理人员，在使用中做好检查工作，通过检查发现电梯的不安全状态、人的不安全行为和不安全的环境，及时采取措施，及时控制可能存在物体打击、高处坠落、触电、困人等危险。只有正确地识别各种潜在的危险点/危险源，发现电梯的危险因素并做好安全预防和控制措施才能保证使用环节的安全。笔者对电梯使用环节中可能的危险点/危险源及预防控制措施进行了归纳整理，见表 5-7。

表 5-7　电梯使用过程中安全预控措施

危险点/危险源	可能导致的事故特征及后果	预控措施
未按规定建立电梯安全管理相关制度及操作规程	坠落、剪切、物体打击、触电、碰撞、挤压、困人	按照要求建立电梯安全管理制度及操作规程
未按规定设置管理机构或配备安全管理人员	坠落、剪切、物体打击、触电、碰撞、挤压、困人	按要求设置管理机构或配备安全管理人员
电梯机房外门无"电梯机器——危险""未经允许禁止入内"等标识；机房门门锁失效	坠落、物体打击、触电、碰撞、挤压、绞绕	按要求实施自行检查、巡查
未配备适合的灭火器材，不在有效期内	火灾	按要求实施自行检查、巡查
机房内照明、通风不正常；室内环境温度未在 5～40℃之间；机房环境不良	触电、窒息、火灾	按要求实施自行检查、巡查
安全通道不通畅；机房及滑轮间警示标识缺失	坠落、物体打击、触电、碰撞、挤压、摔倒、绞绕	安全检查，如有此情况及时处理
驱动主机、驱动轮、导向轮轴承、分离机房、各驱动和转向站、曳引轮有异常噪声、异常振动；曳引轮槽磨损量超标；联轴器连接松动，弹性元件有老化现象；制动器机械装置动作不正常、制动器有异常噪声、制动能力不足；减速机有渗油情况；主驱动链表面有油污、润滑不足；链条滑块不清洁、厚度不符合制造单位要求；运转不正常	剪切、冲击、切断、挤压、困人	监督维保工作实施情况落实
控制柜各接线端子松散、线号不清晰、绝缘受损；各仪表显示不正常	触电、困人	监督维保工作实施情况落实
限速器运转时有碰擦、卡阻、转动不灵活等现象，动作不正常；限速器轮槽、限速器钢丝绳有严重油腻，磨损量、断丝数超过制造单位要求	坠落、剪切、碰撞、困人	监督维保工作实施情况落实
绳头组合螺母松动、不固定、有锈蚀，开口销不完整	坠落、剪切、物体打击、困人	监督维保工作实施情况落实
手动救援装置不能实现有效救援	坠落、剪切、挤压、困人	按规定定期进行演练
轿门运行开启和关闭工作不正常；电梯平层精度大于 10mm；轿门防撞击保护装置功能失效；轿内报警装置、对讲系统工作不正常	碰撞、困人、摔倒	按要求实施自行检查、巡查；监督维保工作实施情况落实

续表

危险点/危险源	可能导致的事故特征及后果	预控措施
轿门开门限制装置工作不正常，层门装置和地坎有影响正常使用的变形、各安装螺栓不牢固	坠落、摔倒、物体打击	监督维保工作实施情况落实
层门门锁无法实现自动复位；层门自动关门装置不正常；层门导靴磨损量超标；层门、轿门门扇各相关间隙过大；层门地坎与轿门地坎的水平间距不符合厂家要求	坠落、剪切、夹挤、困人	监督维保工作实施情况落实
电梯使用标识、安全注意事项、电梯维护保养标识、电梯使用(检验)标志没有张贴齐全，内容不完整，检验不在有效期内；轿厢内部控制面板上数字、开关门及其他功能按钮确认动作不灵活，信号不够清晰、完整、控制失效；轿厢照明、风扇、应急照明工作不正常；轿内显示、指令按钮、IC卡等系统不齐全，失效；层站召唤、层楼显示不齐全、无效	各种机械伤害、触电、困人	按要求实施自行检查、巡查；监督维保工作实施情况落实
电梯外呼按钮不齐全，按钮呼梯登记灯不亮；电梯楼层显示或到站指示不齐全，有缺损；楼层显示不正常；锁梯开关、消防开关不齐全或有缺损；消防开关玻璃缺损，字迹不清晰	触电、困人	按要求实施自行检查、巡查；监督维保工作实施情况落实
悬挂装置油腻，张力不均匀；悬挂装置、补偿绳磨损量、断丝数超过要求；轿顶、轿厢架、轿底、轿门及其附件安装螺栓不紧固	坠落、物体打击	监督维保工作实施情况落实
靴衬、滚轮磨损量超过制造单位要求	坠落、碰撞、挤压、困人	监督维保工作实施情况落实
井道照明不正常；井道、对重、轿顶各反绳轮轴承部有异常声响、有振动、润滑不足；随行电缆有损伤；上下极限开关工作不正常	坠落、触电、碰撞、挤压、困人	监督维保工作实施情况落实
对重/平衡重块及其压板有松动，压板不固定；对重块标识不清晰；对重/平衡重的导轨支架不固定、有松动；对重靴衬间隙、磨损超过制造单位要求	坠落、物体打击、碰撞、挤压、困人	监督维保工作实施情况落实
底坑停止装置工作不正常；底坑环境不清洁、有渗水积水现象、照明不正常；限速器张紧轮装置和电气安全装置工作不正常；耗能缓冲器电气安全装置功能失效，油量不适宜，柱塞存在锈蚀现象；缓冲器有松动	坠落、物体打击、触电、困人	监督维保工作实施情况落实
内外盖板连接松动，连接处的凸台、缝隙不符合要求	摔倒、碰撞、挤压	监督维保工作实施情况落实
上下出入口处的照明工作异常；上下出入口和扶梯之间保护栏杆松动；扶手带入口处保护开关动作不可靠	坠落、触电、碰撞、挤压	按要求实施自行检查、巡查，发现问题及时处理

续表

危险点/危险源	可能导致的事故特征及后果	预控措施
扶手带运行速度不正常；速度监控系统工作不正常；扶手装置松动、有产生勾绊等危险；护壁板之间的间隙过大	坠落、碰撞、挤压、摔倒	监督维保工作实施情况落实
扶手带断带保护开关功能不正常；梳齿板开关工作不正常；围裙板安全开关测试无效；梯级或者踏板下陷开关工作异常；梯级或者踏板缺失监测装置工作异常；梯级链张紧装置工作异常；超速或非操纵逆转监测装置工作异常；电气安全装置动作异常；主接触器工作异常；制动器状态监测开关工作异常；自动运行功能工作异常；扶手带导向块和导向轮工作不正常	坠落、触电、碰撞、挤压	监督维保工作实施情况落实
梳齿板照明不足；梳齿板有破损，梳齿板梳齿与踏板面齿槽、导向胶带啮合异常	坠落、碰撞、挤压、摔倒	按要求实施自行检查、巡查；监督维保工作实施情况落实
梯级滚轮和梯级导轨工作异常	碰撞、挤压	监督维保工作实施情况落实
防护挡板失效，有破损	碰撞、挤压	监督维保工作实施情况落实
扶梯制动器机械装置润滑工作失效；附加制动器不清洁，润滑不足、功能不可靠	碰撞、坠落、摔倒	监督维保工作实施情况落实
出入口安全警示标志不齐全；紧急停止开关工作异常，标识不清或缺失	坠落、碰撞、挤压、卷入、摔倒	按要求实施自行检查、巡查；监督维保工作实施情况落实
设备运行状况有异响或异常情况	各种机械伤害、触电、困人	按要求实施自行检查、巡查；监督维保工作实施情况落实

注：本表所列使用环节危险点/危险源仅供学习参考，在实际中应根据现场实际情况进行详细分析并加以预控。

5.3.4　电梯使用过程中安全管理

① 特种设备安全监管部门对本行政区域内的电梯使用安全进行现场监督检查。

② 使用单位应按照电梯使用单位相关规定建立电梯安全管理机构或配备电梯安全管理人员，对电梯安全管理人员和作业人员进行电梯安全教育和培训。

③ 使用单位建立健全以岗位责任制为核心的电梯使用和运营安全管理制

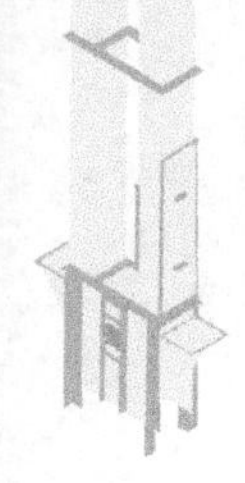

度，做好使用登记资料，电梯安全技术档案的管理。

④ 制定出现突发事件或者事故的应急措施与救援预案，学校、幼儿园、机场、车站、医院、商场体育场馆、文艺演出场馆、展览馆、旅游景点等人员密集场所的电梯使用单位，每年至少进行一次救援演练，其他使用单位可根据本单位条件和所使用电梯的特点，适时进行救援演练。

⑤ 保持电梯紧急报警装置能够随时与使用单位安全管理机构或者值班人员实现有效联系。

⑥ 在电梯轿厢内或者出入口的明显位置张贴有效的特种设备使用标志。将电梯使用的安全注意事项和警示标志置于乘客易于注意的显著位置。

⑦ 在电梯显著位置标明使用管理单位名称、应急救援电话和维保单位名称及其急修、投诉电话。

⑧ 按照安全技术规范标准的要求，及时采用新的安全与节能技术，对在用电梯进行必要的改造或者更新，提高在用电梯的安全与节能水平。

⑨ 使用单位安全管理人员应当履行电梯运行的日常巡视，记录电梯日常使用状况；制定和落实电梯的定期检验计划；检查电梯安全注意事项和警示标志，确保齐全清晰；妥善保管电梯钥匙及其安全提示牌。

⑩ 使用单位安全管理人员如发现电梯运行事故隐患需要停止使用的，有权作出停止使用的决定；接到故障报警后，立即赶赴现场，组织电梯维修作业人员实施救援。

⑪ 使用单位应与取得相应资质单位签订维保合同，履行好维保工作的监督工作，在维保记录上签字确认。

⑫ 使用单位应在电梯使用前或使用后 30 日内到使用登记机关办理使用登记证。使用登记程序包括申请、受理、审查和颁发使用登记证。

⑬ 电梯报废时，使用单位应当在 30 日内到原使用登记机关办理注销手续。

⑭ 电梯停用 1 年以上或者停用期跨过 1 次定期检验日期时，使用单位应当在 30 日内到原使用登记机关办理停用手续，重新启用前，应当办理启用手续。

⑮ 其他需要使用过程中应遵守的规范要求。

5.3.5 电梯安全文明搭乘守则

① 文明使用电梯，等待电梯时请勿拍打厅门严禁扒、撬厅门，以防破坏电梯运行状态，造成设备伤害。

② 使用电梯时应文明操作电梯按钮，指示灯亮后请耐心等待，电梯到位

后，厅门打开，待电梯轿厢停稳后，方可入内，严禁强力按钮、敲击或按住按钮不放。

③ 不要超载运行，当超载信号铃声响时，站在门口的乘客应自觉退出，不要采取任何形式的强制关门手段，等候下一次乘梯机会。

④ 电梯只限运载电梯能够进入的居室日常生活物品，使用货运消防电梯运货时先到电梯管理部门提出申请，经批准后方可使用，严禁电梯运载自行车、摩托车和电动车等货品。

⑤ 乘梯时严禁带超重、超长、超宽的物品和易燃、易爆、易腐蚀等危险品。

⑥ 乘梯时严禁吸烟以免发生火灾等意外事故，不得在乘梯时喧哗、闲谈、打闹、随地吐痰、乱涂乱画和乱扔果核、雪糕棒、口香糖等杂物，保持电梯卫生，以防杂物损坏电梯发生意外。

⑦ 礼貌乘梯，礼让老人和儿童，学龄前儿童须由大人带领乘梯。

⑧ 在电梯遇到停电或其他故障突然发生停运时，不要惊慌，可按警铃或拨打应急电话，耐心等待维修人员的到来，严禁采用暴力强行扳门或撞门，严禁由电梯进入井道，专业维修人员应在最短时间内赶到现场进行救援。

⑨ 严禁擅自使用电梯运载装修材料，如需运送需要到电梯管理部门办理电梯使用手续。特别是超长、超宽的材料必须谨慎搬运，采取必要防止电梯部件、电梯顶部及照明灯具等损坏的措施。

⑩ 禁止接听、拨打电话，匆忙出入电梯。严禁乘坐电梯玩手机、手提电脑等影响乘坐电梯的不安全行为。

⑪ 电梯厅门处于正在关闭状态时，禁止冲撞厅门出入电梯，不采用非安全手段开启电梯厅门。

⑫ 正确使用电梯，不要在厅门和轿厢之间逗留，不能在轿厢内蹦跳、撞击轿厢门、壁、乱按操作按钮等。

⑬ 乘坐电梯时要到哪一楼就按哪一楼，严禁将所有楼层按钮都按下以免延误其他业主使用电梯。

⑭ 禁止手推婴儿车、购物小推车等搭乘自动扶梯，需要时应搭乘电梯或自动人行道。

⑮ 搭乘电梯时乘客随身的箱包、手提袋等行李物品应用手提起携带（对于自动人行道可将其放在购物小推车内），宠物应抱住，切勿放在梯级踏板上或扶手带上。

⑯ 搭乘自动扶梯（人行道）应握好扶手带，切忌将头部、肢体伸出扶手装置以外。

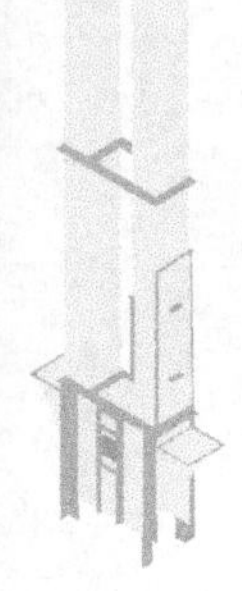

⑰ 禁止将拐杖、雨伞尖端或高跟鞋尖跟等尖利硬物插入梯级边缘的缝隙中或梯级踏板的凹槽中，以免损坏梯级或梳齿板，造成人身意外事故。

⑱ 禁止儿童攀爬于扶手带或内盖板上搭乘，禁止将扶手带或内、外盖板当作滑梯玩耍。

⑲ 禁止沿梯级运行的反方向行走与跑动，以免影响他人使用或跌倒。禁止倚靠扶手侧立，以防衣物挂拽造成意外事故。

⑳ 发生意外紧急情况（例如乘客摔倒或手指、鞋跟被夹住）时，应立即呼叫位于梯级出入口处的乘客或值班人员，立即按动红色紧急停止按钮；正常情况下严禁按动紧急停止按钮，以防突然停止而使其他乘客因惯性而摔倒。

㉑ 禁止赤脚或脚穿鞋底沾有水、油等易使人滑倒的鞋子搭乘，禁止蹲坐在梯级踏板上搭乘，请勿穿着松软的塑料鞋、橡胶鞋搭乘自动扶梯（人行道）。

㉒ 严禁用水冲洗电梯，以防电梯渗水造成设备损坏。

㉓ 发生火灾或火险、地震和有明确禁用标志时严禁乘坐电梯。

㉔ 不乘坐明示处于非正常状态下的电梯，乘客看到电梯停运标志时不要做出任何令其开启和移动标志牌的行为，以免发生人身、设备意外。

㉕ 不做其他危及电梯安全运行或者危及他人安全乘坐的行为。

5.4 检验检测过程

5.4.1 检验检测过程危险点分析

通过科学分析危险点/危险源并予以控制，把后果严重的事故发生的可能性降到最低，使造成的人员伤亡和财产损失降到最小。电梯在检验检测过程中主要存在高处坠落、物体打击、机械伤害、触电、其他伤害等，下面对这几种可能产生的伤害产生的原因进行分析。

（1）高处坠落

由于电梯井道的存在，检验检测过程如用三角钥匙打开电梯层门时，若轿厢不在该层站，当打开层门时用力过大，就有坠入井道的危险，容易发生高处坠落事故。在轿顶上检查时，如越过护栏，可能从井道壁与轿厢围成的孔洞处摔落。

有的机房地面比顶楼楼面高，须通过楼梯或台阶进入机房。机房内控制柜和曳引机不在同一地平面，有坠落危险的环境。

（2）物体打击

在轿顶检查时，井道内或机房内的构件、其他杂物等有可能坠落到轿顶造成轿顶作业人员的伤害。

（3）机械伤害（包括挤压、碰撞、剪切、卷入等伤害）

进入机房、底坑等作业区内旋转的曳引轮和移动的钢丝绳可能使接触者发生机械伤害事故，如对限速器做动作速度校验时，手指有被钢丝绳挤压的可能。

当检验检测人员要从厅门进入轿顶进行井道内项目检验时，有被运动的轿厢剪切的可能。

检验检测人员在底坑或轿顶进行检验时，若未站好位置或操作不当，就有被轿厢等运动部件挤压的可能。做运行试验时，若轿门无闭锁或警示，有可能乘客误入轿厢而造成剪切事故。

（4）触电

在检验检测过程中没有严格按照检验规范进行检验，违章带电作业等。如对电梯接地系统的接地电阻检验时，检验人员没有停电、验电，没有对大电感性和电容性设备进行放电便进行测试，造成触电的可能。

电动工具是可能造成触电事故的主要潜在危险源，所以对手持电动工具应使用安全电压型的，对电动工具额定电压高于安全电压的，应采取防止触电的措施。例如，做限速器动作速度校核时，可使用可调速的手持电动工具，必须检查其绝缘情况。在使用电动工具时，应始终保证有效的接地，或者置于接地故障断路器的保护之下，或穿戴绝缘服具等。

5.4.2 检验检测安全预控措施

对电梯进行检验检测时，进入工作现场，不管是设备本身还是作业环境，都存在着潜在的危险因素，只有认清各种潜在的危险点/危险源，做好安全预防和控制措施才能保证安全。以下是笔者在电梯检验检测中可能产生的危险源及预防控制措施加以归纳，详见表 5-8。

表 5-8　电梯检验检测安全预控措施

危险点/危险源	可能的后果	预防/控制措施
检验检测现场脏乱差	坠落、剪切、物体打击、触电、碰撞、挤压	把好检验环境关，检验现场（主要指机房、轿顶、底坑）应清洁，不应有与电梯无关的物品和设备，事故及相关现场应放置表明正在进行检验的警示牌

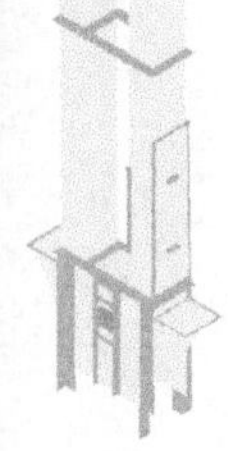

续表

危险点/危险源	可能的后果	预防/控制措施
未做好现场安全防护、正确使用个人防护用具	坠落、物体打击、碰撞、挤压	①工作前,按规定佩戴好安全帽,避免高空坠物的伤害 ②在各厅门口和轿厢内设置警示牌,警示人们电梯在检验检测中,禁止人员进入轿厢内
现场周围环境不良	坠落、物体打击、触电、碰撞、挤压、摔倒	①检验现场为使工作人员清晰地看到周围的情况,光线不能过暗或过亮,避免由于作业场所照明不良引起事故 ②工作中要注意雨、雪、水等自然环境的影响,特别要注意特殊环境(防爆、防辐射)条件下检验时的安全。有危险化学物品的场所,一定要严格按照有关具体规定执行,绝不能盲目蛮检
现场有坑洞、有危险平台、作业空间狭小	坠落、碰撞、挤压	①检验人员应注重环境安全条件,检查周围坑洞是否封闭,未装设层门的层门口是否用合格的防护栏围起来 ②上到较高的平台后,与平台边缘保持距离,接近边缘时要抓住护栏,必要时使用安全带 ③狭小空间可合理安排进入作业空间的人员并与外围人员及时有效联系
进入、退出轿顶或底坑,在轿顶和底坑作业	坠落、剪切、碰撞、挤压、中毒	①按照安全步骤正确使用安全防护用品用具,按照安全步骤进入、退出轿顶,进入轿顶开启层门前再次确认轿顶位置方可进入。如在打开层门进入井道的时候,先将门打开一条缝隙,确认轿厢位置后,再开门进入轿顶。进入底坑,确认底坑有害气体、积水情况 ②电梯检修速度不能超过允许值,电梯完全停稳后按下停止按钮,电梯运行中整个身体置于轿厢护栏之内,以防被其他部件碰伤
接触到旋转或移动部件	剪切、卷入、碰撞、挤压	①留心现场的各种旋转部件,在转动中不能用手去接触 ②须操作旋转部件时,不要戴手套,避免手套被夹、挂时,手来不及挣脱 ③必须进行运动时才能完成的项目,如电梯运行速度的检测,应做好防止被运动部件剪切、挤压等措施。最好一人检测,一人监护,禁止戴手套进行检测
电气设备上作业未按规范操作或电气绝缘损伤、接地不良	触电	①进行电气设备作业时,应严格遵守操作规程。尤其是对老旧电梯进行检查时,要留意破损和有裸露部分的线路,避免触碰。当需要触碰时,要先切断电源。准备验电笔,对可能有漏电的地方进行测试 ②定期检查使用的电动工具和仪器,发现漏电、绝缘损坏等危险时要及时进行处理 ③在检验检测时,要注意与照明设备和其他可能带电的设备保持距离
未制定电梯检验检测细则	剪切、碰撞、挤压等各类机械伤害、坠落、物体打击、触电	制定出电梯检验检测细则,安排好电梯检验检测程序。细则内容应包括检验检测流程、方法、所使用的仪器、安全注意事项和应采取的安全防范措施。检验检测人员应严格按照细则规定的步骤和方法实施

续表

危险点/危险源	可能的后果	预防/控制措施
动载试验	坠落、剪切、物体打击、碰撞、挤压	按照动载试验规定的步骤和方法进行试验。例如，在做重载制动性能试验之前，首先应进行平衡系数的测试、上行空载曳引检查制动情况

注：本表所列检验检测环节危险点/危险源仅供学习参考，在实际中应根据现场实际情况进行详细分析并加以预控。

5.5 其他安全技术措施

5.5.1 电梯拆除的安全技术

对电梯进行更新改造时，须拆除整部或部分电梯设备。拆除电梯是安全技术性很强的操作，以往发生过多起因操作不当而引发的重大人身伤害事故。比如拆除轿厢壁后不设置护栏、过早拆除限速器致使飞梯，造成伤亡事故。因此，拆除电梯的安全操作是非常重要的，应引起足够的重视。

（1）准备工作

① 拆除前应准备好所需工具如卷扬机、滑轮、脚手钢管及附件、别凿工具、大绳、绳卡、承重铁件、气焊切割设备、对讲机、检修操作盒以及劳动防护用品等。对工具认真仔细地检查，不符合安全要求的，绝对不能使用。

② 施工现场张贴告示，悬挂安全标志，划出操作区并设置围栏。

（2）拆梯时的安全操作

① 接临时线、拆除控制部分线路。

a. 从机房控制柜引一根临时用随行电至轿厢，接一检修运行操作盒，要求上、下行慢车运行互锁，金属操作盒外可靠接地。

b. 关掉机房总电源开关，在机房拆除轿厢照明电源线及除慢车电路、制动器电路以外的所有线路。视需要和可能决定是否保留井道照明。

c. 反复查验拆除线路是否正确，有无带电线头。检验临时慢车上、下行按钮和停止开关是否正确好用。

d. 在空载状态下试验限速器开关和安全钳是否灵敏有效。

② 拆部分对重块。

a. 将轿厢开到中间层，在轿顶拆下部分对重块，使空载轿厢与对重基本平衡。

b. 拆除对重块时应轻拿轻放，多人配合时应同起同落，避免砸伤手指。

③ 拆轿厢。

a. 将轿厢开到底层，按下停止按钮，拆除轿门系统、轿顶、轿厢壁。

b. 用轿厢架和轿底固定钢管和脚手板，制成上、下两个作业平台，平台除临门一侧外，应设不低于1m高的三面护栏，平台承载量应不小于250kg/m^2。在平台上操作应挂好安全带。

④ 拆除随行电缆。

a. 在底坑中拆下轿底随行电缆，将几根电缆分别盘好放于作业平台上。

b. 慢速向上移动轿厢，边走边盘随行电缆，直到将几条全部拆除，盘好运出井道。

⑤ 拆除井道电器件。

a. 将轿厢开到顶层，在平台上从上到下逐步拆除井道内的电气线路及器件、支架等。

b. 拆下的机件及时放在下平台内安全码放，当数量较多时，应及时外运，直到道内全部拆除干净。

⑥ 拆层门。

a. 将轿厢开到顶层，拆除层门门扇、上坎、立柱、地坎、楼层显示的井道内部分。

b. 层门拆走后，必须及时做好层门安全防护措施，防止发生坠落事故。

⑦ 拆除导轨和导轨架。

a. 拆除导轨须动用卷扬机、气焊设备等，拆前必须做好准备。

b. 在底层候梯间设置一台0.5t卷扬机。底坑内轿厢与对重之间固定一滑轮。

c. 对重侧绳孔下方设一滑轮。

d. 在大小四根导轨中心偏侧方的机房楼板上，凿一孔，用承重铁件吊挂一滑轮。滑轮及其支承件必须固定牢靠。

e. 备好吊装用人字形绳索卡环，其两侧绳索的长短视待拆的大、小导轨接口水平距离而定。

f. 将卷扬机钢丝绳上卡环分别在大、小导轨上挂好。向下开慢车，用气焊割掉导轨支架拆下接道板连接螺栓，最高一节大、小导轨被吊起。

g. 用卷扬机将拆下的导轨放落到底坑并运走。操作时注意避免碰伤和烫伤。

h. 当拆到中间层位置时，要注意对重在失去导轨时，发生转动的可能，应在对重架下侧中间位置栓一拖绳，人为牵制确保安全。

i. 当轿厢快要到底层时，用两根不小于100mm×100mm的方木，支在轿厢底梁，使轿底与底层地面水平，导轨拆除告一段落。

⑧ 拆除限速绳、轿厢底。

a. 将限速绳拆下，从机房将绳抽走。

b. 拆除轿厢上平台和上、下平台护栏。

c. 拆下轿底用卷扬机运走。

⑨ 拆除对重架和曳引绳。

a. 用大绳将卷扬机钢丝绳从对重侧放下来，将设在底坑轿厢与对重之间的滑轮移到轿厢底梁前的中心位置固定好。

b. 将轿厢侧曳引绳中的两根用三道绳卡子卡牢，再将卷扬机钢丝绳从卡好绳卡的两根钢丝绳卡的上端穿过，返回后用三道绳卡子将自身卡牢，再将其余曳引绳用卡子卡在一起。

c. 慢慢操纵卷扬机，使轿厢侧绳头组合处螺栓不受力，对重的重量由卷扬机钢丝绳承担。拆下轿厢侧绳头螺母及弹簧。

d. 操纵卷扬机放绳，使对重缓缓下落，下落过程应注意防止刮、碰，落到底坑后稳固好，拆除对重侧曳引绳组合处螺母和弹簧。

e. 随着卷扬机的继续放绳，将曳引钢丝绳拖出井道。拆下曳引绳上的绳卡和卷扬机钢丝绳。

⑩ 拆除对重架、轿厢架。

a. 用卷扬机吊住对重架，拆下剩余在对重架内的对重块。操纵卷扬机将对重架拖出拆除。

b. 用卷扬机拆除轿厢上梁、立柱和下梁。

5.5.2　电梯轿厢装潢的电梯安全

电梯轿厢装潢和电梯安全密切相关。如果在轿厢装潢时忘了电梯安全，装潢时改变电梯的平衡系数和电梯性能，有可能导致电梯事故。所以在装潢前，在电梯设计时就应考虑到装潢带来的影响而留出余量，不致影响电梯的安全。电梯装潢设计是电梯改造设计的重要组成部分，电梯装潢设计和电梯种类有关，装潢情况应与制造厂家确认。

除了电梯装潢重量对平衡系数和电梯性能的影响外，还应注意下列问题：①不能采用易燃、有毒有害及腐蚀性材料进行装潢；②考虑装潢材料的色温差

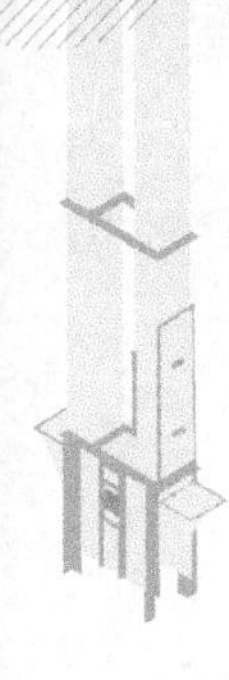

异，给乘客营造良好的视觉感觉；③轿内操作按钮应大小合适，选择较醒目的颜色，同时要考虑具有较高的防破坏性以及被破坏后的安全性；④吊顶装潢不宜烦琐，装饰灯具等物件固定可靠，能承受住电梯蹲底、冲顶及紧急制停等意外情况时的冲击力；⑤装潢时不能封堵轿厢内的通风口。

5.5.3 电梯抗震安全

地震对电梯带来的危险是巨大的，我国对电梯抗震研究还处于初始阶段。大亚湾核电站等电梯项目也有对抗震的考虑和要求，随着高层建筑的增加，今后对电梯的抗震要求也会变得越来越普遍。根据有关的试验分析及汶川大地震、青海果洛地震相关资料可知，在地震中对电梯机房设备造成的危害主要有：结构问题、设备移位、倾斜。表现为：对重导靴脱轨、对重块脱出、对重导轨及其支架损坏、隔磁板损坏、曳引机移位、控制柜倾斜、钢丝绳脱槽、随行电缆及补偿链损坏等，其安全措施见表 5-9。

表 5-9 电梯抗震措施一览表

序号	项目	安全措施
1	停止运行	安装地震传感器，电梯就近平层停止运行
2	对重块脱出	采取贯通连接杆或者其他更为可靠的方式将对重块可靠固定
3	主机移位	驱动主机应当采用螺栓连接等方式与其支撑可靠固定
4	控制柜倾斜	控制屏基础应可靠固定
5	对重导靴脱轨	增加导靴与导轨的啮合深度
6	对重导轨及其支架损坏	根据地震力载荷，检查其强度，如将空心对重导轨更换为实心导轨等提高导轨及其支架强度的措施
7	钢丝绳脱槽	在曳引轮、导向轮、对重悬挂轮、限速器轮、限速器张紧轮等处设置能够防止钢丝绳脱出和移位的钢丝绳护罩
8	随行电缆及补偿链损坏	井道内相邻近设备标准设置，消除可能钩挂的危险点

第6章

通用性安全防护保护装置及措施

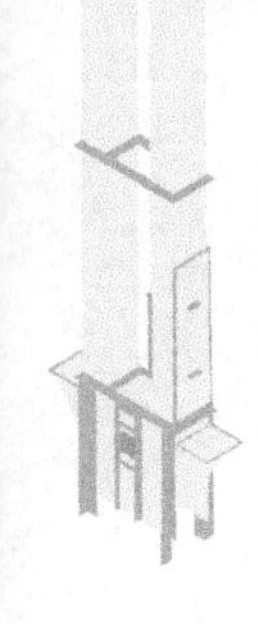

电梯是载人的垂直交通工具，从它诞生起就一直将安全运行放在首位。电梯的安全，首先是对人员的保护，同时也要对电梯本身和所载物资以及安装电梯的建筑物进行保护。

设计配置完善的电梯安全装置，从电梯本质安全入手，使用安全防护装置，保护人员的保护措施，使人员远离那些不能合理消除的危险或者最大限度地减少进入危险区的可能，对电梯安全运行至关重要。为了确保电梯安全运行，电梯的安全性除了在结构的合理性、可靠性、电气控制和拖动的可靠性方面充分考虑外，还针对各种可能发生的不安全状态，设置专门的安全保护与防护措施，一旦出现某种不安全状态，安全装置及时起作用，确保电梯的安全。

电梯安全装置包括防护装置和保护装置。

(1) 防护装置（如外壳、护罩、盖、屏、门和封闭式防护装置）

防护装置设计为电梯的组成部分，用于提供保护的物理屏障。防护装置可以单独使用，对于活动式防护装置，只有“闭合”时才有效，对于固定式防护装置，只有处于“牢固的固定就位”才有效。许多情况下防护装置与带或不带防护锁定的联锁装置结合使用。在这种情况下，无论防护装置处于什么位置都能起到防护作用。防护装置类型包括：固定式防护装置、活动式防护装置、可调式防护装置、联锁防护装置、带防护锁定的联锁防护装置、带启动功能的联锁防护装置等。

(2) 保护装置

保护装置是防护装置以外的安全防护装置。保护装置类型包括：联锁装置、使能装置、保持运行控制装置、双手操纵装置、敏感保护设备、有源光电保护装置、机械抑制装置、限制装置、有限运动控制装置等。

电梯安全防护保护装置，在电梯上应用很多。电梯的安全防护有机械设备的防护，如曳引轮、滑轮、链轮等机械运动部件防护，以及各种防护罩、防护挡板、防护栏杆、防护网、防护盖等，电气设备外壳防护装置等。安全保护装置如：制动器、防止超速（失控）保护、超满载保护、层门保护、轿门保护、上行超速保护装置、扶手带入口保护、梯级（踏板）缺失下陷保护、扶梯逆转保护等。

为了便于对整个电梯的安全防护保护装置及安全措施有一个清楚的理解，考虑到各类电梯的共性和不同之处，将分通用性安全防护保护装置及措施，以及各类型电梯一般安全防护装置及技术措施两章展开叙述。本章对电梯通用性安全防护装置和安全保护装置进行介绍，第 7 章将介绍各类型电梯所特有的一般安全保护防护装置及措施。

6.1 通用性电梯安全防护装置

6.1.1 机械安全防护设置

机械安全防护应做到“四有四必”，即有台必有栏、有轴必有套、有轮必有罩、有洞必有盖。就是说凡是有坑洞的必须要有盖子，有台沿的台沿边上必须要做栏杆，有旋转飞轮的，旋转轮必须要有安全护罩遮挡，有旋转轴的，旋转轴也必须有轴套保护。电梯中通常在有高度差的台沿上、运动部件、孔洞、旋转轴轮上设置安全防护装置，其设置情况见表6-1。

表6-1 电梯机械安全防护设置一览表

序号	项目	防护部位(内容)及设置要求	备注
1	转动机械运动部件防护	①可以接近的旋转部件，尤其是传动轴上突出的键销和螺钉、钢带、链条、皮带、齿轮、链轮、电动机的外伸轴、甩球式限速器等应有安全网罩或栅栏；曳引轮、盘车手轮、飞轮、轿顶和对重的反绳轮，自动扶梯和自动人行道的驱动站或者转向站的梯级和踏板转向部分应设置防护罩 ②防护罩要能防止人员的肢体或衣服被绞入，还要能防止异物落入和钢丝绳脱出	
2	机房护栏	机房地面高度不一且相差大于0.50m时，应设置楼梯或台阶，并设置护栏	
3	井道内防护	①对重(或平衡重)的运行区域应采用刚性隔障防护，该隔障从电梯底坑地面上不大于0.3m处向上延伸到至少2.5m的高度，其宽度应至少等于对重(或平衡重)宽度两边各加0.1m ②在装有多台电梯的井道中，不同电梯的运动部件之间应设置隔障 a. 这种隔障应至少从轿厢、对重(或平衡重)行程的最低点延伸到最低层站楼面以上2.5m高度。宽度应能防止人员从一个底坑通往另一个底坑 b. 如果轿厢顶部边缘和相邻电梯的运动部件(轿厢、对重或平衡重)之间的水平距离小于0.50m，则这种隔障应该贯穿整个井道，其宽度应至少等于该运动部件或运动部件需要保护部分的宽度每边各加0.1m	
4	轿厢与对重(平衡重)下部空间	电梯井道最好不设置在人们能到达的空间上面。如果轿厢与对重(或平衡重)之下确有人能够到达的空间，则井道底坑的底面至少应按5000N/m^{2}载荷设计，且将对重缓冲器安装于(或平衡重运行区域下面)一直延伸到坚固地面上的实心桩墩；或对重(或平衡重)上装设安全钳	
5	轿顶边缘与井道壁间	在轿顶边缘与井道壁距离超过0.3m时，应在轿顶设护栏，护栏的设置应不影响人员安全和方便地通过入口进入轿顶	

续表

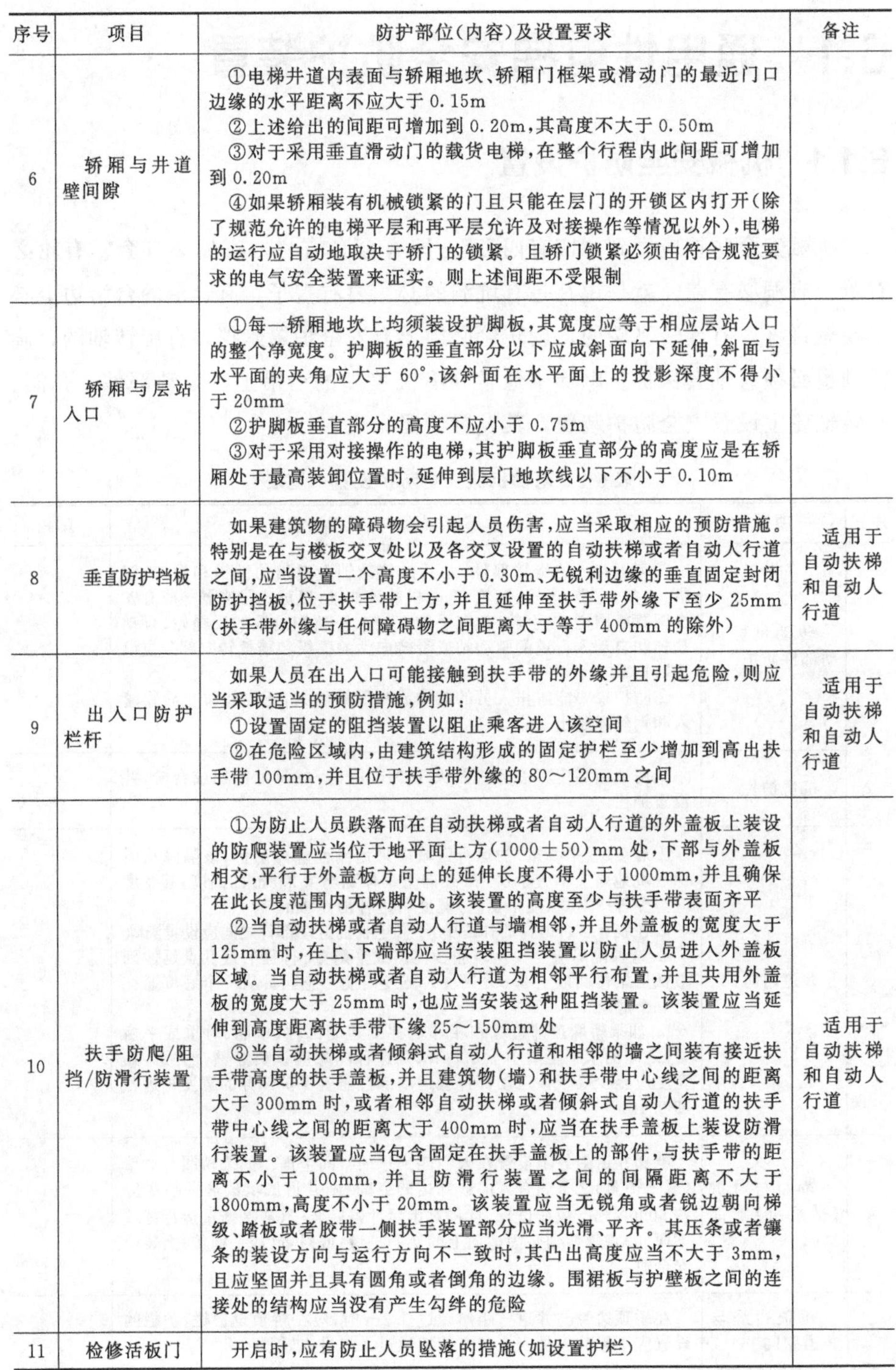

序号	项目	防护部位(内容)及设置要求	备注
6	轿厢与井道壁间隙	①电梯井道内表面与轿厢地坎、轿厢门框架或滑动门的最近门口边缘的水平距离不应大于0.15m ②上述给出的间距可增加到0.20m,其高度不大于0.50m ③对于采用垂直滑动门的载货电梯,在整个行程内此间距可增加到0.20m ④如果轿厢装有机械锁紧的门且只能在层门的开锁区内打开(除了规范允许的电梯平层和再平层允许及对接操作等情况以外),电梯的运行应自动地取决于轿门的锁紧。且轿门锁紧必须由符合规范要求的电气安全装置来证实。则上述间距不受限制	
7	轿厢与层站入口	①每一轿厢地坎上均须装设护脚板,其宽度应等于相应层站入口的整个净宽度。护脚板的垂直部分以下应成斜面向下延伸,斜面与水平面的夹角应大于60°,该斜面在水平面上的投影深度不得小于20mm ②护脚板垂直部分的高度不应小于0.75m ③对于采用对接操作的电梯,其护脚板垂直部分的高度应是在轿厢处于最高装卸位置时,延伸到层门地坎线以下不小于0.10m	
8	垂直防护挡板	如果建筑物的障碍物会引起人员伤害,应当采取相应的预防措施。特别是在与楼板交叉处以及各交叉设置的自动扶梯或者自动人行道之间,应当设置一个高度不小于0.30m、无锐利边缘的垂直固定封闭防护挡板,位于扶手带上方,并且延伸至扶手带外缘下至少25mm(扶手带外缘与任何障碍物之间距离大于等于400mm的除外)	适用于自动扶梯和自动人行道
9	出入口防护栏杆	如果人员在出入口可能接触到扶手带的外缘并且引起危险,则应当采取适当的预防措施,例如: ①设置固定的阻挡装置以阻止乘客进入该空间 ②在危险区域内,由建筑结构形成的固定护栏至少增加到高出扶手带100mm,并且位于扶手带外缘的80～120mm之间	适用于自动扶梯和自动人行道
10	扶手防爬/阻挡/防滑行装置	①为防止人员跌落而在自动扶梯或者自动人行道的外盖板上装设的防爬装置应当位于地平面上方(1000±50)mm处,下部与外盖板相交,平行于外盖板方向上的延伸长度不得小于1000mm,并且确保在此长度范围内无踩脚处。该装置的高度至少与扶手带表面齐平 ②当自动扶梯或者自动人行道与墙相邻,并且外盖板的宽度大于125mm时,在上、下端部应当安装阻挡装置以防止人员进入外盖板区域。当自动扶梯或者自动人行道为相邻平行布置,并且共用外盖板的宽度大于25mm时,也应当安装这种阻挡装置。该装置应当延伸到高度距离扶手带下缘25～150mm处 ③当自动扶梯或者倾斜式自动人行道和相邻的墙之间装有接近扶手带高度的扶手盖板,并且建筑物(墙)和扶手带中心线之间的距离大于300mm时,或者相邻自动扶梯或者倾斜式自动人行道的扶手带中心线之间的距离大于400mm时,应当在扶手盖板上装设防滑行装置。该装置应当包含固定在扶手盖板上的部件,与扶手带的距离不小于100mm,并且防滑行装置之间的间隔距离不大于1800mm,高度不小于20mm。该装置应当无锐角或者锐边朝向梯级、踏板或者胶带一侧扶手装置部分应当光滑、平齐。其压条或者镶条的装设方向与运行方向不一致时,其凸出高度应当不大于3mm,且应坚固并且具有圆角或者倒角的边缘。围裙板与护壁板之间的连接处的结构应当没有产生勾绊的危险	适用于自动扶梯和自动人行道
11	检修活板门	开启时,应有防止人员坠落的措施(如设置护栏)	

6.1.2 电气设备的防护外壳

各种电气设备必须要有防护外壳，其外壳防护等级详见表 6-2，其防护要求按照该电气设备的防护等级决定。

① 在机器设备间和滑轮间内，必须采用防护罩壳以防止直接触电。所用外壳防护等级不低于 IP2X。

② 如果安全触点的保护外壳的防护等级不低于 IP4X，则安全触点应能承受 250V 的额定绝缘电压。如果其外壳防护等级低于 IP4X，则应能承受 500V 的额定绝缘电压。

③ 在消防电梯井道内或轿厢上部的电气设备，如果其设置在距离设有层门的任一井道壁 1m 的范围内，应设计成能防滴水和防淋水，或者其外壳防护等级至少为 IPX3。

④ 设置在消防电梯底坑地面以上 1m 以内的所有电气设备，防护等级应至少为 IP67。

表 6-2　外壳防护等级

防护等级	含义	简要说明
IPX0	无防护	—
IPX1	垂直滴水	垂直方向滴水应无有害影响
IPX2	15°滴水	当外壳的各垂直面在 15°范围内倾斜时，垂直滴水应无有害影响
IPX3	淋水	垂直面在 60°范围内淋水，无有害影响
IPX4	溅水	向外壳各方向溅水无有害影响
IPX5	喷水	向外壳各方向喷水无有害影响
IPX6	猛烈喷水	向外壳各个方向强烈喷水无有害影响
IPX7	短时间浸水	浸入规定压力的水中，经规定时间后外壳进水量不致达有害程度
IPX8	连续浸水	按生产厂和用户同意的条件(应比 7 等级更为严酷)，持续潜水后外壳进水量不致达有害程度
IP0X	无防护	—
IP1X	≥ϕ50mm	防止直径不小于 50mm 的固体异物进入壳内
IP2X	≥ϕ12.5mm	防止直径不小于 12.5mm 的固体异物进入壳内
IP3X	≥ϕ2.5mm	防止直径不小于 2.5mm 的固体异物进入壳内
IP4X	≥ϕ1.0mm	防止直径不小于 1.0mm 的固体异物进入壳内
IP5X	防尘	不能完全防止尘埃进入，但进入的灰尘量不影响产品的正常运行，不得影响安全
IP6X	尘密	无灰尘进入

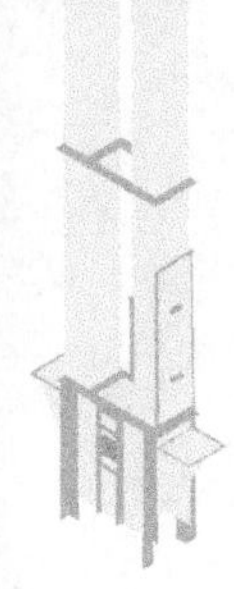

6.1.3 电气接地装置

6.1.3.1 接地装置的作用及分类

(1) 概念

电梯电气接地装置是为了保证电梯的正常工作和人身安全而采取的一种重要技术措施，通过接地装置将电梯设备上的正常或非正常工作状态下的电气回路中的接地电流、短路电流、干扰电流引到大地，从而达到预定的目的。

(2) 接地装置的分类及作用

接地装置按照其基本功用可以分为：安全保护接地、工作接地、防雷接地等。电梯是集成机械、电气、电子技术等一体化的产品，电气方面一般由电力拖动系统、电气控制系统和安全保护系统组成。

安全保护接地主要表现在当电梯的电气设备绝缘层发生损坏，造成漏电，人体一旦接触其外露可导电部分，就有可能发生触电事故。

为了实现电梯接地故障保护，电梯电气系统设置许多工作接地。如：电梯的安全回路和门锁回路零位端接地，电梯的电气安全装置（包括安全回路、门锁回路）发生接地故障，便会与回路的零位端接地点将继电器线圈短接，形成大的短路电流，使电源熔丝动作，切断电源电气回路，防止电梯非正常运行造成人员伤害。

雷电严重影响建筑物及其内部电气装置的安全可靠，如雷电直接击在建筑物，产生瞬时的极高电压，会直接导致建筑物的破坏以及设备的损坏。而雷电感应传递造成设备内部高电压在电缆线路反击、微电子控制系统受到干扰破坏等情况引起电梯损坏和故障。

保证接地装置的有效性，有助于保证电梯的安全可靠正常运行，减少电梯发生事故和故障。

6.1.3.2 保护接地

根据国家相关标准的规定，保护接地是为了电气安全，将系统、装置或设备的一点或多点接地。这里“地”一般是指大地，也可称为零电位，从电源侧和负载侧不同的接地位置，分为接地保护和接零保护。按照接地型式分为：IT、TT、TN 三大接地系统。其中第一个字母表示电源端与地的关系，第二个字母表示电气装置外露导电部分与地的关系，各类型分述如下：

(1) IT 系统（如图 6-1 所示）

供电电源中性点不接地或经阻抗接地，电气设备采用接地保护，外露可导电部分通过 PE 接地线接至接地体上，接地体电阻一般不大于 4Ω，接地体的接地与供电电源系统在电气上无关。

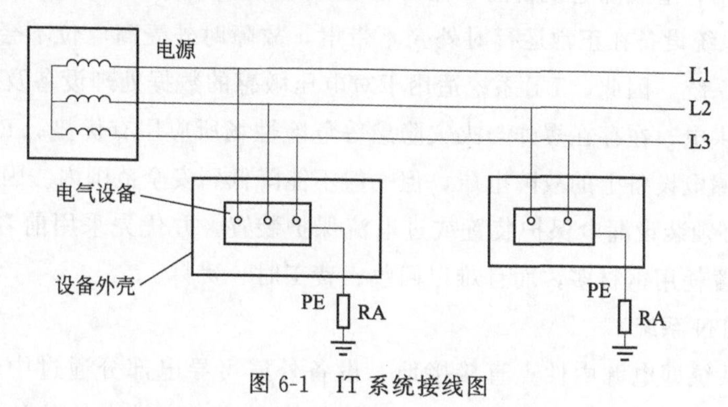

图 6-1　IT 系统接线图

IT 方式供电系统在供电距离不是很长时，供电的可靠性高、安全性好。一般用于不允许停电的场所。运用 IT 方式供电系统，即使电源中性点不接地，一旦设备外壳漏电，外露可导电部分的对地电压等于小于 1A 的接地电流与小于 4Ω 的保护接地电阻的乘积，不会超过安全特低电压（交流有效值不大于 50V），不可能发生触电事故，是安全的。

(2) TT 系统（如图 6-2 所示）

TT 系统就是电源中性点直接接地，用电设备外露可导电部分也直接接地的系统。通常将电源中性点的接地叫做工作接地，而设备外露可导电部分的接地叫做保护接地。

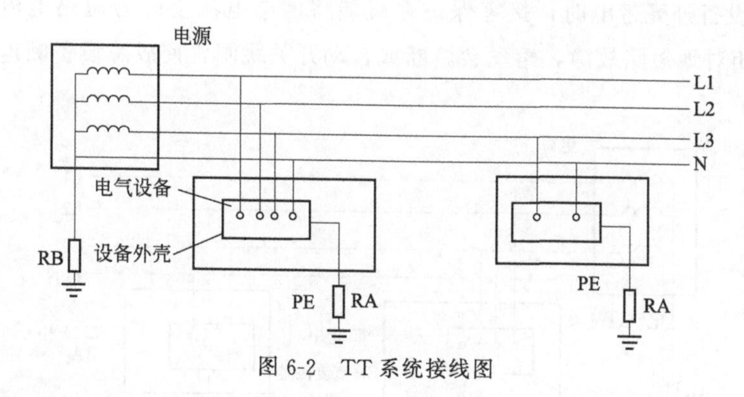

图 6-2　TT 系统接线图

由于单相接地时接地电流比较大，可使保护装置（漏电保护器）可靠动作，及时切除故障。当漏电电流比较小时，即使有熔断器也不一定能熔断，所

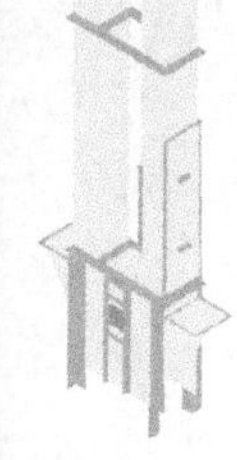

以还需要漏电保护器作保护，因此 TT 系统难以推广。

当电气设备的金属外壳带电（相线碰壳或设备绝缘损坏而漏电）时，由于有接地保护，可以大大减少触电的危险性。但是，低压断路器（自动开关）不一定能跳闸，造成漏电设备的外壳对地电压高于安全电压，是不安全的。

TT 系统设备在正常运行时外壳不带电，故障时外壳高电位不会沿 PE 线传递至全系统。因此，TT 系统适用于对电压敏感的数据处理设备及精密电子设备进行供电，在存在爆炸与火灾隐患等危险性场所应用有优势。TT 系统能大幅降低漏电设备上的故障电压，但一般不能降低到安全范围内。因此，采用 TT 系统必须装设漏电保护装置或过电流保护装置，并优先采用前者。TT 系统接地装置耗用钢材多，而且难以回收、费工时、费料。

（3）TN 系统

TN 系统即电源中性点直接接地，设备外露可导电部分通过中性导线或保护导体与电源接地点相连接。TN 系统通常是一个中性点接地的三相电网系统。其特点是电气设备的外露可导电部分直接与系统接地点相连，当发生碰壳短路时，短路电流即经金属导线构成闭合回路。形成金属性单相短路，从而产生足够大的短路电流，使保护装置能可靠动作，将故障切除。如果将工作零线 N 重复接地，碰壳短路时，一部分电流就可能分流于重复接地点，会使保护装置不能可靠动作或拒动，使故障扩大化。根据中性导体（工作零线）和保护导体（保护零线）的组合情况，TN 系统又可分为以下三种。

① TN-C 系统（如图 6-3 所示）。

a. 设备外壳带电时，接零保护系统能将漏电电流上升为短路电流，实际就是单相对地短路故障，熔丝会熔断或自动开关跳闸，使故障设备断电，比较安全。

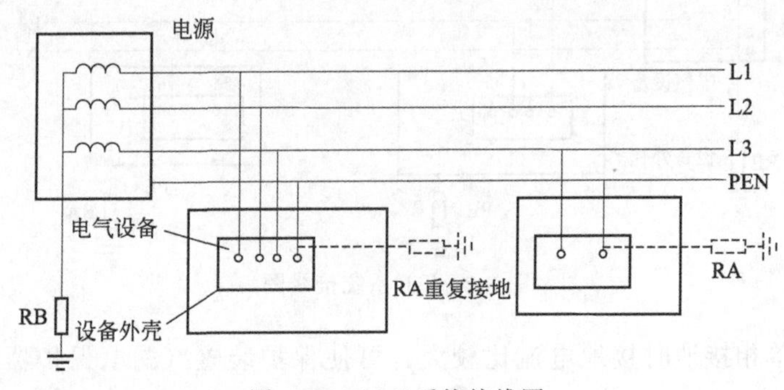

图 6-3　TN-C 系统接线图

b. TN-C 系统只适用于三相负载基本平衡的情况，若三相负载不平衡，工作零线上有不平衡电流，对地有电压，则与保护线所连接的电气设备金属外壳有一定的电压。

c. 如果工作零线断线，则保护接零的通电设备外壳带电。

d. 如果电源的相线接地，则设备的外壳电位升高，使中线上的危险电位蔓延。

e. TN-C 系统干线上使用漏电断路器时，工作零线后面的所有重复接地必须拆除，否则漏电开关合不上闸，而且工作零线在任何情况下不能断线。所以，实用中工作零线只能在漏电断路器的上侧重复接地。

f. 如果电梯采用 TN-C 系统，则零地线分不开。工作零线和保护零线合在一根导线上。此时三相不平衡电流，电梯单相工作电流以及整流装置产生的高次谐波电流，都会在零线上及接零设备外壳上产生电压降，不但会使工作人员产生麻电感，而且会导致微弱电信号控制的电梯运行不稳定，甚至产生误动作。此时，电梯控制设备金属外壳即使设置抗干扰接地装置，也不能消除零线以及接零设备外上的电压降。所以电梯安装中不宜采用 TN-C 系统。

② TN-S 系统（如图 6-4 所示）　TN-S 系统中性线 N 与 TT 系统相同。与 TT 系统不同的是，用电设备外露可导电部分通过 PE 线连接到电源中性点，与系统中性点共用接地体，而不是连接到自己专用的接地体，中性线（N 线）和保护线（PE 线）是分开的。

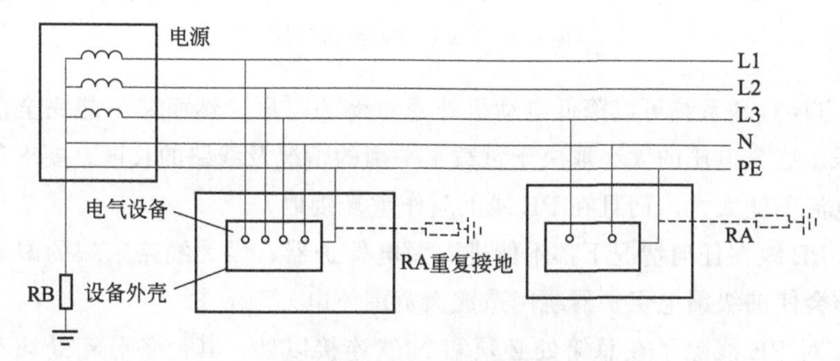

图 6-4　TN-S 系统接线图

TN-S 系统的最大特征是 N 线与 PE 线在系统中性点分开后，不能再有任何电气连接，这一条件一旦破坏，TN-S 系统便不再成立。

a. 系统正常运行时，专用保护线上没有电流，只是工作零线上有不平衡电流。PE 线对地没有电压，所以电气设备金属外壳接零保护是接在专用的保护线 PE 上，安全可靠。

b. 工作零线只用作单相照明负载回路。

c. 专用保护线 PE 不许断线，也不许进入漏电开关。

d. 干线上使用漏电保护器，所以 TN-S 系统供电干线上也可以安装漏电保护器。

e. 电梯采用 TN-S 方式供电系统安全可靠，供电引出 5 根线，其中一根为工作零线 N，一根为专用保护零线（接地线）PE 线。工作零线引到电梯机房后不得接地，不得与电气设备所有外露可导电部分连接，与地是绝缘的。

③ TN-C-S 系统（如图 6-5 所示） TN-C-S 系统是 TN-C 系统和 TN-S 系统的结合形式，在 TN-C-S 系统中，从电源出来的那一段采用 TN-C 系统。因为在这一段中无用电设备，只起电能的传输作用，到用电负荷附近某一点处，将 PEN 线分开形成单独的 N 线和 PE 线。从这一点开始，系统相当于 TN-S 系统。

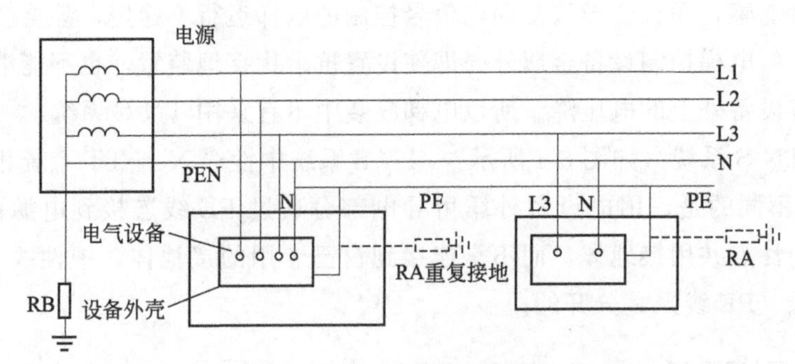

图 6-5　TN-C-S 系统接线图

a. TN-C-S 系统可以降低电动机外壳对地的电压，然而又不能完全消除这个电压。这个电压的大小取决于负载不平衡的情况及线路的长度。要求负载不平衡电流不能太大，而且在 PE 线上应作重复接地。

b. PE 线在任何情况下都不能进入漏电保护器，因为线路末端的漏电保护器动作会使前级漏电保护器跳闸造成大范围停电。

c. 对 PE 线除了在总箱处必须和 N 线连接以外，其他各分箱处均不得把 N 线和 PE 线相连接，PE 线上不许安装开关和熔断器。

d. 实际上，TN-C-S 系统是在 TN-C 系统上变通的作法。如果采用 TN-C-S 系统，电源处接地电阻 RB 不大于 4，且接地段前段的零线保证不发生意外断线故障。为可靠起见，如果电梯距配电电源较远时，可将电梯的 PE 或 PEN 做重复接地，重复接地电阻不得大于 4Ω。

e. 当三相电力变压器工作接地情况良好，三相负载比较平衡时，TN-C-S

系统在实际中效果还是不错的。但是，在三相负载不平衡时，必须采用 TN-S 供电系统。

（4）保护接地的要求

① 为了有效防止发生触电危险，将电梯故障时可能带电的电气设备外露可导电部分与电梯保护线（PE）进行电气可靠连接。这些部件包括：电梯配电箱、控制柜、电源箱、曳引机、限速器开关、盘车手轮开关、轿门锁电气装置、厅门锁电气装置、轿顶检修箱、门机、光幕、轿厢照明、2P＋PE 型电源插座、上下极限开关、限位开关等部件。为了保证 PE 线的接线可靠，这些部件的接地线通常是汇总到电梯机房等电位连接端子箱，连接的导线要牢固，不得有断开的地方。携带式和移动式用电设备同样使用专用的绝缘多股软铜绞线接地。按照一般要求 PE 线应使用黄绿双色的专用线，其截面应符合相关标准要求，接地线穿过墙、楼板孔洞等处时，应有足够的保护绝缘损坏的措施。

② 按照国家相关标准要求，不管怎样的系统接线方式，电源从进机房起，零线和地线应始终分开这个要求必须满足。日常维护检查中，应注意观察接地端的连接情况，可以用万用表测量接地线的连通性，用接地电阻测试仪测量接地电阻的数值是否符合要求，确保接地线可靠有效连接。

6.1.4　电气绝缘

绝缘是防止发生直接触电和电气短路的基本措施。电气设备、电线绝缘应良好，不得有任何破损或露铜的地方，以防直接接触和电气短路。各种电气设备必须有罩壳，所有电线的绝缘外皮必须装入罩壳内，不得有带电金属裸露在外。罩壳的外壳防护等级应不低于 IP2X，可防止直径大于 12.5mm 的固体异物进入，也就是手指不能伸入。

绝缘电阻应测量每个通电导体与地之间的电阻，电梯的动力电路、照明电路和电气安全装置等导体之间和导体对地之间的绝缘电阻符合表 6-3 要求。

表 6-3　电梯各标称电压、绝缘测试电压及绝缘电阻一览表

标称电压/V	测试电压(直流)/V	绝缘电阻/MΩ
安全电压	250	≥0.25
≤500	500	≥0.50
>500	1000	≥1.00

注：该数据来源于 GB 7588—2003《电梯制造与安装安全规范》

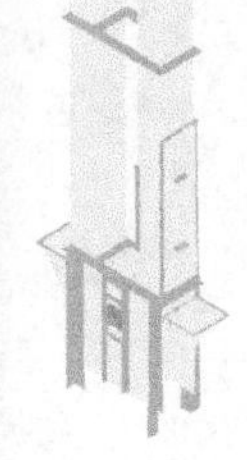

6.1.5 电气故障防护

(1) 电气故障防护设置

以下任一种电气设备故障不能使电梯产生危险，否则应采取措施使电梯立即自动停止运行。

① 无电压。

② 电压降低。

③ 导线（体）中断。

④ 对地或对金属物件的绝缘损坏。

⑤ 电气元件的短路或断路，以及参数或功能的改变，如电阻器、电容器、晶体管、灯等。

⑥ 接触器或继电器可动衔铁不吸合或不完全吸合。

⑦ 接触器或继电器的可动衔铁不释放。

⑧ 触点不断开。

⑨ 触点不闭合。

⑩ 电源断相或错相。

⑪ 电动机过载（包括温升）。

在特定的条件下某些故障可以被排除（如：熔丝采用的规格正确且结构符合适用的国家标准，则熔丝短路或断路的故障可以排除）。故障排除仅考虑这些元件在性能、参数、温度、湿度、电压和振动所限定的最恶劣的条件之内使用。

(2) 电气故障防护措施

① 相序继电器保护　相序继电器在所有电梯控制系统中是不可缺少的元件。通过相序继电器可以实现无电压、电压降低、电源断相或错项防护。当电梯供电系统出现相序错误及缺相时，应停止电梯运行。电梯的向上与向下运行是通过改变电动机供电电压的相序实现的，当相序发生错误时，会使上与下运行反向。在控制系统中必须采用相序保护，否则造成人身和设备的事故。由于目前电梯运行采用变频技术，是先将交流整流成直流再进行变频调制，所以错相对其不会发生影响，当电梯的运行与相序无关可以不设置错相保护。

② 变频器及电气控制系统检测及故障自诊断　通过变频器及控制系统自诊断功能可以诊断无电压、电压降低、电源断相或错相防护，电气元件的短路

或断路，电气接触器或继电器、触点等不正常工作状态。电梯系统主控板有较完善的故障诊断程序，通过对变频器工作状态和电梯电气部件（包括接触器、继电器及各触点）运行状态检测分析，能及时准确地判断出故障情况并相应地禁止输出指令，使电梯立即自动停止运行。与电梯安全相关的门锁、安全、抱闸接触器、继电器、输出均设有检测线路，如接触器或继电器的可动衔铁不吸合，会造成控制系统检测该元件动作不正常，提示相关故障，禁止输出，停止电梯运行。

③ 对地或对金属物件的绝缘损坏保护　采取合理的电路设计，如采用通过零线端（或直流的负端）接地配合熔断器等措施可以实现对地或对金属物件的绝缘损坏的保护。当出现绝缘损坏的情况造成该回路过电流，导致熔丝熔断，电梯停止运行。

④ 短路保护和过载保护　短路保护和过载保护时电气设备上常常采用的一种电气故障防护措施。相关标准规定：直接与主电源连接的电动机应进行短路保护。电气线路短路时相线间直接导通，电流急剧增大同时伴随高温高热，对电气设备危害很大。电梯设置短路保护是必须的，当电路中发生短路时，电路中的电流值增大到短路电流数值时，应立即切断电源。常用的短路保护元件有：带瞬时或短延时的脱扣器元件的自动断路器、漏电保护断路器、过电流继电器和接触器、熔断器。选用这些元件作为短路保护时，其额定电流略大于设备的最大工作电流，同时根据相关标准做好整定。

电气线路中允许连续通过而不至于使电线过热的电流量，称为安全电流。如导线流过的电流超过了安全电流，就过载，长时间的过载运行电气设备，会使设备运行温度升高，绝缘迅速老化甚至于线路燃烧。当电梯长时间超负荷运行，电动机产生过热，引起运行温度升高、电动机绝缘老化等。电动机一般都设置过载保护，可以通过检测电动机电流或电动机温度来实现。

6.1.6　停止装置（急停开关）

停止装置（急停开关）是电梯的一个重要的安全保护装置。停止装置（急停开关）动作后即使是正在运行的电梯也会立即停止运行，主要设置在底坑内、滑轮间、靠近轿顶与底坑的位置、无机房电梯驱动主机 1m 之内和轿顶控制箱（检修盒）上，并且为防止失误操作该装置也通常利用了红色蘑菇形的双稳态开关。图 6-6 是一些电梯上设置的停止装置（急停开关）。

停止装置（急停开关）设置应符合相关标准要求，按照电梯标准，在电梯

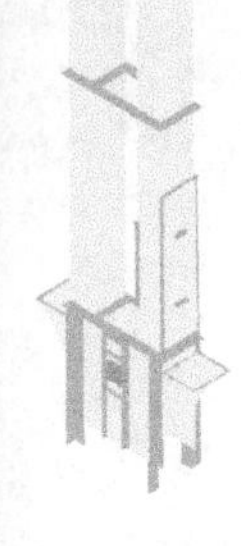

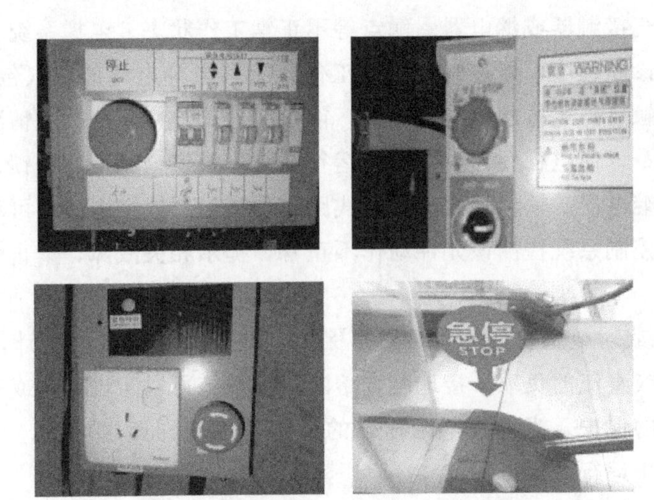

图 6-6　电梯上设置的停止装置

检修控制装置、轿顶、底坑及自动扶梯出入口附近等多个位置上应设置停止装置，其设置要求见表 6-4。

表 6-4　停止（急停）装置设置一览表

序号	位置	设置要求	备注
1	①底坑 ②滑轮间 ③轿顶，距检修或维护人员入口不大于 1m 的易接近位置。该装置也可设在紧邻距入口不大于 1m 的检修运行控制装置位置 ④检修控制装置上 ⑤对接操作的轿厢内	①电梯应设置停止装置，用于停止电梯并使电梯包括动力驱动的门保持在非服务的状态 ②停止装置应设置在距对接操作入口处不大于 1m 的位置，并应能清楚地辨别 ③停止装置应由符合规定的电气安全装置组成。停止装置应为双稳态，误动作不能使电梯恢复运行 ④除对接操作外，轿厢内不应设置停止装置 ⑤停止装置上或其近旁应标出“停止”字样，设置在不会出现误操作危险的地方	曳引与强制驱动电梯
2	驱动站和转向站	①在驱动站和转向站都应设有停止开关 ②对于驱动装置安装在梯级、踏板或胶带的载客分支和返回分支之间，或安装在转向站外面的自动扶梯和自动人行道，则应在驱动装置附近另设停止开关 ③停止开关的动作应能切断驱动主机供电，使工作制动器制动，并有效地使自动扶梯或自动人行道停止运行 ④停止开关动作后，应能防止自动扶梯或自动人行道启动 ⑤停止开关应具有清晰且永久性的开、关位置标记 ⑥停止开关应符合安全触点的要求 ⑦特殊情况：如果机房设有符合要求的主开关，则可不设置停止开关	

续表

序号	位置	设置要求	备注
3	出入口附近、明显而易于接近的位置	①紧急停止开关之间的距离应符合以下规定： a. 自动扶梯，不应大于 30m b. 自动人行道，不应大于 40m 为保证上述距离要求，必要时应设置附加紧急停止开关 ②紧急停止开关应为符合规定的电气安全装置 ③紧急停止开关应为红色，并在该装置上或紧靠着它的地方标上“停止”字样 ④当自动扶梯或自动人行道的出口可能被建筑结构(例如：闸门、防火门)阻挡时，在梯级、踏板或胶带到达梳齿与踏面相交线之 2.0m 到 3.0m 处，在扶手带高度位置应增设附加紧急停止开关。该紧急停止开关应能从自动扶梯或自动人行道乘客站立区域操作。在出口处的紧急停止开关应能从自动人行道外部操作	自动扶梯与自动人行道

6.1.7　缓冲装置

缓冲装置是指位于底坑的各种缓冲器，用于控制失灵、曳引力不足或制动器失灵等发生轿厢或对重蹲底时，缓冲器将吸收轿厢或对重的动能，使运动物体的动能转化为一种无害的或安全的能量形式，避免刚性撞击，提供最后的保护，以保证人员和电梯设备的安全。

缓冲器分蓄能型缓冲器和耗能型缓冲器。前者主要以弹簧和聚氨酯材料等为缓冲元件，后者主要是油压缓冲器。电梯中常见的缓冲器有弹簧缓冲器、聚氨酯缓冲器、油压缓冲器三种（见图 6-7）。

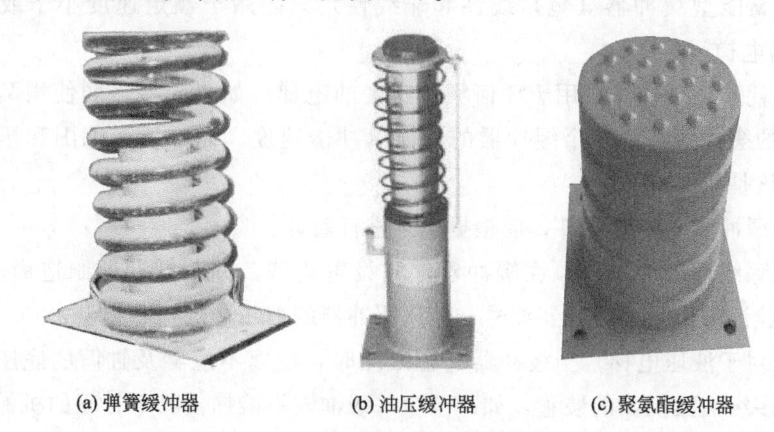

(a) 弹簧缓冲器　(b) 油压缓冲器　(c) 聚氨酯缓冲器

图 6-7　电梯中常见的缓冲器

弹簧缓冲器在受到轿厢或对重装置的冲击时，依靠弹簧的变形来吸收轿厢或对重装置的动能，使电梯下落时得到缓冲力。弹簧缓冲器在受力时会产生反作用力，反作用力使轿厢反弹并渐次进行直至这个力消失为止。弹簧缓冲器是一种储能式缓冲器，缓冲效果很不稳定，当弹簧压缩到极限位置后，弹簧要释放缓冲过程中的弹性变形能，轿厢反弹上升产生撞击。撞击速度越高，反弹速度越大。因此，弹簧式缓冲器只适用于额定速度不大于1m/s的电梯。

油压缓冲器是用油作为介质来吸收轿厢或对重装置动能的一种缓冲器。这种缓冲器结构相对复杂，在它的液压缸内装有液压油。在柱塞受到压力时，液压缸内的油压增大，使油通过油孔立柱、油孔座油嘴向柱塞流动，通过油向柱塞喷液过程中的阻力实现缓冲作用，它是一种耗能式缓冲器。油压缓冲器是利用液体流动的阻尼来缓解轿厢或对重的冲击的，具有良好的缓冲性能，在中高速电梯上广泛采用。

聚氨酯缓冲器重量轻、安装简单、无须维修、缓冲效果好，耐冲击、抗压性能好，在缓冲过程中无噪声、无火花、防爆性好，在不大于1m/s的低速电梯上常常采用。

(1) 技术条件与要求

① 缓冲器应设置在轿厢和对重的行程底部极限位置。缓冲器固定在轿厢上或对重上时，在底坑地面上的缓冲器撞击区域应设置高度不小于0.3m的障碍物（缓冲器支座）。如果符合国标规定的隔障延伸至距底坑地面50mm以内，则对于固定在对重下部的缓冲器不必在底坑地面上设置障碍物。

② 强制驱动电梯，除满足上述①的要求外，还应在轿顶上设置能在行程顶部极限位置起作用的缓冲器。

③ 蓄能型缓冲器（包括线性和非线性）只能用于额定速度小于或等于1m/s的电梯。

④ 耗能型缓冲器可用于任何额定速度的电梯。如果同一轿厢使用两只或者以上的缓冲器，则每个缓冲器的性能（冲击速度、允许质量范围和压缩行程）应该是相同的。

⑤ 缓冲器是安全部件，应根据规定进行验证。

⑥ 除线性缓冲器外，在缓冲器上应设置铭牌，标明缓冲器制造商名称、型式试验证书编号、缓冲器型号、液压缓冲器的液压油规格和类型。

⑦ 对于液压电梯，当缓冲器完全压缩时，柱塞不应触及缸筒的底座。对于保证多级油缸同步的装置，如果至少一级油缸不能撞击其下行程的机械限位装置，则该要求不适用。

⑧ 对于液压电梯，当棘爪装置的缓冲装置用于限制轿厢在底部的行程时，仍须设置符合上述①规定的缓冲器支座，除非棘爪装置的固定支承座设置在轿厢导轨上，并且棘爪收回时轿厢不能通过。

(2) 蓄能型缓冲器

① 线性蓄能型缓冲器　缓冲器可能的总行程应至少等于相应于 115%额定速度的重力制停距离的 2 倍，即 $0.135v^2$(m)。无论如何，此行程不得小于 65mm。

注：$\frac{2\times(1.15v)^2}{2g_n}=0.1348v^2$，圆整到 $0.135v^2$。

缓冲器的设计应能在静载荷为轿厢质量与额定载重量之和（或对重质量）的 2.5～4 倍时，达到完全压缩缓冲器所需的质量规定的行程。

② 非线性蓄能型缓冲器　非线性蓄能型缓冲器应符合下列要求：

a. 当装有额定载重量的轿厢自由落体并以 115%额定速度撞击轿厢缓冲器时，缓冲器作用期间的平均减速度不应大于 $1g_n$。

b. $2.5g_n$ 以上的减速度时间不大于 0.04s。

c. 轿厢反弹的速度不应超过 1m/s。

d. 缓冲器动作后，应无永久变形。

(3) 耗能型缓冲器

① 耗能型缓冲器应符合下列要求。

a. 当装有额定载重量的轿厢自由落体并以 115%额定速度撞击轿厢缓冲器时，缓冲器作用期间的平均减速度不应大于 $1g_n$。

b. $2.5g_n$ 以上的减速度时间不应大于 0.04s。

c. 缓冲器动作后，应无永久变形。

d. 液压缓冲器的结构应便于检查其液位。在缓冲器动作后恢复至其正常伸长位置后电梯才能正常运行，为检查缓冲器的正常复位所用的装置应是一个符合规定的电气安全装置。

② 缓冲器行程的要求。

a. 缓冲器可能的总行程应至少等于相应于 115%额定速度的重力制停距离，即 $0.067v^2$(m)。

b. 根据缓冲器行程：$S=(1.15V)^2/2g_n=0.067v^2$ 可知，速度越高的电梯其缓冲器行程就越高，这样势必造成电梯的底坑深度和顶层高度增加，建筑结构上难以满足，因此为了降低电梯对建筑物的要求，允许使用减行程缓冲器。

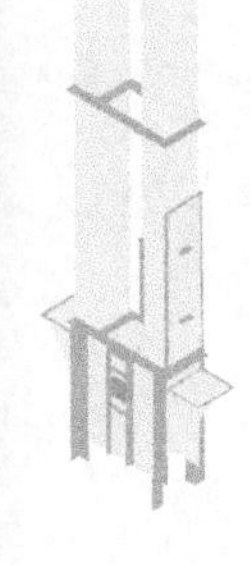

c. 当按要求对电梯在其行程末端的减速进行监控时，对于按照规定计算的缓冲器行程，可采用轿厢（或对重）与缓冲器刚接触时的速度取代额定速度。但行程不得小于：当额定速度小于或等于 4m/s 时，按规定计算行程的 50%，但在任何情况下，行程不应小于 0.42m；当额定速度大于 4m/s 时，按规定计算行程的 1/3，但在任何情况下，行程不应小于 0.54m。

6.1.8 防滑要求

电梯地面尤其是自动扶梯和自动人行道的梯级、踏板、楼层板带有一定的倾斜角度，如不采取有效的防滑措施和要求，容易发生跌倒、绊倒事故。通常电梯机房、滑轮间地面采用防滑材料，如抹平混凝土、波纹钢板等。用于室内的覆盖材料防滑等级应至少为 R9，用于室外的应至少为 R10。

自动扶梯和自动人行道的梯级、踏板、楼层板和不包括梳齿板的梳齿支承板的防滑性能，根据在一定范围内测量决定的平均倾斜角度，将试验材料划分为五个防滑等级。该等级是判断防滑性能水平的基准，其中 R9 代表最低的防滑性能，R13 则是最高的防滑性能。

直立状态的测试者穿着特制鞋在涂布机油的样品板上行走，样品板以一定的速度从水平开始逐渐倾斜，直到测试者在行走中出现不安全的迹象，此时的角度为动态临界角。根据角度范围而划分的防滑等级，防滑等级对应的临界角度如表 6-5 所示。

表 6-5 倾斜角度平均值与防滑等级对应表

动态临界角	防护等级
6°～10°	R9
＞10°～19°	R10
＞19°～27°	R11
＞27°～35°	R12
＞35°	R13

按照规定方向布置的带有表面形状的试验材料（例如：梯级踏面上沿长度方向的凹槽或楼层板上的横向凹槽）的防滑性能的评定应以平均值为基础，并考虑试验材料放置的位置和使用者在上面行走的方向。

需要注意的是，如果自动扶梯和自动人行道的出入口和相邻的地面属于不同的防滑等级，则建议相邻地面相差一个防滑等级。

6.1.9 电磁干扰防护

受到的电磁干扰，常见的主要为直接干扰和噪声干扰。直接干扰是对一般电子线路、控制线路、变频装置的干扰，主要影响电梯变频器、控制系统的参数和稳定性，参数的改变和稳定性变异，其危害性非常大，往往会使电梯莫名其妙地停梯及不明原因地发生故障，给电梯运行安全带来严重隐患。此类干扰较常见，主要为电磁脉冲干扰或瞬变干扰。有人说电磁干扰的产生也就是噪声的产生，此种说法非常现实，电磁干扰除对变频电梯的变频系统及控制系统产生直接干扰外，电磁干扰也会产生噪声干扰。电梯运行中电磁干扰产生的噪声，是最常见而且是最容易发现的。通常电梯变频器运行在一个可能存在着较高电磁干扰的电磁生产环境中，此时它既是噪声发射源，可能又是噪声接收器。所以，变频器和其他电子设备应具备较强的抗干扰能力，才能保证其主要参数不会改变，系统性能不会降低，保证控制系统的安全运行。电磁干扰产生的噪声有三种常见形式，即电磁噪声、自然噪声、无线电噪声。在电梯运行中经常会发现，有些变频电梯的控制柜内，会出现一种连续不断"吱吱"的高频噪声，其频率一般在 2000～6000Hz 或更高，这就是在电梯逆变电路中产生或控制电路中寄生电流产生的电磁干扰噪声。在逆变电源输出线路中，电动机电缆和电动机内部存在一个无形的寄生电容，变频器通过这个寄生电容产生一个高频脉冲噪声电流，此时变频器成为一个噪声源。

消除干扰、消除噪声，只是一种理想，目前尚无法绝对消除噪声，只能通过一些技术手段，使电磁干扰减小，电磁干扰噪声降低。从前面噪声来源分析，由于有些噪声电流之源是变频器，因此，这个噪声电流一定要流回变频器，否则噪声电流将会严重干扰电梯电源电路和控制电路。这些干扰主要是脉冲干扰、连续干扰，这类干扰如不消除，其危害性非常大，电梯运行会出现上述不安全现象或故障。

大多数早期变频拖动电梯，其电动机电源线未增设屏蔽线，线路中噪声电流无法通过屏蔽线和 PE（接地保护）连接点有效返回，而诱发电磁干扰噪声。更有甚之，部分变频器连接线、输出电源线未加装屏蔽线，导致电磁干扰增大，也是电梯机房内电磁噪声增大的主要原因。

（1）电磁干扰的消除方法

电梯控制系统及变频器系统要求有较强的抗干扰能力和较小的干扰性，首先要了解电磁干扰的 3 个基本组成要素：电磁干扰源、耦合途径、敏感元件。

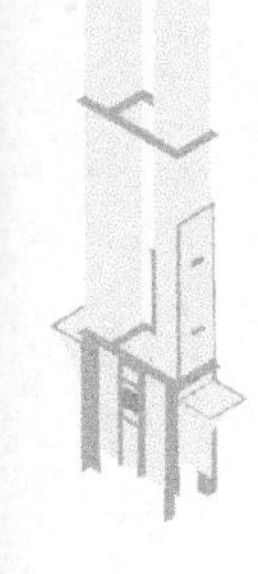

在这3个基本要素中，缺少任何一个要素都不会发生电磁干扰，然而，在正常电磁生产环境中，任何要素都不可能会缺少，因为电梯变频器、电子线路、控制线路的设计、制造、安装均定型，设备、产品的抗干扰性和内在质量都已无法改变。如果要解决电磁干扰问题，日常工作中仅能对电磁干扰源、耦合途径采取相应措施，降低或减少电磁干扰。抗电磁干扰常用的技术方法有屏蔽、接地、滤波、隔离、合理布线等。通过对电磁干扰源、耦合途径采取上述技术措施，可有效减少或消除电磁干扰。在屏蔽技术中常用的有静电屏蔽、交变电磁场屏蔽、低频磁场屏蔽、高频磁场屏蔽。在电梯设计、安装中采用最多的是磁场屏蔽技术。

提高电磁兼容性常采取的措施是空间分离和时间分隔。空间分离是控制空间辐射干扰的最有效方法，加大空间距离，例如电梯控制柜内的控制系统和变频系统进行层布置，并在层层之间加大空间距离。时间分隔是利用有用信号在干扰信号停止发射间内进行传输（一般是不易采用其他方法控制时，可以采用此方法）的技术措施，针对有用信号和干扰信号出现时间进行确定，然后采用时间回避控制，利用有用信号在干扰信号停止发射时间内进行传输，利用时间差回避干扰。这种方法在电梯变频系统和控制系统一般不用。

（2）消除电磁干扰常采用的措施

① 利用屏蔽技术减少电磁干扰。为有效抑制电磁波的辐射和传导及高次谐波的噪声电流，用变频器驱动的电梯电动机电缆必须采用屏蔽电缆，屏蔽层的电导至少为每相导线芯的电导的1/10，且屏蔽层应可靠接地。

控制电缆最好使用屏蔽电缆；模拟信号的传输线应使用双屏蔽的双绞线；不同的模拟信号线应该独立走线，有各自的屏蔽层，以减少线间的耦合；不要把不同的模拟信号置于同一公共返回线内；低压数字信号线最好使用双屏蔽的双绞线，也可以使用单屏蔽的双绞线。模拟信号和数字信号的传输电缆，应该分别屏蔽和走线。

② 利用接地技术消除电磁干扰。要确保电梯控制柜中的所有设备接地良好，应用短而粗的接地线，连接到电源进线接地点（PE）或接地母排上。特别重要的是，连到变频器的任何电子控制设备都要与其共地，共地时也应使用短和粗的导线。同时，电动机电缆的地线应直接接地或连接到变频器的接地端子（PE）。接地电阻值应符合规范要求。

③ 利用布线技术改善电磁干扰。电动机电缆应独立于其他电缆走线，同时应避免电动机与其他电缆长距离平行走线，以减少变频器输出电压快速变化而产生的电磁干扰；如果控制电缆和电源电缆交叉，应尽可能使它们按90°角

交叉，同时必须用合适的线夹将电动机电缆和控制电缆的屏蔽层固定到安装板上。

④ 利用滤波技术降低电磁干扰。进线电抗器用于降低由变频器产生的谐波，同时也可用于增加电源阻抗，并帮助吸收附近设备投入工作时产生的浪涌电压和主电源的尖峰电压。进线电抗器串接在电源和变频器功率输入端之间。当对主电源电网的情况不了解时，最好加进线电抗器。在上述电路中还可以使用低通频滤波器，低通频滤波器应串接在进线电抗器和变频器之间。对噪声敏感的环境中运行的电梯变频器，采用低通频滤波可以有效减小来自变频器传导中的辐射干扰。

6.2　通用性电梯安全保护装置

6.2.1　制动器及制动器故障保护功能

制动器是电梯整个安全保护措施中十分重要的部件，是具有使电梯驱动主机（或轿厢）减速、停止或保持停止状态等功能的重要部件，当动力电源失电或者控制电路电源失电时能自动动作。

制动器故障保护功能是指当检测到制动器的提起或者释放失效时，能够防止电梯的正常启动。

(1) 制动器结构与原理

制动器通常采用常闭式摩擦型，制动力是制动衬垫与制动盘或制动鼓接触产生摩擦力，一般采用带有导向作用的压缩弹簧对制动器衬垫产生压力。

当电梯需要运行时，控制系统指令制动器电磁线圈通电，使铁芯迅速吸合带动制动衬垫，将其与制动盘（鼓）摩擦力释放，电动机自由转动，电梯运行；当电梯需要停止时，控制系统指令制动器电磁线圈断电，线圈中的铁芯在制动弹簧的作用下复位，制动衬垫与制动盘（轮）贴（抱）紧，使电梯停止或保护在停止状态。

制动器应具有合适的制动力矩，确保电梯制停，但又不能太大，防止紧急制动时，减速度过大伤及乘坐人员。

电梯上常见的制动器（如图 6-8～图 6-11）有鼓式制动器（块鼓式、臂鼓式）、盘式制动器（端面盘式、钳盘式），自动扶梯与自动人行道上还可采用带式制动器。其型式如图 6-12 和图 6-13 所示。

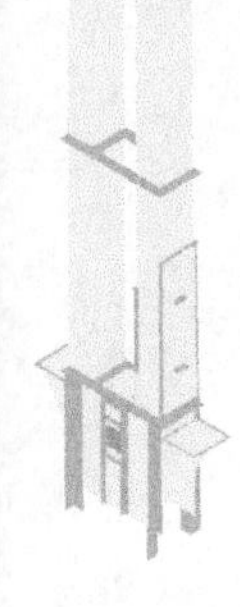

图 6-8　鼓式制动器（块鼓式）

图 6-9　盘式制动器（端面盘式）

图 6-10　鼓式制动器（臂鼓式）

图 6-11　盘式制动器（钳盘式）

图 6-12　扶梯采用的制动器（带式）

图 6-13　扶梯采用的制动器（臂鼓式）

（2）制动器安全相关要求

① 电梯必须设有制动系统，在出现下述情况时能自动动作：

a. 动力电源失电。

b. 控制电路电源失电。

② 制动系统应具有一个机-电式制动器（摩擦型）。此外，还可装设其他

制动装置（如电气制动）。

③ 所有参与向制动轮或盘施加制动力的制动器机械部件应分两组装设。如果一组部件不起作用，应仍有足够的制动力使载有额定载荷以额定速度下行的轿厢减速下行。

④ 被制动部件应以机械方式与曳引轮或卷筒、链轮直接刚性连接。

⑤ 正常运行时，制动器应在持续通电下保持松开状态。

⑥ 切断制动器电流，至少应用两个独立的电气装置来实现，不论这些装置与用来切断电梯驱动主机电流的电气装置是否为一体。

⑦ 当电梯停止时，如果其中一个接触器的主触点未打开，最迟到下一次运行方向改变时，应防止电梯再运行。

⑧ 当电梯的电动机有可能起发电机作用时，应防止该电动机向操纵制动器的电气装置馈电。

⑨ 断开制动器的释放电路后，电梯应无附加延迟地被有效制动。使用二极管或电容器与制动器线圈两端直接连接不能看作延时装置。

⑩ 装有手动紧急操作装置的电梯驱动主机，应能用手松开制动器并需要以一持续力保持其松开状态。

⑪ 制动闸瓦或衬垫的压力应用有导向的压缩弹簧或重铊施加。

⑫ 制动衬应是不易燃的。

(3) 制动器故障保护功能

电梯在运行中，当制动电磁铁得电后，铁芯带动制动衬垫（制动臂、制动块）打开，同时将设置在制动器上的验证保护开关触点打开（或闭合），在确认制动器确实打开的状态下启动运行。通常制动器上采用微动开关验证制动器正确的提起（或者释放）的状态，如图 6-14 所示。当制动器由于某种原因未

图 6-14　各种型式制动器上采用的微动开关

开闸或开闸不充分时，该故障保护功能及时检测到开闸异常情况，电梯不能启动运行，从而起到保护作用。

6.2.2 防止超速（失控）保护装置

电梯在运行中无论何种原因，如发生超速（失控）的危险状况将会造成严重的后果，必须设置限制装置，在超过规定的允许速度时应使电梯速度降到允许值或可靠停止。常见的保护装置有限速器、安全钳、爆破阀等，各类型电梯设置的防止超速（失控）保护装置如表 6-6 所示。各保护装置具体内容将在后面章节分别进行叙述。

表 6-6 电梯防止超速（失控）保护装置设置一览表

序号	危险状况	执行保护元件	备注
1	下行超速	限速器、安全钳	
2	上行超速	轿厢上行超速保护装置	
3	坠落、超速下降和沉降	①安全钳 ②破裂阀 ③节流阀 ④夹紧装置、棘爪装置、电气防沉降系统	适用于液压电梯
4	超速	速度限制装置	①适用于自动扶梯与自动人行道 ②如果自动扶梯或自动人行道的设计能防止超速，则可不设置超速限制装置

6.2.3 超载、满载保护

轿厢超载保护是电梯的一种重要保护，国家标准要求在轿厢超载时（超载是指超过额定载荷的 10%），电梯上的一个装置应防止电梯正常启动及再平层。在超载情况下：轿内应有音响和（或）发光信号通知使用人员；动力驱动自动门应保持在完全打开位置；手动门应保持在未锁状态；进行的开门情况下的平层、再平层和预备操作应全部取消。

超载保护装置形式不同，有微动开关式的（见图 6-15）、称量传感装置等形式；按照装设位置不同，常见的超载装置有以下几种形式：

① 活动轿厢　这种超载保护装置应用非常广泛，价格低，安全可靠，但更换维修较烦琐。通常采用橡胶垫作为称重元件，将这些橡胶元件固定在轿厢底盘与轿厢架固定底盘之间。当轿厢超载时，轿厢底盘受到载重的压力向下运动使胶垫变形、触动微动开关，切断电梯相应的控制功能。一般设置有多个微动开关：一个微动开关在电梯达到80%负载时动作，电梯确认为满载运行，电梯只响应轿厢内的呼叫，直到驶至呼叫站点；另一个微动开关在电梯达到110%载重量时发生动作，电梯确认为超载，电梯停止运行，保持开门，并给出警示信号。微动开关通过螺栓固定在活动轿厢底盘上，调节螺栓就可以调节载重量的控制范围。

图 6-15　微动开关的超载装置

② 活动轿厢地板　这是装在轿厢上的超载装置，活动地板四周与轿壁之间保持一定间隙，轿厢地板支承在称重装置上，随着轿厢地板承受载荷的不同，地板会微微地上下移动。当电梯超载时，活动轿厢地板会下陷，将开关接通，给出电梯的控制信号。

③ 轿顶称量装置　这种装置是以压缩弹簧组作为称重元件，在轿厢架上梁的绳头组合处设以超载装置的杠杆，当电梯承受不同载荷时，绳头组合会带动超载装置的杠杆发生上下摆动。当轿厢超载时，杠杆的摆动会触动微动开关，给电梯相应的控制信号。

④ 机房称量装置　当轿底和轿顶都不方便安装超载装置时，电梯采用 2：1 绕法时，我们可以将超载装置装设在机房中。它的结构和原理与轿顶称量装置类似，将它安装在机房的绳头板上利用机房绳头板随电梯载荷的不同产生的上下摆动，带动称量装置杠杆的上下摆动。

称量传感装置随着电梯技术不断发展，特别是电梯群控技术的发展，客观上要求电梯的控制系统精确地了解每台电梯的载荷量，才能使电梯的调度运行达到最佳状态。因此传统的开关量载荷信号已经不再适用于群控技术，现在很多电梯采用称量传感器装置。

称重传感器种类是比较多的，有电容式与差动变压器式传感器、压电式传感器、压磁式传感器、电阻应变式称重传感器等。当前电梯上常见的称重传感器有压磁式传感器（见图 6-16）、电阻应变式称重传感器（见图 6-17）。

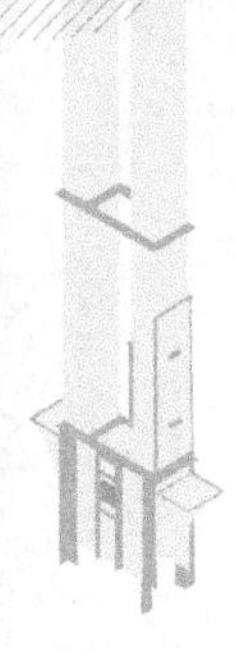

图 6-16　压磁式称量装置

图 6-17　电阻应变式称量装置

压磁式传感器，是利用铁磁物质在外加质量作用下，铁磁材料的磁导率和磁阻的改变，会使绕在铁芯上的线圈阻抗变化，线圈阻抗的变化与质量成一定比例关系，因此检出线圈阻抗的变化，便可求得质量。

电阻应变式称重传感器，是将电阻应变计（电阻应变片）粘贴在弹性体上，当弹性体受外力（拉力或压力）作用产生形变时，电阻应变计将该形变转化成电量输出，通过相应的测量仪表检测出这个与外加重量成一定比例关系的电量，从而测出质量。

因为这两种传感器的结构比较简单，技术比较成熟，制作容易，准确度高，稳定性好，在电梯上广泛采用。

6.2.4　终端超越行程的保护装置

电梯设有终端超越行程的保护装置。一般终端超越保护装置由终端电气保护装置和机械缓冲装置两部分组成。终端电气保护装置有上、下强迫减速开关和上、下限位开关，极限开关（见图 6-18）。

当轿厢运行到上端站或下端站进入减速位置时，轿厢上的撞弓应先碰到强迫减速开关，这时电梯不能再做快速运行；当电梯到达端站时，电梯撞弓碰到上、下限位开关，同方向上电梯就不能再慢速运行；当电梯到达端站时，如果前面说的装置失效，电梯运行将碰到极限开关，任何方向上电梯都不能再继续运行。相关规范要求电梯应设置极限开关，并尽可能接近端站时起作用而无误动作危险的位置上。速度较高的电梯一般都有上、下强迫减速开关和上、下限位开关。

（1）极限开关的动作

① 正常的端站停止开关（装置）和极限开关应采用分别的动作装置。

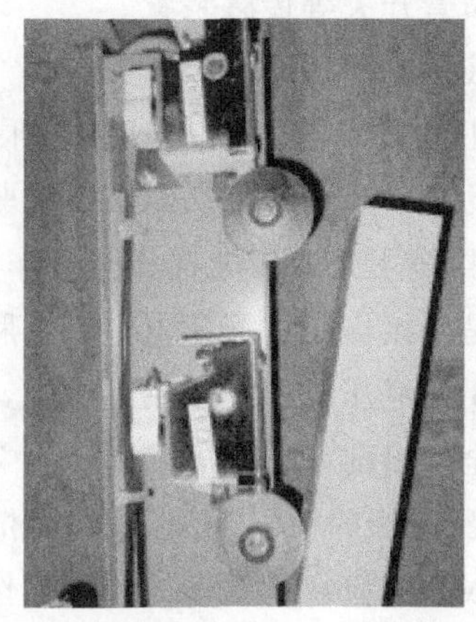

图 6-18　终端超越保护装置

② 限位开关和极限开关均安装在超越上下端站 50～200m 的位置上。但它们必须采用分别的动作装置，且不能同时动作；极限开关应在轿厢或对重（如有）接触缓冲器之前起作用，并在缓冲器被压缩期间保持其动作状态。

③ 对于强制驱动的电梯，极限开关的动作应由下述方式实现：

a. 利用与电梯驱动主机的运动相连接的一种装置；

b. 利用处于井道顶部的轿厢和平衡重（如有）；

c. 如果没有平衡重，则利用处于井道顶部和底部的轿厢。

④ 对于曳引驱动的电梯，极限开关的动作应由下述方式实现：

a. 直接利用处于井道顶部和底部的轿厢；

b. 利用一个与轿厢连接的装置，如钢丝绳、皮带或链条。该连接装置一旦断裂或松弛，则一个符合规定的电气安全装置应使电梯驱动主机停止运转。

（2）极限开关的作用方法

① 极限开关应通过下列方法断开：

a. 采用强制的机械方法直接切断电动机和制动器的供电回路。

b. 通过符合规定的电气安全装置。例如，通过一个电气安全装置，切断向两个接触器线圈直接供电的电路。由交流或直流电源直接供电的电动机，必须用两个独立的接触器切断电源，接触器的触点应串联于电源电路中。电梯停止时，如果其中一个接触器的主触点未打开，则最迟到下一次运行方向改变时，必须防止轿厢再运行。

② 极限开关动作后，电梯应不能自动恢复运行，也就是电梯在上下两个方向上均不能运行。

③ 极限开关必须符合电气安全触点要求，不能使用普通的行程开关和磁

开关、干簧管开关等传感装置。

(3) 液压电梯柱塞极限开关

① 液压电梯与曳引式电梯的极限开关在功能要求和动作形式上均不同。液压电梯的极限开关通过切断液压缸驱动来保证轿厢冲顶时失去动力。

② 直接作用式液压电梯和间接作用式液压电梯的极限开关设置要求不一样，尤其是间接作用式液压电梯，轿厢不得作为触发极限开关动作的部件，因为间接作用式液压电梯在使用过程中，钢丝绳会变长，因此无法保证极限开关在柱塞完全伸出前动作。

③ 液压电梯的极限开关仅需针对顶部空间设置，下端站不需要设置极限开关。极限开关应在柱塞缓冲装置起作用前动作，如现场观察对柱塞是否有缓冲装置有疑问，则液压电梯制造单位应当提供相关图样方便确认。

④ 为了维修方便和安全，液压电梯极限开关在轿厢离开动作区域时，应能自动复位。这与曳引式电梯的要求是一致的，正确理解应是液压电梯发生冲顶时，因液压系统泄漏可能会使轿厢自行下降而使极限开关自动复位，极限开关自动复位后，必须经专业人员检查处置后，方可投入正常使用。

6.2.5 电动机运转时间限制器

当启动电梯时，曳引机不转，轿厢或对重向下运动时由于障碍物而停住，导致曳引绳在曳引轮上打滑。

电动机运转时间限制器应在不大于下列两个时间值的较小值时起作用：

① 45s；

② 电梯运行全程的时间再加上 10s，若运行全程的时间小于 10s，则最小值为 20s。

恢复正常运行只能通过手动复位。恢复断开的电源后，曳引机无须保持在停止位置。电动机运转时间限制器不应影响到轿厢检修运行和紧急电动运行。

6.2.6 电气安全装置

电气安全装置是电梯安全保护系统中一个很重要的装置，国家相关标准中对电气安全装置的形式和特点已经做了详细的规定和要求（如强制断开、足够的电气间隙等），如果电气安全装置完全按照标准的要求，其可能失效的概率已经被降至可以忽略的程度。即认为符合标准规定的电气安全装置是不会失效的。电气安全装置分为安全触点、安全电路和可编程电子安全相关系统三种形式。为了保证电梯运行安全，电梯许多部位应设置电气安全装置。按照《电梯制造与安装安全规范》GB 7588—2003（XG1—2015）要求，曳引式及强制式电梯设置的电气安全装置如表 6-7 所列。

表 6-7　GB 7588—2003（XG1—2015）中电梯电气安全装置设置一览表

序号	所检查的装置	备注
1	检查检修门、井道安全门及检修活板门的关闭位置	
2	底坑停止装置	
3	滑轮间停止装置	
4	检查层门的锁紧状况	
5	检查层门的闭合位置	
6	检查无锁门扇的闭合位置	
7	检查轿门的闭合位置	
8	检查轿厢安全窗和轿厢安全门的锁紧状况	
9	轿顶停止装置	
10	检查钢丝绳或链条的非正常相对伸长(使用两根钢丝绳或链条时)	
11	检查补偿绳的张紧	
12	检查补偿绳防跳装置	
13	检查安全钳的动作	
14	限速器的超速开关	
15	检查限速器的复位	
16	检查限速器绳的张紧	
17	检查轿厢上行超速保护装置	
18	检查缓冲器的复位	
19	检查轿厢位置传递装置的张紧(极限开关)	
20	曳引驱动电梯的极限开关	
21	检查轿门的锁紧状况	
22	检查可拆卸盘车手轮的位置	
23	检查轿厢位置传递装置的张紧(减速检查装置)	
24	检查减行程缓冲器的减速状况	
25	检查强制驱动电梯钢丝绳或链条的松弛状况	
26	用电流型断路接触器的主开关的控制	

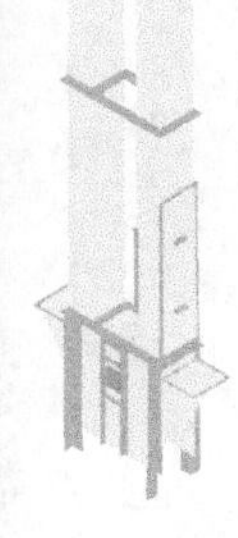

续表

序号	所检查的装置	备注
27	检查平层和再平层	
28	检查轿厢位置传递装置的张紧(平层和再平层)	
29	检修运行停止装置	
30	对接操作的行程限位装置	
31	对接操作停止装置	
32	检查开门状态下轿厢的意外移动	
33	检查开门状态下轿厢意外移动保护装置的动作	

6.2.6.1 安全触点

安全触点是指在动作时应由驱动装置将其可靠断开，甚至触点熔接在一起时也应断开。安全触点的设计应尽可能减小由于部件故障而引起的短路危险，使用安全触点时可以不考虑触点无法断开造成的危险。

为达到上述安全触点的要求，一般驱动机构与动作元件（动触点）应直接作用，并且宜有两处断开点，即两个动或静触点。触点闭合时，动触点应由长臂的弹性铜片或其他弹性元件使其两个断点都可靠闭合。当所有触点的断开元件处于断开位置时，且在有效行程内，动触点和施加驱动力的驱动机构之间无弹性元件（例如弹簧）施加作用力，即为触点获得了可靠的断开。

如果安全触点的保护外壳的防护等级不低于IP4X，则安全触点应能承受250V的额定绝缘电压。如果其外壳防护等级低于IP4X，则应能承受500V的额定绝缘电压。安全触点的保护外壳的防护等级不低于IP4X，意味着防止直径不小于1.0mm的固体异物进入壳内（如金属线）。

安全触点应是标准规定的下列类型：

① AC-15　用于交流电路的安全触点；

② DC-13　用于直流电路的安全触点。如果保护外壳的防护等级不高于IP4X，则其电气间隙不应小于3mm，爬电距离不应小于4mm，触点断开后的距离不应小于4mm。如果保护外壳的防护等级高于IP4X，则其爬电距离可降至3mm。对于多分断点的情况，在触点断开后，触点之间的距离不得小于2mm。

导电材料的磨损，不应导致触点短路。

6.2.6.2 安全电路

安全电路可以认为是在电气系统中为了满足电梯特定的安全要求，按照一定逻辑关系，采用符合要求的电气元件组成的电路。安全电路的作用与安全触点相似，当电梯系统可能出现危险故障时，安全电路对电梯系统起到安全保护作用，能够使正在运行的电梯驱动主机停止运转并防止其再启动，同时驱动主机制动器的供电也应被切断。

安全电路（包括后面提到的含有电子元件的安全电路）可以是一个独立存在的部件，其作用上相当于由一个（或几个）安全触点构成的能够切断主接触器（或继电接触器）和制动器接触器线圈供电的电气安全装置。但由于安全电路的构成相对比较复杂，因此比安全触点的要求严格得多。

安全电路要求，当其内部元件出现：无电压、电压降低、导线（体）中断；对地或对金属物件的绝缘损坏；电气元件的短路或断路，以及参数或功能的改变；接触器或继电器可动衔铁不吸合或不完全吸合；接触器或继电器的可动衔铁不释放；触点不断开；触点不闭合；电源断相或错相这些常见故障时，安全电路不能丧失其对电梯系统应有的保护，其本身也不会出现导致电梯危险的故障。

（1）安全电路须考虑到的方面

① 采用成熟的电路技术元器件。

② 冗余技术　安全电路中的关键零部件，可以通过双重方法，如一个零部件失效，用备份件接替以实现预定功能。当与自动监控相结合时，自动监控应采用不同的设计工艺，以避免共同失效。

③ 自检测功能　安全电路中的必要部件应具备自检测功能，以自动检验其工作是否正确或减少共同失效的危险。

④ 主动模式　所谓主动模式是指信号持续发送，检测到异常时信号中断。而且，任何内部故障（如断线、机构的卡阻等）都会令电梯停梯。

⑤ 相异　即多样性设计，是为了减少由于部件故障和失效导致的不安全，通过采用不同的工作原理或不同的电气装置来实现降低系统故障可能性的一种设计方法。

（2）安全电路的安全要求

① 应满足电气安全装置出现故障时的要求。

② 应满足国家标准关于安全电路评价的要求。

a. 如果某个故障（第一故障）与随后的另一个故障（第二故障）组合导致危险情况，那么最迟应在第一故障元件参与的下一个操作程序中使电梯停止。只要第一故障仍存在，电梯的所有进一步操作都应是不可能的。在第一故障发生后而在电梯按上述操作程序停止前，发生第二故障的可能性不予

考虑。

b. 如果两个故障组合不会导致危险情况，而它们与第三故障组合就会导致危险情况时，那么最迟应在前两个故障元件中任何一个参与的下一个操作程序中使电梯停止。在电梯按上述操作程序停止前发生第三故障从而导致危险情况的可能性不予考虑。如果安全电路发生故障，这个故障本身及该故障与随后（或同时）可能发生的另一故障组合均不会导致电梯的危险状态，则这些故障是可接受的，电梯可以在这些故障发生的情况下继续运行。如果不能保证故障本身及可能发生的故障组合均不会导致电梯的危险状态，则电梯应在故障出现后，但还未发生危险之前停止下来。已经停止的电梯，被认为不会发生下一个故障。

c. 如果存在三个以上故障同时发生的可能性，则安全电路应设计成有多个通道和一个用来检查各通道的相同状态的监控电路。如果检测到状态不同，则电梯应被停止。

对于两通道的情况，最迟应在重新启动电梯之前检查监控电路的功能。如果功能发生故障，电梯重新启动应是不可能的。

如果同时发生的故障很多，无法确定是否会导致危险状态，则安全电路应采取必要的措施进行故障监控，在发现故障时将电梯停止。

d. 在恢复已被切断的动力电源时，如果电梯在上述 a. ～d. 的情况下能被强制再停梯，则电梯无须保持在已停止的位置上。

电梯的安全电路出现故障，导致电气安全装置将驱动主机电源切断，当再次给电，如果安全电路再次出现故障（包括故障组合在内），在出现危险状态之前停梯，则电梯在给电后可以不必停在原来的位置上。安全电路评价流程图如图 6-19 所示。

③ 在冗余型安全电路中，应采取措施，尽可能限制由于某一原因而在一个以上电路中同时出现故障的危险。

当安全电路的设计中采用冗余技术时，应防止冗余措施的轻易丧失。

含有电子元件的安全电路是安全部件，应按照要求来进行型式试验验证。

(3) 含有电子元件的安全电路

电梯的控制系统越来越多地采用微机控制的方式，这就促使了安全电路型的电气安全装置在电梯安全保护中的广泛应用。安全电路型的电气安全装置，按照组成结构可以分为两种：一种是基于继电器组合构成电路，另一种是基于电子元件或微处理器的电路。后者被称为含有电子元件的安全电路，它是安全电路的一个重要形式。

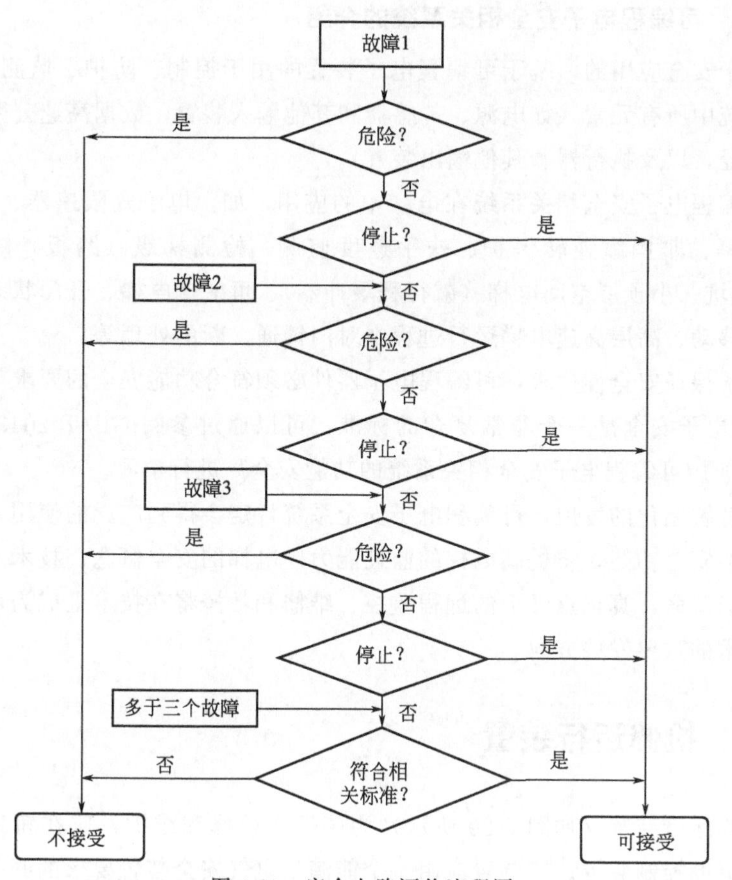

图 6-19　安全电路评价流程图

为了提高安全保护的等级，在设计含有电子元件的安全电路时，对其安全保护控制电路的要求是非常高的。含有电子元件的安全电路通常采用安全监控器模块的形式。安全监控器模块具有一个完整的安全保护控制电路，使它能够满足标准中对电气安全装置的要求。一般情况下，当含有电子元件的安全电路连接在电梯安全回路中或用于其他一些不便采用安全触点的场合。为了提高可靠性，所有含有电子元件的安全电路都应具有双重的系统安全自检检测电路，以及肯定动作的输出继电器。每一个含有电子元件的安全电路都能够监测到安全保护系统中元件的故障，接线中的相互连接故障以及自身内部监测电路和输出继电器的故障。

当含有电子元件的安全电路检测到相关的电梯电气或机械故障，它就能够切断模块的输出信号，使电梯停止下来，防止进一步危险的发生，保护人员的人身安全。同时，它还能够在故障被排除之前，禁止电梯的重新启动。

6.2.6.3 可编程电子安全相关系统的介绍

用于安全应用的，基于可编程电子装置的用于控制、防护、监测的系统，包括系统中所有元素（如电源、传感器和其他输入装置，数据高速公路和其他通信途径，以及执行器和其他输出装置）。

可编程电子安全相关系统在电梯中的应用，如：电子式限速器、安全钳、安全光幕、非操纵逆转保护、扶手速度监测、检测梯级（踏板）缺失、浅（无）底坑、小顶层空间电梯（减行程缓冲器）、可变速电梯、开门状态下的轿厢意外移动、高层高速电梯运行过程中对门锁通、断的处理等。

为了保证安全性要求，可编程电子器件必须符合功能安全的要求（即电子安全）。电子安全是一个非常复杂的标准，可以通过参阅 GB/T 20438—2017《电气/电子/可编程电子安全相关系统的功能安全》进行学习。

随着智能化的发展，可编程电子安全系统肯定会得到广泛的使用，实现更为复杂的安全功能，将提高电梯的监控能力。电梯的安全概念、技术及标准将发生一场革命，真正意义上的远程监控、维修和救援将在技术上成为可能，是电梯技术的重要发展方向。

6.2.7 检修运行装置

检修运行装置（如图 6-20 所示）为了便于检修和维护，应在轿顶装一个易于接近的控制装置。该装置应由一个能满足电气安全装置要求的开关（检修运行开关）操作。

该开关应是双稳态的，并应设有误操作的防护。

图 6-20 检修运行装置

同时应满足下列条件：

① 一经进入检修运行，应取消：

a. 正常运行控制，包括任何自动门的操作。

b. 紧急电动运行。

c. 对接操作运行。

只有再一次操作检修开关，才能使电梯重新恢复正常运行。

如果取消上述运行的开关装置不是与检修开关机械组成一体的安全触点，则应采取措施，防止任何单一电梯电气设备故障时轿厢的一切误运行。

② 轿厢运行应依靠持续揿压按钮，此按钮应有防止误操作的保护，并应清楚地标明运行方向。

③ 控制装置也应包括一个符合相关规定的停止装置。

④ 轿厢速度不应大于 0.63m/s。

⑤ 不应超过轿厢的正常的行程范围。

⑥ 电梯运行仍应依靠安全装置。

⑦ 控制装置也可以与防止误操作的特殊开关结合，从轿顶上控制门机构。

6.2.8 紧急电动运行装置

对于人力操作提升装有额定载重量的轿厢所需力大于 400N 的电梯驱动主机，其机房内应设置一个符合相关要求的紧急电动运行装置（如图 6-21 所示）。电梯驱动主机应由正常的电源供电或由备用电源供电（如有）。同时下列条件也应满足：

① 应允许从机房内操作紧急电动运行开关，由持续揿压具有防止误操作保护的按钮控制轿厢运行。运行方向应清楚地标明。

② 紧急电动运行开关操作后，除由该开关控制的以外，应防止轿厢的一切运行。检修运行一旦实施，则紧急电动运行应失效。

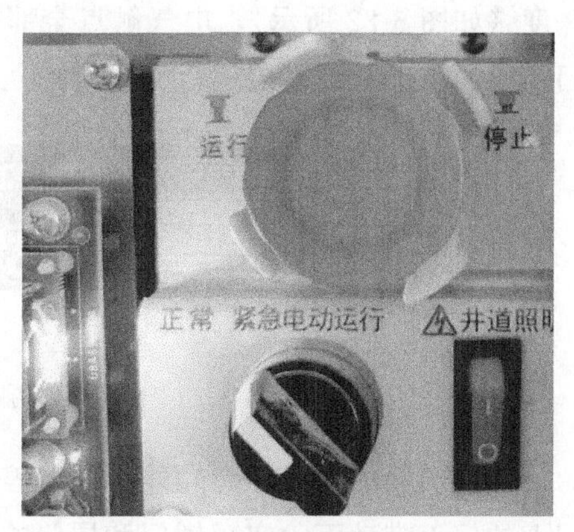

图 6-21　紧急电动运行装置

③ 紧急电动运行开关本身或通过另一个符合相关要求的电气开关应使下列电气装置失效：

a. 安全钳上的电气安全装置。

b. 限速器上的电气安全装置。

c. 轿厢上行超速保护装置上的电气安全装置。

d. 极限开关。

e. 缓冲器上的电气安全装置。

④ 紧急电动运行开关及其操纵按钮应设置在使用时易于直接观察电梯驱动主机的地方。

⑤ 轿厢速度不应大于 0.63m/s。

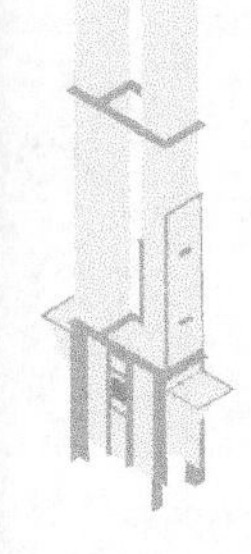

6.2.9 层门的安全保护装置

电梯层门是乘客或货物的出入口，为电梯的安全部件，电梯层门不仅具有开关门的功能，同时还有安全保护功能。按照国家标准规定，门及门锁结构应满足机械强度要求，各运动间隙、门的导向装置、垂直滑动层门的悬挂机构应符合要求。在电梯事故中，由于层门的原因发生剪切、坠落、挤压等事故所占的比例较大，而且一旦发生事故，后果都十分严重。层门上设有层门锁闭装置（钩子锁）、紧急开锁装置和层门自动关闭装置等安全保护装置。下面分别予以介绍。

(1) 层门锁闭装置

为了防止剪切、坠落、挤压危险，正常运行时，除非轿厢在该层门的开锁区域，应不能打开层门（或多扇层门中的任意一扇），电梯每层层门或多扇层门中的任何一扇门必须可靠闭合，并且锁钩达到规定的（一般为 7mm）啮合深度（如图 6-22 所示），电气触点全部接通，电梯才能正常运行（具有提前开门功能的平层和再平层运行暂不讨论）。

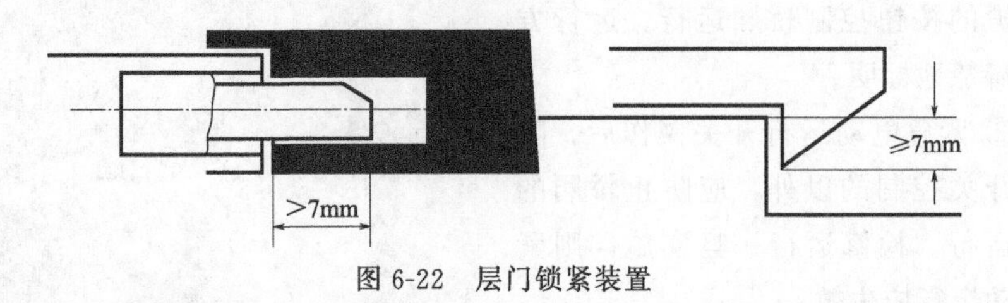

图 6-22　层门锁紧装置

层门门锁的另外一个功能是电梯停站轿厢平层时，层门和门锁在安装在轿门上的门刀带动下，实现轿门和层门的联动。

(2) 紧急开锁装置

层门的打开方式通常有两种，第一种情况是在电梯正常运行，停靠在层站平层位置，由轿门门机联动层门将门打开；第二种情况就是在检修、救援等特定情况下，由专业人员使用专门的钥匙（通常是三角钥匙）打开层门，该装置称为紧急开锁装置（如图 6-23 所示）。

国家标准规定，每个层门均应能从外面借助于一个规定的开锁三角孔相配的钥匙将门开启。

这样的钥匙应只交给一个负责人员。钥匙应带有书面说明，详述必须采取的预防措施，以防止开锁后因未能有效地重新锁上而引起事故。

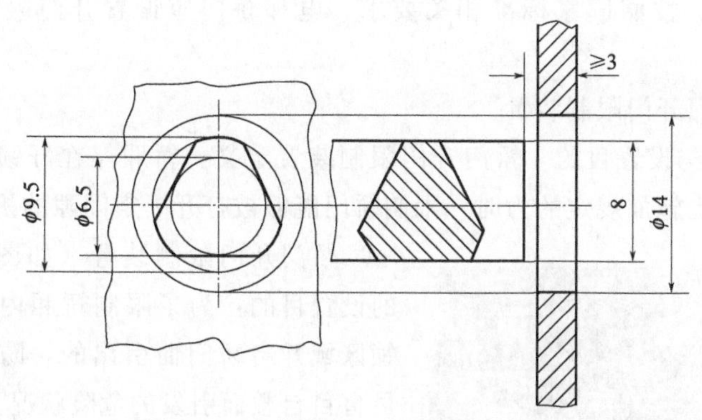

图 6-23　紧急开锁（三角钥匙）装置

（3）层门自动关闭装置

在一次紧急开锁以后，门锁装置在层门闭合下，不应保持开锁位置。

在轿门驱动层门的情况下，当轿厢在开锁区域之外时，如层门无论因为何种原因而开启，则应有一种装置（重块或弹簧）能确保该层门自动关闭。

层门自闭装置主要依靠重物的重力和弹簧的拉力或压力动作，常见的形式有重锤式、拉簧式、压簧式。层门的自闭力过小，难以确保层门的自动关闭；层门的自闭力过大，门机的功率需求相应增大，关门减速的控制难度也增大。

① 重锤式层门自闭装置　依靠定滑轮将重锤垂直方向的重力转换为水平向右的推力，通过门扇之间的联动机构，从而形成一个层门自闭力。采用重锤式层门自闭装置时，需要有防止重锤意外坠入井道的措施。

② 拉簧式层门自闭装置　依靠定滑轮将弹簧垂直方向的拉力转换为水平向右的推力，通过门扇之间的联动机构，从而形成一个层门自闭力。采用拉簧式层门自闭装置时，由于弹簧工作在拉伸状态下，长期拉伸容易导致拉力减弱，层门自闭力不足。

③ 压簧式层门自闭装置　依靠弹簧垂直方向的压力转换为水平方向的推力，通过门扇之间的摆臂联动机构作用到整个电梯门上，从而形成一个层门自闭力。采用压簧式层门自闭装置时，由于弹簧工作在压缩状态下，弹簧自身不会失效，但由于机械结构体积较大，一般用在载重较大的载货电梯上。

6.2.10　开门限制装置和轿门锁

当电梯处于非平层区时，为了防止轿门被打开，轿厢内的人员扒开轿门后引发诸如夹在井道壁与轿门之间、坠入井道等危险行为，保护轿厢内乘客

的人身安全，按照国家标准相关要求，电梯轿门应设置开门限制装置或轿门锁。

(1) 轿门开门限制装置

① 定义与设置目的　轿门开门限制装置定义：轿厢停在开锁区域外，从轿厢内轿门上施加规定的力时，限制轿门能够被打开一定间隙的机械装置。

图 6-24　一种开门限制装置实物图

轿门开门限制装置（如图 6-24 所示）的设置目的：为了限制轿厢内人员在非开锁区域开启轿门而引出的，防止轿厢内人员盲目自救而引发的危险状况。

② 相关标准技术要求　当轿厢停在层门开锁区域外时，在开门限制装置处施加1000N的力，轿门开启不能超过50mm。

正常情况下1000N的力是一个输出极限值，一个正常人不用工具不可能徒手输出1000N的力。

(2) 轿门锁

① 轿门锁定义　轿门关闭后锁紧，同时接通电气安全装置，轿厢方可运行的机电联锁安全装置（如图 6-25 所示）。

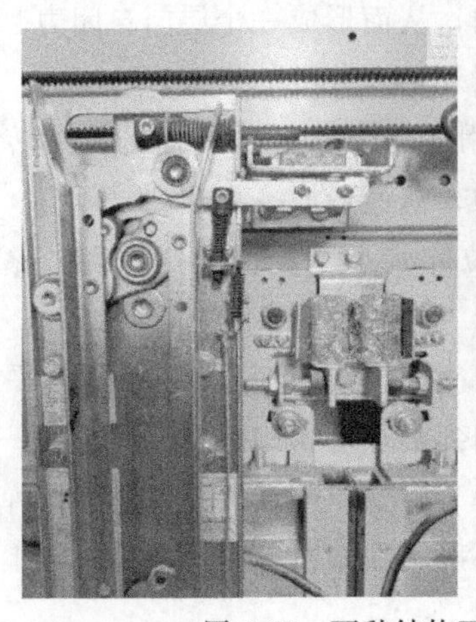

图 6-25　两种结构不同的轿门锁实物图

② 轿门锁设置目的　由面对轿厢入口的井道壁尺寸超标引出的，为防止人员从轿厢内扒开轿门坠入井道而引发伤亡事故。

③ 相关标准技术要求　根据国家标准的规定，对于装轿门锁的电梯，在

非平层区域轿门无法开启，就可以防止人员从轿厢内扒开轿门坠入井道引发伤亡事故，如果井道内表面与轿厢地坎、轿厢门框架或滑动门的最近门口边缘的水平距离大于0.15m，则该电梯必须安装轿门锁紧装置，即轿门锁。而且轿门门锁装置要进行与层门锁装置试验项目和要求完全相同的型式试验。与层门锁唯一不同的是，轿门锁不用配备规定的三角钥匙开锁装置。

6.2.11　自动门关闭时的保护装置

为了防止电梯门在关闭过程中夹住乘客，一般在电梯轿门上装有接触式（如安全触板）或非接触式（如红外线光幕、电磁感应式）保护装置。按照标准要求，此保护装置的作用可在每个主动门扇最后50mm的行程中被消除。动力驱动门为了尽量减少门扇撞击人的有害后果，其关门动能、平均关闭速度应符合相关标准规定。

① 安全触板　为机械式防夹人装置，当电梯在关门过程中，人碰到安全触板时，安全触板向内缩进，带动下部的一个微动开关，安全触板开关动作，控制门向开门方向转动。

② 光电式安全保护　传统的机械式安全触板属于接触式开关结构，不可避免地会出现撞击的情况，光电式保护反应灵敏，非接触，不需要撞击即可反向开门，提高了开关门的运行速度，得到了广泛的使用。红外线光幕运用红外线扫描探测技术，电梯门的两边一侧为发射端，另一侧为接收端，发射端发射红外线光束，接收端打开接收光束，在轿门区形成由多束红外线密集交叉的保护光幕，通过控制系统不停地进行扫描，形成红外线光幕警戒屏障，当电梯门在关闭时，如果有物体挡住光线，接收端接收不到发射端的光源，立即驱动光电继电器动作，光电继电器控制门向反方向开启。

安全触板动作可靠，但反应速度慢；光幕反应灵敏，但可靠性较低。为了弥补接触式和非接触式防夹人装置的不足，出现了如图6-26所示的一种带有安全触板及光幕的二合一防夹人装置。

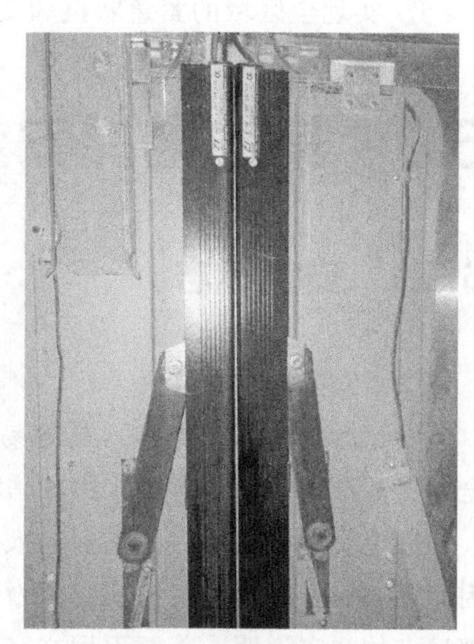

图6-26　一种二合一防夹人装置实物图

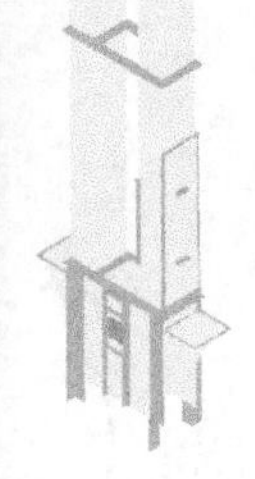

6.2.12 电梯安全监控系统

近年来，随着计算机和网络通信技术不断发展，电梯安全远程监控系统应运而生，它是集计算机技术、自动控制技术、网络通信技术于一体的新兴技术。通过对电梯系统采集的信号通信，对在用电梯进行远程数据监控、远程故障诊断及处理、故障的早期预告及排除，以及对电梯运行状态进行统计与分析等，一般可实现以下功能：

① 进行故障的早期预告，变被动保养为主动保养，同时可对电梯的保养情况进行监控。

② 协助现场维修人员，提供远程的故障分析及处理。

③ 通过远程操作，控制电梯的部分功能，如锁梯、特定楼层呼梯、改变群控原则等。

④ 进行电梯的远程调试，修改电梯的部分控制参数等。

⑤ 进行故障报警信息、记录与统计，通过计算机的监控界面很直观地观察到每台电梯的运行情况，有利于产品性能的改进。

⑥ 进行电梯运行频率、停靠层站、呼梯楼层的统计，以便于进一步完善群控原则，并可根据该建筑物电梯的实际使用情况，制定出专门针对该用户的群控原则。

⑦ 实现全区域的紧急救援和支援配合。

6.3 其他电梯安全防护保护措施

6.3.1 安全标志

（1）安全标志的含义

安全标志是指在操作人员容易产生错误而造成事故的场所，为了确保安全，提醒操作人员注意所采用的一种特殊标志。

制定安全标志的目的是引起人们对不安全因素的注意，预防事故的发生。因此要求安全标志含义简明、清晰易辨、引人注目。安全标志中应尽量避免出现过多的文字说明，甚至不用文字说明，也能使人们一看就知道它所表达的信息含义。安全标志不能代替安全操作规程和保护措施。

依据国家有关标准，安全标志应由安全色、几何图形和图形符号构成。必要时，还需要补充一些文字说明与安全标志一起使用。

（2）安全标志图例

电梯有许多地方设置了标志，以便乘客和作业人员了解电梯的相关数据与须知，下面摘录部分电梯安全标志（如图 6-27 所示），仅供读者参考。

(a) 禁止搬运重物　(b) 严禁超载　(c) 禁止玩耍　(d) 禁止跑入

(e) 严禁扒门　(f) 禁止依靠　(g) 禁止使用手推车　(h) 禁止在出入口附近停留

(i) 小心夹脚　(j) 当心夹住衣物　(k) 挡门危险　(l) 儿童乘梯成人陪同

(m) 拉住儿童　(n) 握住扶手　(o) 抱住宠物　(p) 请站在警示线内

图 6-27　安全标志图例

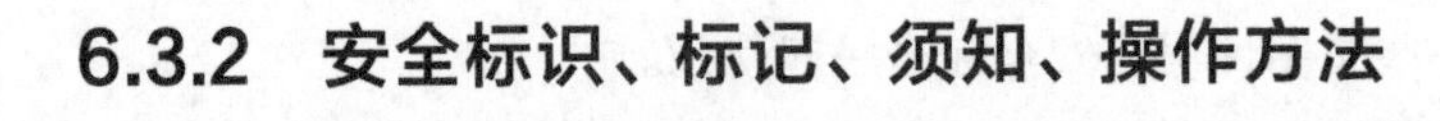

6.3.2 安全标识、标记、须知、操作方法

为了保证电梯安全，提供作业人员及使用人员的安全信息，电梯有许多地方设置了安全标识、标记、安全须知及操作方法，笔者对其设置及要求进行了整理（如表 6-8 所示），仅供读者参考。

表 6-8 电梯安全标识（标记、须知、操作方法）使用情况一览表

序号	项目/位置	要求	备注
1	总体要求	所有标牌、须知、标记及操作说明应清晰易懂(必要时借助标志或符号)和具有永久性,并采用不能撕毁的耐用材料制成,设置在明显位置。应使用电梯安装所在国家的文字书写(必要时可同时使用几种文字)	
2	产品铭牌	①安全钳、限速器、缓冲器、层(轿门)门锁紧装置、轿厢上行超速保护装置、轿厢意外移动装置铭牌内容除应标明设备名称、型号、生产厂家、生产日期外,还应标明型式试验标志及出处,限速器、轿厢上行超速保护装置,还应标明已测定好的动作速度 ②电动机、曳引机、制动器、控制柜等设备铭牌上除应标明设备名称、型号、生产厂家、生产日期外,还应标明主要技术数据,如电动机额定容量、接线方式、曳引机速比、减速器型号等	
3	机房及滑轮间	①在通往机房和滑轮间的门或活板门的外侧应设有包括下列简短字句的须知:电梯驱动主机——危险未经许可禁止入内 ②对于活板门,应设有永久性的须知,提醒活板门的使用人员:谨防坠落——重新关好活板门 ③各主开关及照明开关均应设置标注以便于区分 ④在主开关断开后,某些部分仍然保持带电(如电梯之间互联及照明部分等),应使用一须知说明此情况 ⑤在电梯机房内应设有详细的说明,指出电梯万一发生故障时应遵循的规程,尤其应包括手动或电动紧急操作装置和层门开锁钥匙的使用说明 ⑥在电梯驱动主机上靠近盘车手轮处,应明显标出轿厢运行方向。如果手轮是不能拆卸的,则可在手轮上标出 ⑦在紧急电动运行按钮上或其近旁应标出相应的运行方向 ⑧在滑轮间内停止装置上或其近旁,应标有“停止”字样,设置在不会有误操作危险的地方 ⑨在承重梁或吊钩上应标明最大允许载荷 ⑩机房控制柜、曳引机、主开关应有相互对应的编号,以防止错误操作的可能 ⑪在机房内或者紧急操作和动态测试装置上设有明晰的应急救援程序 ⑫在机房内应易于检查轿厢是否在开锁区。例如,这种检查可借助于曳引绳或限速器绳上的标记	

续表

序号	项目/位置	要求	备注
4	限速器	应标明与安全钳动作相应的旋转方向	
5	接线端子	如果电梯的主开关或其他开关断开后，一些连接端子仍然带电，则它们应与不带电端子明显地隔开，且当电压超过50V时，对于仍带电的端子应注上适当标记	
6	操作按钮(检修运行、紧急电动运行、对接操作)	此按钮应有防止误操作的保护，轿厢运行应依靠持续揿压按钮，并应清楚地标明运行方向	
7	层门和轿门旁路装置	在层门和轿门旁路装置上或者其附近标明“旁路”字样，并且标明旁路装置的“旁路”状态或者“关”状态	
8	电气识别	①接触器、继电器、熔断器及控制屏中电路的连接端子板均应依据线路图作出标记。熔断器的必要数据如型号、参数应标注在熔断器上或底座上，或其近旁 ②在使用多线连接器时，只需在连接器而不必在各导线上作出标记	
9	停止装置标志	机房及轿厢操作盘内、轿厢顶操作盒、底坑操作盒等处设置的停止按钮，其旁边应标示“停止”字样	
10	轿厢内标志	①轿厢内铭牌内容有轿厢额定载荷、乘客数量、生产厂家等。铭牌上的汉字、数字、大写字母高度不得小于10mm，小写字母不得小于7mm ②停止开关的操作装置(如有)应是红色，并标以“停止”字样加以识别，以不会出现误操作危险的方式设置 ③报警开关(如有)按钮应是黄色，并标以铃形符号加以识别：  ④红、黄两色不应用于其他按钮。但是，这两种颜色可用于发光的“呼唤登记”信号 ⑤控制装置应有明显的、易于识别其功能的标志。推荐使用以下标记： a. 轿内选层按钮宜标以−2、−1、0、1、2、3等 b. 再开门按钮宜标以符号  ⑥轿厢内应当设置铭牌，标明额定载重量及乘客人数(载货电梯只标载重量)、制造单位名称或者商标；改造后的电梯，铭牌上应当标明额定载重量及乘客人数(载货电梯只标载重量)、改造单位名称、改造竣工日期等 ⑦设有IC卡系统的电梯，轿厢内的出口层选层按钮应当采用凸起的星形图案予以标识，或者采用比其他按钮明显凸起的绿色按钮	

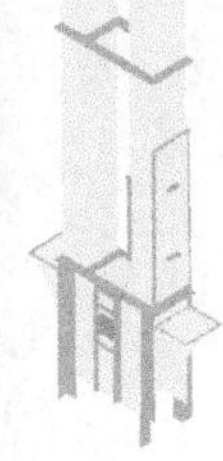

续表

序号	项目/位置	要求	备注
11	轿顶上	①停止装置上或其近旁应标出“停止”字样，设置在不会出现误操作危险的地方 ②检修运行开关上或其近旁应标出“正常”及“检修”字样 ③在检修按钮上或其近旁应标出运行方向 ④在栏杆上应有警示符号或须知	
12	井道	①在井道外，检修门近旁，应设有一须知，指出：电梯井道——危险未经许可禁止入内 ②如果手动开启的电梯层门有可能与相邻的其他门相混淆，则前者应标有“电梯”字样 ③对于载货电梯，应在从层站装卸区域总可看见的位置上设置标志，标明额定载重量	
13	门或者活板门的标志	对于活板门，应设永久可见的“谨防坠落——重新关好活板门”等警示语言或警告标志	
14	门标识	层门和玻璃轿门上设有标识，标明制造单位名称、型号，并且与型式试验证书内容相符	
15	层站识别	应设有清晰可见的指示或信号，使轿内人员知道电梯所停的层站	
16	对重块数量标识	具有能够快速识别对重(平衡重)块数量的措施(例如标明对重块的数量或者总高度)	
17	对重缓冲最大允许距离标识	对重缓冲器附近应当设置永久性的明显标识，标明当轿厢位于顶层端站平层位置时，对重装置撞板与其缓冲器顶面间的最大允许垂直距离	
18	层门紧急开锁三角钥匙	应附带有说明文字的小牌，用来提醒人们注意使用此钥匙可能引起的危险，并注意在层门关闭后应确认其已锁牢	
19	层门三角钥匙孔的周边	应贴有警告语言：禁止非专业人员使用三角钥匙，门开启时，先确定轿厢位置。	
20	报警装置的标志	接受轿厢内发出呼救信号，起报警作用的铃或装置，应清楚地标明“电梯报警”字样，如果是多台电梯，应能辨别出正在发出呼救信号的轿厢	
21	消防员电梯轿厢	①应当设置消防员电梯象形图标志，轿厢操作面板上的符号为20mm×20mm；层站上至少为100mm×100mm ②应当设置禁止用来运送废弃物(垃圾)或者货物的说明或者标识	消防员电梯
22	消防员电梯开关	①消防服务通道层的防火前室内应当设置消防员电梯开关，该开关应当设置在距消防员电梯水平距离2m之内，高度在地面以上1.80～2.10m之间的位置，并且应当用“消防员电梯象形图”做出标记 ②该开关应当由三角钥匙来操作，并且是双稳态的，清楚地用“0”和“1”标示出。位置“1”是消防员服务有效状态	消防员电梯

续表

序号	项目/位置	要求	备注
23	消防员电梯象形图	①如果设置轿内消防员钥匙开关,应当用"消防员电梯象形图"标出,并且清楚地标明位置"0"和"1",该钥匙仅在处于位置"0"时才能拔出 ②该钥匙开关的操作必须符合:只有该钥匙处于"1"位置的情况下轿厢才能运行;如果电梯位于非消防服务通道层,该钥匙处于"0"位置的情况下,轿厢不能运行并且必须保持层门和轿门打开 ③该钥匙开关仅在消防员服务状态时有效 ④在轿内靠近前门和后门的地方都应当有控制装置,消防员控制装置靠近消防前室设置,并且设置"消防员电梯象形图"标示	消防员电梯
24	防爆电梯部件	①防爆电气部件的铭牌上至少标明型号、制造日期、防爆标志、防爆合格证号、制造单位名称或者商标和相关技术参数等,其防爆合格证号应当在有效期内 ②防爆电气部件的防爆类型、级别、温度组别符合现场相应防爆等级要求	防爆电梯
25	本安型电气部件	本安型电气部件(控制柜、操纵箱、召唤箱、轿顶检修箱、接线箱盒、旋转编码器等)应当设有本安标志的铭牌	防爆电梯
26	隔爆型电气部件	隔爆型电气部件如无电气联锁装置,则外壳上应当有"断电后开盖"警告标志	防爆电梯
27	本安配线	本安电路的电缆或者电线以及防护套管,应当至少在进出端部设有浅蓝色标识	防爆电梯
28	液压泵站铭牌	液压泵站上应当设有铭牌,标明制造单位名称、型号、编号、技术参数和型式试验机构的名称或者标志,铭牌和型式试验证书内容相符	液压电梯
29	液压软管	液压缸与单向阀或者下行方向阀之间的软管上应当永久性标注以下内容: ①制造单位名称或者商标 ②允许的弯曲半径 ③试验压力和试验日期	液压电梯
30	破裂阀、节流阀或者单向节流阀试验方法	在机房内应当有一种手动操作方法,在无须使轿厢超载的情况下,使破裂阀、节流阀或者单向节流阀达到动作流量。该种方法应当防止误操作,且不应当使靠近液压缸的安全装置失效(制造单位在其附近应当有该方法的明显标识)	液压电梯
31	手动紧急下降阀	手动紧急下降阀上应当标示"注意——紧急下降"或者有类似标识;即使在失电情况下,使用该阀也能够使轿厢以较低的速度向下运行至平层位置;该阀的操作应当是持续的手动揿压,并且防止误动作;手动操纵该阀应当不能使柱塞产生的下降引起间接作用式液压杂物电梯的松绳或者松链	液压电梯

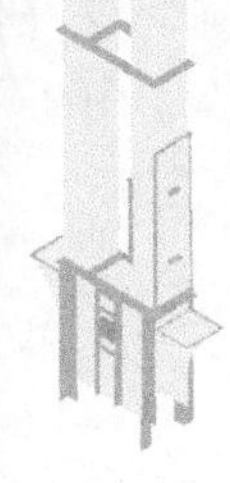

续表

序号	项目/位置	要求	备注
32	其他类(除破裂阀或者限速器-安全钳联动以外)防止轿厢坠落措施试验方法	其试验方法应当由制造单位在其附近明显标识	液压电梯
33	防沉降系统试验	其试验方法应当由制造单位在其附近明显标识	液压电梯
34	紧急停止装置	①在自动扶梯或者自动人行道入口处应当设置,紧急停止装置应当为红色,有清晰的永久性中文标识 ②如果紧急停止装置位于扶手装置高度的1/2以下,应当在扶手装置1/2高度以上的醒目位置张贴直径至少为80mm的红底白字“急停”指示标记,箭头指向紧急停止装置	自动扶梯与自动人行道
35	使用须知	在自动扶梯或者自动人行道入口处应当设置使用须知的标牌,标牌须包括以下内容:①应拉住小孩;②应抱住宠物;③握住扶手带;④禁止使用非专用手推车(无坡度自动人行道除外)。这些使用须知,应当尽可能用象形图表示	自动扶梯与自动人行道
36	产品标识	应当至少在自动扶梯或者自动人行道的一个出入口的明显位置,设有标注以下信息的产品标识:①制造单位名称;②产品型号;③产品编号;④制造年份	自动扶梯与自动人行道
37	通道及检修门、检修活板门	门外侧有下述或者类似的警示标志:电梯机器——危险未经允许禁止入内	杂物电梯
38	警示标识	对于人员不可进入的杂物电梯井道,如果通往井道门的尺寸超过0.30m,应当设置警示标识;对于人员不可进入的杂物电梯井道,如果通向井道门的尺寸超过0.30m×0.40m,轿顶应当设置警示标识	杂物电梯
39	层站或者其附近位置	应当标示杂物电梯的额定载重量和“禁止进入轿厢”字样或者相应的符号	杂物电梯

6.3.3 安全色及对比色

安全色是特定的表达安全信息含义的颜色和标志。它以形象而醒目的信息语言向人们提供禁止、警告、指令、提示等安全信息。

安全色的种类和相应含义：

红色（禁止类）如：禁止吸烟、禁止通行、禁止攀登等。红色很醒目，使人们在心理上会产生兴奋和刺激性，红色光光波较长，不易被尘雾所散射，在较远的地方也容易辨认，即红色的注目性非常高，视认性也很好，所以用其表示危险、禁止和紧急停止的信号。

蓝色（指令类）如：必须戴安全帽、必须系安全带、必须穿防护服等。蓝色的注目性和视认性虽然都不太好，但与白色相配合使用效果不错，特别是太阳光直射的情况下较明显，因而被选用为指令标志的颜色。

黄色（警告类）如：当心弧光、当心坑洞、机械伤人等。黄色对人眼能产生比红色更高的明度，黄色与黑色组成的条纹是视认性最高的色彩，特别能引起人们的注意，所以被选用为警告色。

绿色（提示类）如：儿童乘梯成人陪同、请站在警示线内等。绿色的视认性和注目性虽然不高，但绿色是新鲜、年轻、青春的象征，具有和平、永远、生长、安全等心理效应，所以用绿色提示安全信息。

电梯安全装置上有许多地方都使用了安全色及对比色，表 6-9 列举了电梯中安全装置及安全色使用要求。

表 6-9　电梯安全装置安全色使用情况一览表

序号	项目	要求	备注
1	急停开关	蘑菇按钮为红色	
2	松闸板手	应涂成红色	
3	限速器	整定部位封漆应为红色	
4	限速器、曳引轮	应涂成黄色，至少其边缘应涂以黄色	
5	盘车手轮	应涂成黄色	
6	紧急报警装置开关按钮	按钮为黄色	
7	本质安全电路的电缆护套	至少在进出端应有淡蓝色标识	防爆电梯
8	IC 卡按钮	基站选层按钮为凸起的绿色按钮或星形按钮	
9	保护零线	采用黄绿双色线	

6.3.4　报警装置

电梯发生人员被困在轿厢内时，通过报警或通信装置应能将情况及时通知管理人员并通过救援装置将人员安全救出轿厢。

紧急报警装置和对讲系统是为使乘客能向轿厢外求援，轿厢内应装设的乘客易于识别和触及的报警装置。

① 该装置应由应急电源供电。

② 报警装置应符合国家标准相关要求，确保有一个双向对讲系统与救援服务持续联系。在启动此对讲系统之后，被困乘客应不必再做其他操作。

③ 如果电梯行程大于 30m 或轿厢内与进行紧急操作处之间无法直接对话，则在轿厢内和进行紧急操作处应设置紧急电源供电的对讲系统或类似装置。

④ 轿厢内也可设内部有线报警电话或与电话网连接的电话。此时轿厢内必须有清楚易懂的使用说明，告诉乘员如何使用和应拨的号码。当电梯发生人员被困在轿厢内时，通过报警或通信装置应能将情况及时通知管理人并通过救援装置将人员安全救出轿厢。

6.3.5 救援装置

电梯困人的救援过去主要采用自救的方法，即轿厢内的操纵人员从上部安全窗爬上轿顶将层门打开。随着电梯的发展，无司机操纵的电梯广泛使用，再采用自救的方法不但十分危险，而且几乎不可能。因此，现在电梯从设计上就确定了救援必须从外部进行。

救援装置包括曳引机的紧急手动操作救援装置（图 6-28）和层门的人工紧急开锁装置。当相邻两层站地坎间的距离超过 11m 时，应设置井道安全门，若同一井道相邻电梯轿间的水平距离不大于 0.75m 时，可设置轿厢安全门。

图 6-28　一种手动操作救援装置

机房内的紧急手动操作装置，应放在明显且拿取方便的地方，盘车手轮应漆成黄色，松闸板手应漆成红色。为使救援时操作人员能知道轿厢的停靠位置，机房内必须要有层站正常停靠位置标识。最常用的方法就是在曳引钢丝绳上用油漆做上标记，同时将标记对应的层站写在机房操作位置附近清晰可见的地方。

机房内的紧急手动操作装置适用于向上移动装有额定载重量的轿厢所需的操作力（盘车力）不大于400N的情形。当此操作力大于400N时，还应在机房中设置一个符合规定的紧急电动运行控制电气操作装置。目前，一些电梯安装了电动停电（故障）应急救援装置，在停电或电梯故障时自动接入。

该装置动作时用蓄电池作为电源向电动机送入低频交流电（一般为5Hz），并使制动器线圈得电后释放。在判断轿厢负载力矩后按力矩小的方向慢速将轿厢移动至最近的层站并自动开门将被困人员放出。

应急救援装置在停电、中途停梯（故障）、冲顶、蹲底和限速器安全钳动作时均能自动接入，但若在门未关好或门的安全回路发生故障时，则不能自动接入移动轿厢。

各类电梯一般安全装置及技术措施

在介绍完电梯通用性安全防护保护装置后，本章按照特种设备目录分类情况对各种类型电梯设置的一般性安全防护及保护装置分别进行叙述。

7.1　曳引与强制驱动电梯安全保护装置及技术措施

7.1.1　限速器安全钳联动保护装置

（1）限速器和安全钳联动机构

限速器和安全钳组合在一起称为限速装置，限速器的两端通过绳头连接，安装在轿厢架上，操纵安全钳的杠杆系统。张紧轮的重量使限速器绳保持张紧，并在限速器轮槽和限速器绳之间形成一定的摩擦力。轿厢运行时，同步带动限速器绳运动，从而带动限速器轮转动，所以限速器能直接检测轿厢的运行速度。限速器包括三部分：反映电梯运行速度的转动部分；当电梯达到极限速度时将限速器绳夹紧的机械自锁部分；钢丝绳下部张紧装置。

限速器安装在电梯机房内曳引机的一侧，限速器的绳轮垂直于井道中轿厢的侧面。绳轮上的钢丝绳下放到井道，与轿厢上横梁安全钳连杆相连接，再通过井道底坑的绳轮返回到限速器绳轮上，这样电梯限速器的绳轮就随轿厢运动而转动。安全钳安装在轿厢架的底梁上，底梁两端各装一副，其位置在导靴之上，随着轿厢沿导轨运动。安全钳楔块由连杆、拉杆、弹簧等传动机构与轿厢上限速器钢丝绳连接。由于机械或电气原因而出现故障，当轿厢超过额定速度的 115％运行处于危险状态时，限速器就发生动作。首先通过限速器上的电气开关切断运行电路使电梯失去动力，同时限速器的卡块卡住限速轮。这时，连接限速器钢丝绳的拉杆被上提，连杆系统通过拉杆带动安全钳楔块动作，楔进安全钳钳体与导轨之间，使轿厢急停，安全钳通过连杆机构上的电气开关切断控制电路电源，完全停止轿厢运动，其动作原理如图 7-1 所示。

（2）限速器

限速器是限制电梯运行速度的装置。当轿厢超速时，通过电气触点使电梯停止运行，当超速电气触点动作仍不能使电梯停止，且速度达到一定值后，限速器机械动作，拉动安全钳夹住导轨将轿厢制停。当断绳造成轿厢（或对重）

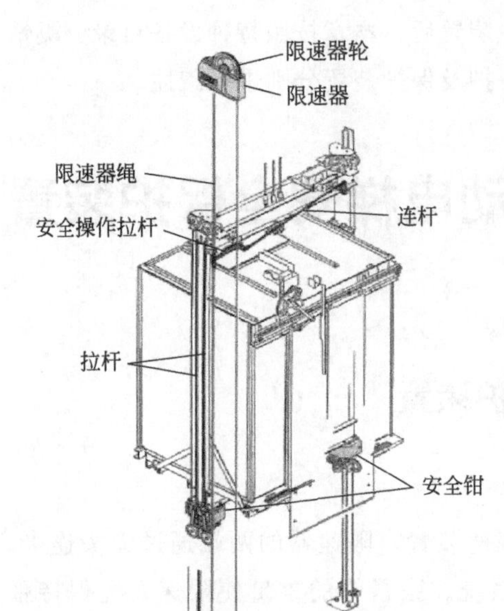

图 7-1 限速器安全钳动作原理图

坠落时，也由限速器的机械动作拉动安全钳，使轿厢制停在导轨上。安全钳和限速器动作后，必须将轿厢（或对重）提起，并经专业人员调整后方可恢复使用。

限速器装置由限速器、钢丝绳、张紧装置三部分构成。按照检测超速的原理，限速器分为惯性式和离心式两种，目前绝大部分电梯采用离心式限速器。一种常见的离心式限速器实物参见图 7-2。

(3) 安全钳

电梯安全钳的动作由限速器来控制，当电梯出现超速、短绳等非常严重的情况后，限速器电气部分未能将电梯制停，限速器机械部分动作将带

图 7-2 XSQ115 型限速器实物图

动安全钳提拉杆动作，将轿厢紧急制停并夹持在导轨上。当轿厢安全装置作用时，其电气安全装置应在安全钳装置动作之前或同时动作。对重安全钳装置可借助悬挂装置的断裂或借助一根安全绳来动作。禁止使用电气、液压或气压操纵装置来操纵安全钳装置。在装有额定载重量的轿厢自由下落时，渐进式安全钳装置制动时的平均减速度应符合规定要求。

安全钳动作后的释放只有将轿厢（或对重）提起，才有可能使轿厢（或对重）上的安全钳装置释放，安全钳经释放后应处于正常操纵状态，经过专业人

员调整后，电梯才能恢复使用。

1）轿厢安全钳

① 额定速度大于0.63m/s，应采用渐进式安全钳（如图7-3所示）。

② 额定速度小于或等于0.63m/s，可用瞬时式安全钳。

若轿厢装有数套安全钳，则均应是渐进式安全钳。

2）对重安全钳

① 额定速度大于1.0m/s，应采用渐进式安全钳，其他情况可以是瞬时式安全钳。

② 操纵轿厢安全钳的限速器的动作应发生在速度至少等于额定速度的115%。但应小于下列各值：

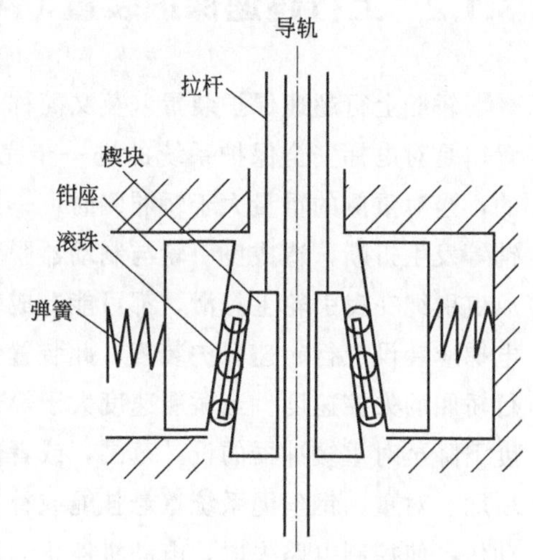

图7-3　一种渐进式安全钳结构图

a. 对于除了不可脱落滚柱式以外的瞬时式安全钳为0.8m/s。

b. 对于不可脱落滚柱式瞬时式安全钳为1m/s。

c. 对于额定速度小于或等于1m/s的渐进式安全钳为1.5。

d. 对于额定速度大于1m/s的渐进式安全钳为1.25v+0.25/v。

对重（或平衡重）安全钳的限速器动作速度应大于轿厢安全钳的限速器动作速度，但不得超过10%。

表7-1列举了几个常见的电梯额定速度，其操作轿厢安全钳的限速器动作速度应在下限值和上限值区间内。

表7-1　常见额定速度下的操作轿厢安全钳的限速器动作速度一览表

额定速度/(m/s)	下限值/(m/s)	上限值/(m/s)
1.0	1.15	1.50
1.5	1.72	2.04
1.6	1.84	2.16
1.75	2.01	2.33
2.0	2.30	2.62
2.5	2.88	3.22
4.0	4.60	5.06
6.0	6.90	7.54

7.1.2 上行超速保护装置（ACOP）

轿厢上行超速保护装置（英文简称ACOP）是防止轿厢冲顶的安全保护装置，是对电梯安全保护系统的进一步完善。因为轿厢上行冲顶的危险是存在的，当对重侧的重量大于轿厢侧时，一旦制动器失效或曳引机齿轮、轴、键、销等发生折断，造成曳引轮与制动器脱开，或者由于曳引轮绳槽磨损严重，造成曳引绳在曳引轮上打滑，都可能造成轿厢冲顶事故的发生。因此，曳引驱动电梯应装设上行超速保护装置，此装置包括速度监控和减速部件，应能检测上行轿厢的失控速度。当轿厢速度大于等于电梯额定速度115%时，应能使其速度下降至对重缓冲器的设计范围，或者使轿厢制停。同时，此装置应该作用于轿厢、对重、钢丝绳系统（悬挂绳或补偿绳）或曳引轮上，并使电气安全装置动作，使控制电路失电，电动机停止运转，制动器动作。上行超速保护通常采用以下几种方式：

(1) 采用双向安全钳（图7-4）使轿厢制停或减速的方式

双向安全钳是上、下行超速保护装置公用一套弹性部件和钳体，并且上行制动力和下行制动力可以单独设定的安全钳。由于上行安全钳没有制动后轿厢地板倾斜不大于5%的要求，它可以成对配置，也可以单独配置。目前这种方式也是一种较为成熟的方式，在有齿轮曳引电梯中应用广泛。

图7-4　采用双向安全钳的上行超速保护装置实物图

(2) 采用对重限速器和安全钳方式

上行超速保护装置的限速器和安全钳系统与对重下方有人能达到的空间所设置的限速器和安全钳系统不同，上行超速保护装置的安全钳和限速器不要求将对重制停并保持静止状态，只要将对重减速到对重缓冲器能承受的设计范围内即可。因此，上行超速保护装置的限速器和安全钳系统的制动力比对重下方有人可到达空间的限速器安全钳制动力要求低。其安全钳可以成对配置，也可以单独配置。这就要求上行超速保护装置的限速器和安全钳系统必须有一个电气安全装置在其动作时也同时动作，使制动器失电抱闸，电动机停转。

（3）采用钢丝绳制动器方式

图7-5　采用钢丝绳制动器的上行超速保护装置实物图

采用钢丝绳制动器（图7-5），这种制动器一般安装在曳引轮和导向轮之间，通过夹绳器夹持悬挂着的曳引钢丝绳使轿厢减速。若电梯有补偿绳，夹绳器也可以作用在补偿绳上。夹绳器可以机械触发，也可以电气触发。触发的信号均可用限速器向机械动作或电气开关动作来实现。

（4）采用制动器方式

制动器方式适用于无齿轮曳引机驱动的电梯，要求制动器必须是安全型制动器。它将无齿轮曳引机制动器作为减速装置，一般由限速器的上行安全开关动作时实现触发单片机对应接口，从而使单片机发出制动指令。这种方式是无齿轮曳引机最为理想的上行超速保护方式，也是近几年无齿轮曳引机应用最广泛的一种方式。

这种轿厢上行超速保护装置一般由速度监控装置和减速装置两部分组成。安全制动器上行超速保护装置必须直接作用于曳引轮或作用于最靠近曳引轮的曳引轮轴上。在永磁同步电动机上，通常就是利用直接作用在曳引轮上的制动器作为上行超速保护装置的。这种制动器机械结构设计冗余，符合安全制动器的要求，不必考虑其失效问题。它直接作用在曳引轮上，曳引机主轴、轴承等机械部件的损坏不会影响其有效抱闸。当然。它不能保护由曳引条件被破坏、曳引轮和钢丝绳之间打滑等其他原因而引起的超速。

7.1.3　轿厢意外移动保护装置（UCMP）

（1）设置要求

《电梯制与安装安全规范》GB 7588—2003第1号修改单（2016年7月1日起实施）规定电梯应设置UCMP装置。

UCMP在层门未被锁住且轿门未关闭的情况下，由于轿厢安全运行所依赖的驱动主机（包括电动机、制动器、传动装置）或驱动控制系统（如因加装应急电源等）的任何单一元件失效引起轿厢离开层站的意外移动，电梯应具有防止该移动或使移动停止的装置。悬挂绳、链条、曳引轮、滚筒、链轮的失效除外，曳引轮的失效包含曳引能力的突然丧失。

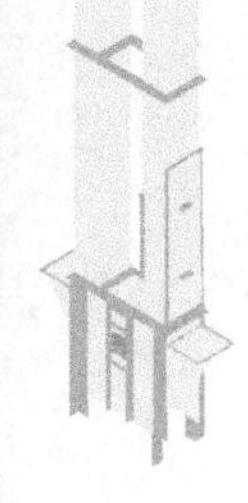

（2）UCMP 系统装置组成

轿厢意外移动保护系统（英文简称 UCMP）装置由检测子系统、触发和制停子系统和自检测子系统组成。检测子系统是一种发出动作信号的装置，其功能是能够检测到轿厢是否存在意外移动的风险和倾向，以及是否已经发生了意外移动；触发和制停子系统的功能是如果已经发生移动，制停轿厢使其保持停止状态以防止溜车；自检测子系统能够实现定时对制动器制动力的验证。根据电梯型式试验规则，电梯轿厢意外移动保护装置通常可以整个完整系统进行型式试验，也可以各个子系统分开进行型式试验，但是各个子系统组合的适配性需要符合要求。

① 检测子系统　标准要求在电梯门未关闭的情况下，最迟在轿厢离开开锁区域时，应由符合标准要求的电气安全装置检测到轿厢的意外移动。检测子系统通常采用位置开关、特殊类型的限速器、绝对位置传感器实现检出轿厢意外移动的状态的功能，触发并发出制停指令（见图 7-6）。

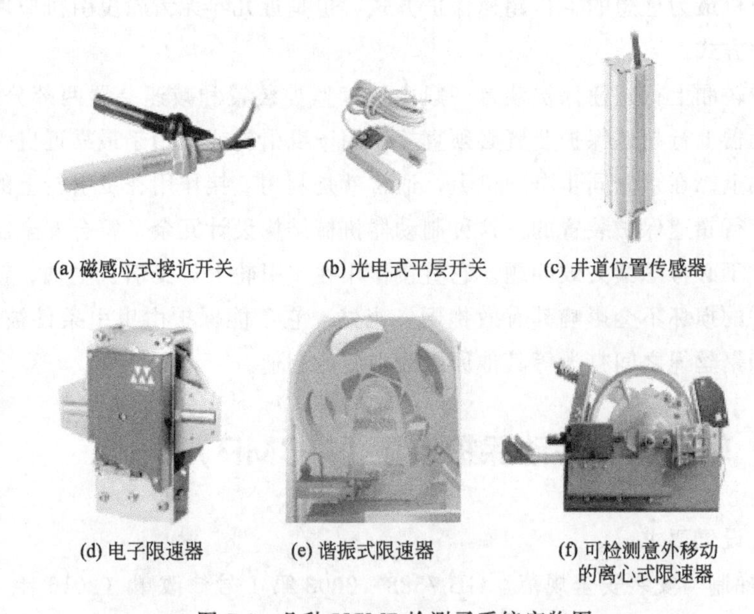

(a) 磁感应式接近开关　(b) 光电式平层开关　(c) 井道位置传感器

(d) 电子限速器　(e) 谐振式限速器　(f) 可检测意外移动的离心式限速器

图 7-6　几种 UCMP 检测子系统实物图

② 触发和制停子系统　该装置的制停部件应作用在：轿厢、对重、钢丝绳系统（悬挂绳或补偿绳）、曳引轮，或只有两个支撑的曳引轮轴上。

该装置的制停部件，或保持轿厢停止的装置可与下行超速保护、上行超速保护功能的装置共用。

该装置用于上行和下行方向的制停部件可以不同。

该装置可采用安全钳、双向安全钳、夹轨器、钢丝绳制动器、驱动主机制动器各种型式。

③ 自检测子系统　在使用驱动主机制动器的情况下，自监测包括对机械装置正确提起（或释放）的验证和（或）对制动力的验证。对于采用对机械装置正确提起（或释放）验证和对制动力验证的制动力自监测的周期不应大于 15 天；对于仅采用对机械装置正确提起（或释放）验证的，则在定期维护保养时应检测制动力；对于仅采用对制动力验证的，则制动力自监测周期不应大于 24h。

④ UCMP 子系统组合方式。

a. 常见的 UCMP 子系统组合方式（如图 7-7 所示）。

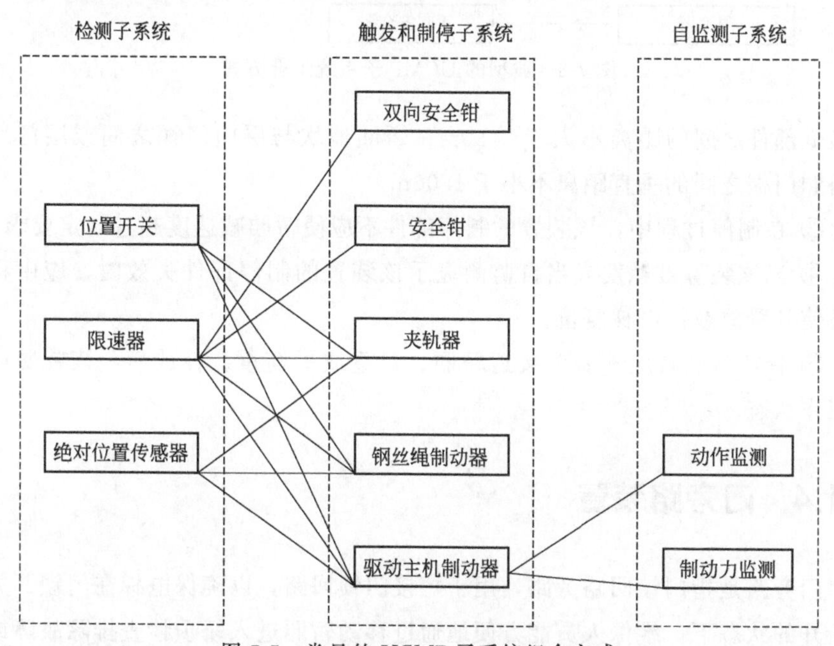

图 7-7　常见的 UCMP 子系统组合方式

b. 目前典型的 UCMP 子系统组合方式（如图 7-8 所示）。

(3) UCMP 安全相关要求

① 轿厢意外移动保护装置是安全部件，应按相关规定的要求进行型式试验。

② 该装置应在下列距离内制停轿厢：与检测到轿厢意外移动的层站的距离不大于 1.20m；层门地坎与轿厢护脚板最低部分之间的垂直距离不大于 0.20m；按部分封闭的井道设置井道围壁时，轿厢地坎与面对轿厢入口的井道

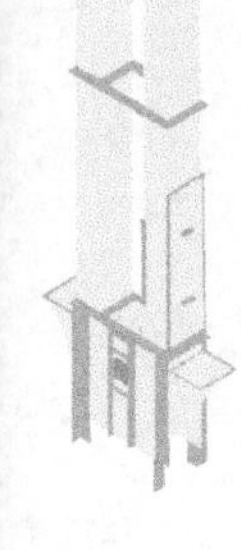

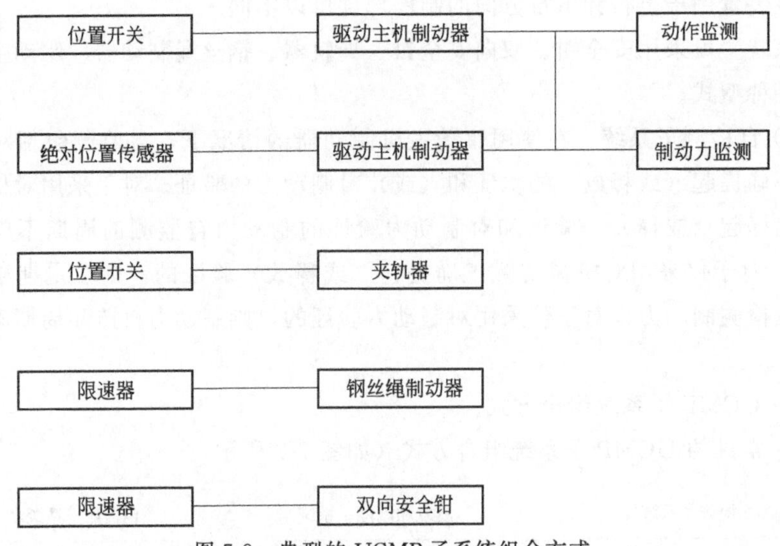

图 7-8　典型的 UCMP 子系统组合方式

壁最低部件之间的距离不大于 0.20m；轿厢地坎与层门门楣之间或层门地坎与轿厢门楣之间的垂直距离不小于 1.00m。

③ 在制停过程中，该装置的制停部件不应使轿厢减速度超过规定要求。

④ 当该装置被触发或当自监测显示该装置的制停部件失效时，应由称职人员使其释放或使电梯复位。

⑤ 释放该装置应不需要接近轿厢、对重或平衡重。释放后，该装置应处于工作状态。

7.1.4　门旁路装置

门旁路是指门锁回路旁路，用于短接门锁回路，以确保电梯在门锁开关故障断开的状态下，维保人员能方便地通过移动轿厢进入轿顶检查排除故障或对被困轿内的乘客进行救援。概括来说，“旁路”就是并联一个通道的意思。门旁路装置是指能实现门旁路功能，由转换开关、短接插件（插头、插座）接口板、控制主板、辅助接触器、声光报警装置等电气元件组成的一种电气控制装置。

（1）功能和作用

电梯门锁回路是指由每层层门上的门锁开关及轿门上的门锁开关串联而成的一条回路，它的作用是检测门的开启和闭合。门锁回路在电梯层门和轿门完全关闭后导通，门锁继电器吸合。在其中任何一个门开启时，对应门锁开关断开，导致门锁回路断开，门锁继电器释放，从而直接控制电梯的运行与停止。据不完全统计，目前电梯约 80% 的故障都发生在门上。尤其是门锁自身的故障或受外界使用环境影响等原因，都有可能导致电梯所有层门和轿门均处于关闭状态时，某门锁开关仍出现断路的情形。也就是门锁回路不导通，电梯将停止运行。此时，作业人员就可能需要将轿厢移动到某一楼层，才能进入轿顶维修或对被困轿厢内的乘客进行救援。这往往需要花费不少的时间查看相关的线路图，准备短接线进行短接操作，这将考验作业人员的技术水平和实操能力，需要较长的工作时间。还有可能出现操作失误引发烧毁元件、线路或主板的风险；更危险的是很可能会出现由于作业人员修复电梯故障后忘记将端接线拆除，从而引发乘客坠落、剪切和挤压等严重人为事故。

因此需要一种电梯门锁的辅助电路，在门锁回路出现异常导致电梯不能运行时，由该辅助电路代替出现异常的门锁回路，使得电梯能够快速简易转换到检修运行状态，升降到某一指定的楼层进行维修或救援。这里所指的辅助电路就是层门和轿门旁路装置电路。

此前，由于对层门和轿门旁路装置不作要求，故电梯制造厂家几乎都不配备该装置。当出现以上所述故障情形时，维修人员往往需要到机房控制柜内短接门锁回路或直接短接门锁，才能移动轿厢，进而进入轿顶进行维修。但是，在机房控制柜内短接门锁回路或直接短接门锁后就容易埋下安全隐患，主要包括两方面：

① 在机房控制柜短接门锁回路或直接短接门锁后，电梯快车慢车均能开门运行。而快车开门运行危险性极大，当电梯运行速度大于 1m/s 时，人的反应速度往往跟不上电梯的速度，由此可能会导致人员的剪切、挤压伤亡事故。

② 如前面所述，当电梯维修人员维修电梯结束后，本来应该拆除的机房控制柜门锁回路的短接线或门锁上的短接线，但由于工作疏忽等原因，忘记拆除短接线。当维修人员从轿顶走出井道，将轿顶检修开关复位到正常位置时，此时电梯将马上进入返平层运行或快车运行，由此可能会导致电梯维修人员的剪切、挤压伤亡事故。

(2) 结构组成

不同电梯制造厂家，其配置的门旁路装置结构上有所不同，一般常见的有转换开关式与插头插座式两种（见图 7-9)。一般由转换开关（旁路插头、插座或接口板)、继电器、接触器、声响信号、控制主板等组成（见图 7-10)。

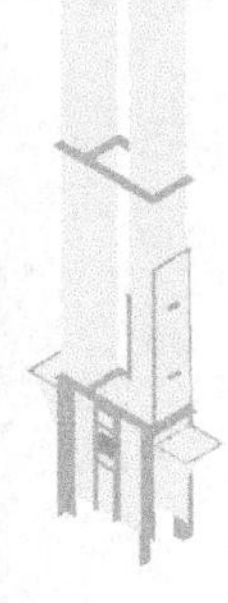

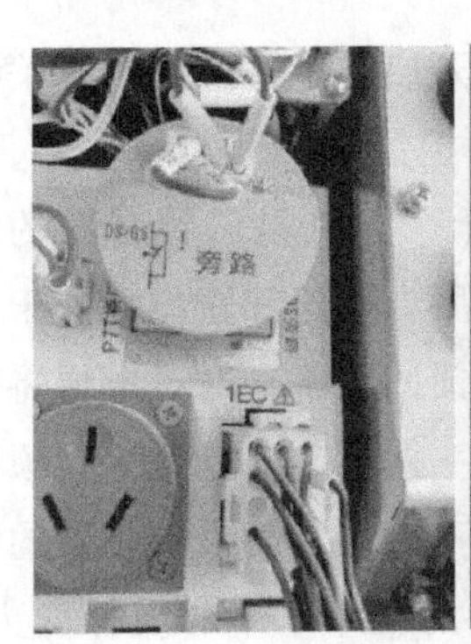

(a) (b) (c)

图 7-9 几种常见的门旁路装置转换开关实物图

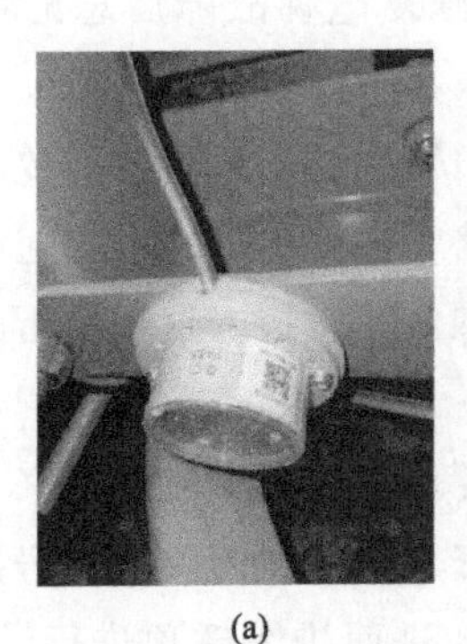

(a) (b)

图 7-10 一种门旁路装置部分组成部件实物图

(3) 标准要求

为了维护层门和轿门的触点（含门锁触点），在控制柜或者紧急和测试操作屏上应当设置旁路装置。该装置应当为通过永久安装的可移动的机械装置（如盖、防护罩等）防止意外使用的开关，或者插头插座组合。在层门和轿门旁路装置上或者其附近应当标明“旁路”字样。此外，被旁路的触点应当根据原理图标明标志符。旁路装置还应当符合以下要求：

① 使正常运行控制无效，正常运行包括动力操作的自动门的任何运行。

② 能旁路层门关闭触点、层门门锁触点、轿门关闭触点和轿门门锁触点。

③ 不能同时旁路层门和轿门的触点。

④ 为了允许旁路轿门关闭触点后轿厢运行，应当提供独立的监控信号（见本章 7.1.5 门回路检测安全装置）来证实轿门处于关闭位置。该要求也适用于轿门关闭触点和轿门门锁触点共用的情况。

⑤ 对于手动层门，不能同时旁路层门关闭触点和层门门锁触点。

⑥ 只有在检修运行或者紧急电动运行模式下，轿厢才能运行。

⑦ 应当在轿厢上设置发音装置，在轿底设置闪烁灯。在运行期间，应当有听觉信号和闪烁灯光。轿厢下部 1m 处的听觉信号不小于 55dB。

7.1.5 门回路检测安全装置

TSG T7007—2016《电梯型式试验规则》要求电梯要有“门回路检测/门旁路”功能。当轿厢在开锁区域内、轿门开启并且层门门锁释放时，监测检查轿门关闭位置的电气安全装置、检查层门门锁锁紧位置的电气安全装置和轿门监控信号的正确动作；如果监测到上述装置的故障，能够防止电梯的继续运行。

门控制软件配合安全电路板实现门锁短接检测，可以独立检测厅门锁紧触点或轿门关闭触点是否被短接。

门回路检测可以利用系统内的监控软件加上电路板门锁短路检测，可以准确地判定出厅门锁紧接触点或者轿门关闭触点是否可以达到系统的运行要求，是否存在短接的故障问题。

轿门监控信号可以是非电气安全装置，形式可以有光电式、磁开关、旋转编码器、电气触点等。

(1) 一种单门检测的工作原理（如图 7-11 所示）

每次到站开门时，控制系统配合安全电路板 MCTC-SCB-A，对门锁回路实行短暂、安全的短接操作，在短接过程中，若厅门或者轿门被短接，则 X26 将会有电压信号，据此系统可检测出有门锁被短接，系统报故障停止电梯再次运行。

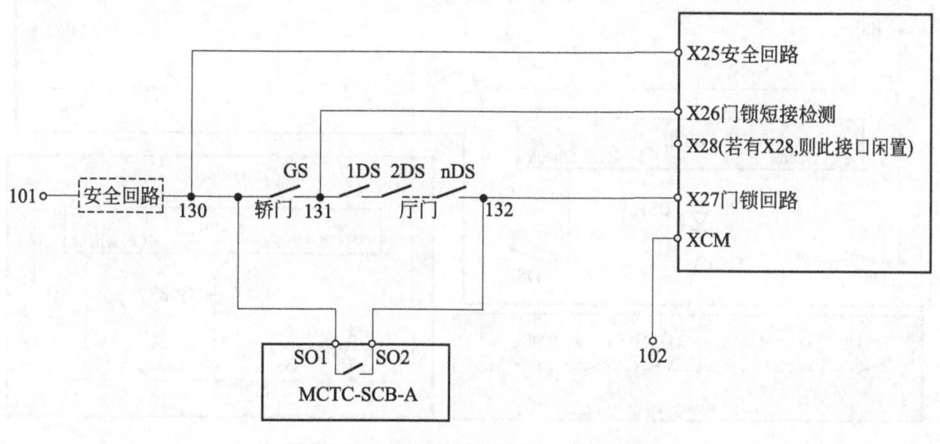

图 7-11　一种单门检测的工作原理图

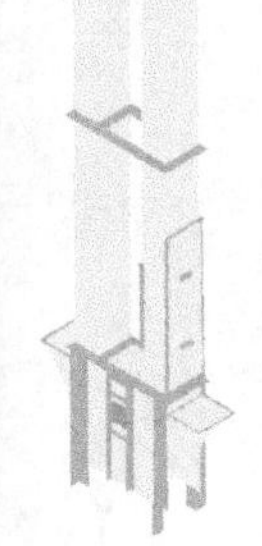

（2）一种双门检测的工作原理（如图 7-12 所示）

每次到站开门时，控制系统配合 MCTC-SCB-C 安全电路板，对门锁回路实行短暂、安全的短接操作，在短接过程中，若门 1 的厅门或者轿门被短接，则 X26 将会有电压信号；若门 2 的厅门或者轿门被短接，则 X28 将会有电压信号，据此系统可检测出有门锁被短接，系统报故障停止电梯再次运行。

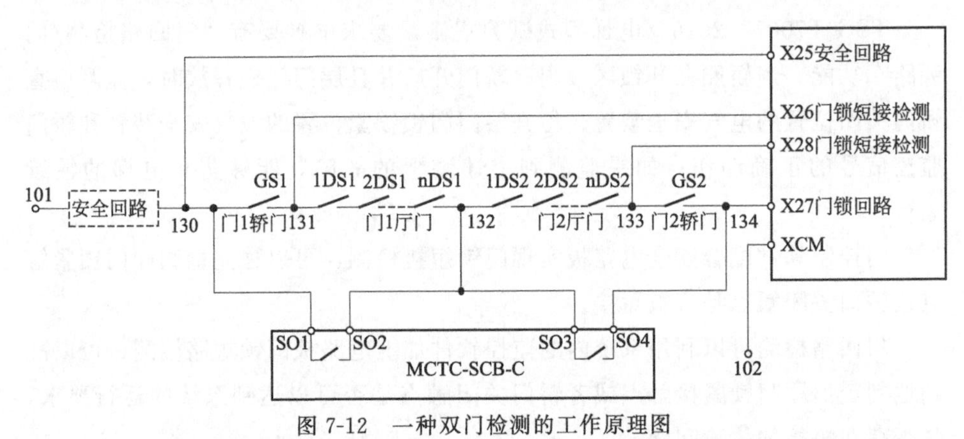

图 7-12　一种双门检测的工作原理图

（3）一种不用安全电路短接整个门锁回路的检测原理（如图 7-13 所示）

当电梯到站平层开门后，GECB 输出信号使 DSR 导通，DSR 的常开触点接通一个 DC24V 电压，如果厅门锁触点没有被短接，DS Check 和 RDS Check 两个检测点电压应为零，如果该某个检测点有 24V 电压，则判定对应厅门锁回路有被短接。同样，轿门回路的检测原理与厅门回路的检测原理相同。

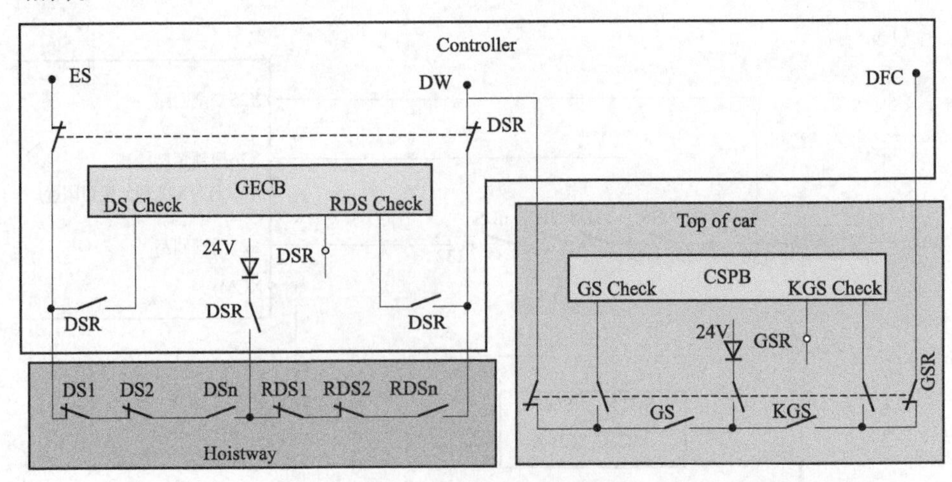

图 7-13　一种不用安全电路短接整个门锁回路的检测原理图

（4）一种轿门监控信号的检测原理（如图 7-14 所示）

独立的监控信号不允许被旁路装置旁路。一般独立监控信号不在安全回路中，这个监控信号不会影响安全回路的状态。

轿门监控信号就是电梯关闭开关装置，是进行监控信号独立控制的系统，目前该装置多数都应用的是感应开关系统，见图 7-14 左侧的感应开关装置，图中感应开关灯亮起说明其处于接通的状态中，就表示该电梯的轿门为关闭。门位置检测开关 D2（GD2）如图 7-14 所示，可以通过信号的控制来确定轿门保证在关闭位置上，如检测到轿门未关闭，那么 X2 将会发出电压信号，系统就会发出故障信号，防止电梯正常运行。

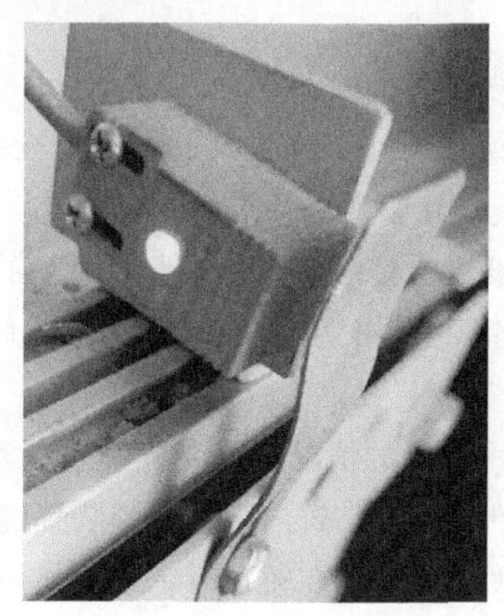

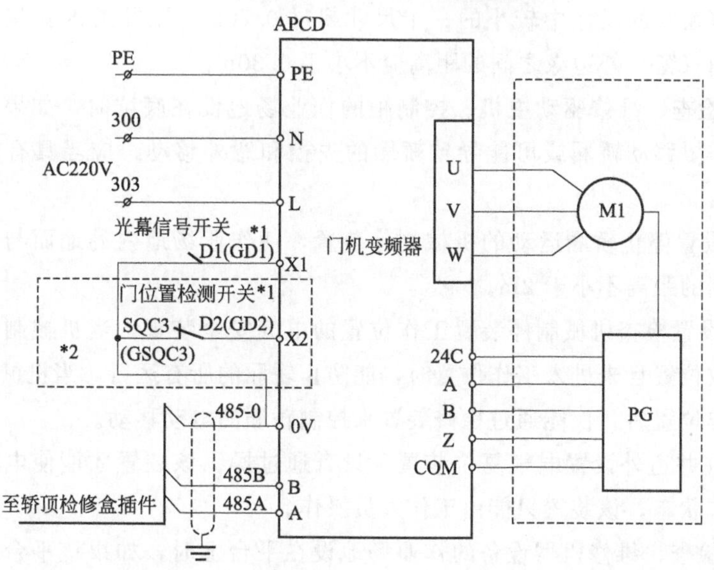

图 7-14　一种轿门监控信号实物及原理图

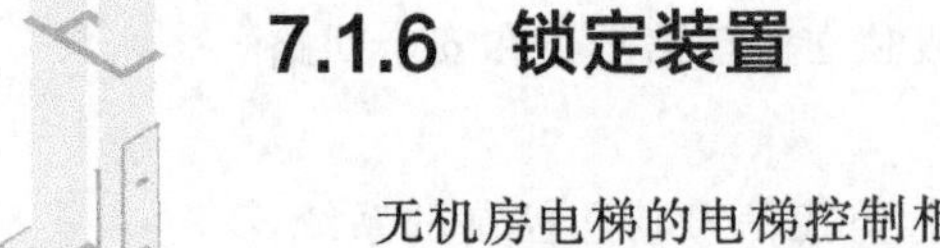

7.1.6 锁定装置

无机房电梯的电梯控制柜、驱动主机部件设置在井道内，作业人员往往需要在底坑、井道内设平台，在轿顶上或者轿厢内完成各项作业，无机房电梯需要设置电梯锁定装置，避免在作业过程中发生轿厢非工作允许的移动、轿厢意外失控等危险。

无机房电梯机械锁安全要求：

① 检查、维修驱动主机、控制柜的作业场地设在轿顶上或轿内时，应当具有以下安全措施：

a. 设置防止轿厢移动的机械锁定装置。

b. 设置检查机械锁定装置工作位置的电气安全装置，当该机械锁定装置处于非停放位置时，能防止轿厢的所有运行。

c. 若在轿厢壁上设置检修门（窗），则该门（窗）不得向轿厢外打开，并且装有用钥匙开启的锁，不用钥匙能够关闭和锁住，同时设置检查检修门（窗）锁定位置的电气安全装置。

d. 在检修门（窗）开启的情况下需要从轿内移动轿厢时，在检修门（窗）的附近设置轿内检修控制装置，轿内检修控制装置能够使检查门（窗）锁定位置的电气安全装置失效，人员站在轿顶时，不能使用该装置来移动轿厢；如果检修门（窗）的尺寸中较小的一个尺寸超过 0.20m，则井道内安装的设备与该检修门（窗）外边缘之间的距离应不小于 0.30m。

② 检查、维修驱动主机、控制柜的作业场地设在底坑时，如果检查、维修工作需要移动轿厢或可能导致轿厢的失控和意外移动，应当具有以下安全措施：

a. 设置停止轿厢运动的机械制停装置，使作业场地内的地面与轿厢最低部件之间的距离不小于 2m。

b. 设置检查机械制停装置工作位置的电气安全装置，当机械制停装置处于非停放位置且未进入工作位置时，能防止轿厢的所有运行，当机械制停装置进入工作位置后，仅能通过检修装置来控制轿厢的电动移动。

c. 在井道外设置电气复位装置，只有通过操纵该装置才能使电梯恢复到正常工作状态，该装置只能由工作人员操作。

③ 检查、维修机器设备的作业场地设在平台上时，如果该平台位于轿厢或者对重的运行通道中，则应当具有以下安全措施：

a. 平台是永久性装置，有足够的机械强度，并且设置护栏。

b. 设有可以使平台进入（退出）工作位置的装置，该装置只能由工作人员在底坑或者在井道外操作，由一个电气安全装置确认平台完全缩回后电梯才能运行。

c. 如果检查、维修作业不需要移动轿厢，则设置防止轿厢移动的机械锁定装置和检查机械锁定装置工作位置的电气安全装置，当机械锁定装置处于非停放位置时，能防止轿厢的所有运行。

d. 如果检查、维修作业需要移动轿厢，则设置活动式机械止挡装置来限制轿厢的运行区间，当轿厢位于平台上方时，该装置能够使轿厢停在上方距平台至少 2m 处，当轿厢位于平台下方时，该装置能够使轿厢停在平台下方符合相关标准井道顶部空间要求的位置。

e. 设置检查机械止挡装置工作位置的电气安全装置，只有机械止挡装置处于完全缩回位置时才允许轿厢移动，只有机械止挡装置处于完全伸出位置时才允许轿厢在前条所限定的区域内移动。如果该平台不位于轿厢或者对重的运行通道中，则应当满足上述 a. 的要求。

7.1.7　强制驱动载货电梯的安全技术措施要求

当强制驱动载货电梯运行中受阻时，钢丝绳或链条不能像曳引驱动电梯的钢绳一样在曳引轮上打滑，容易造成过卷扬，钢丝绳或链条松弛，可能导致钢丝绳或链条被拉断或驱动失效、轿厢坠落的危险，对此，强制驱动电梯提出了以下安全要求：

① 轿厢和平衡重应用钢丝绳或平行链节的钢质链条或滚子链条悬挂。

② 不论钢丝绳的股数多少，卷筒的节圆直径与悬挂绳的公称直径之比不应小于 40。

③ 悬挂绳的安全系数应按规定计算。在任何情况下，卷筒驱动电梯安全系数不应小于 12。

④ 钢丝绳在卷筒上的固定，应采用带楔块的压紧装置，或至少用两个绳夹或具有同等安全的其他装置，将其固定在卷筒上。

强制驱动的电梯如果采用钢丝绳绕卷筒形式，则钢丝绳端部在卷筒上必须安全可靠地固定。固定的方式与钢丝绳端接装置的固定方式类似。

⑤ 悬挂链的安全系数不应小于 10。

⑥ 每根链条的端部应用合适的端接装置固定在轿厢、平衡重或系结链条

固定部件的悬挂装置上，链条和端接装置的接合处至少应能承受链条最小破断负荷的80%。

⑦ 在强制驱动条件下使用的卷筒应加工出螺旋槽，该槽应与所用钢丝绳相适应，当选用钢丝绳绕卷筒形式时，在单层缠绕卷筒的筒体表面切有弧形断面的螺旋槽，为的是增大钢丝绳与筒体的接触面积，并使钢丝绳在卷筒上的缠绕位置固定，以避免相邻钢丝绳互相摩擦而影响使用寿命。

钢丝绳旋向的确定应遵循：右旋绳槽的卷筒推荐使用左旋钢丝绳；反之，左旋绳槽的卷筒宜使用右旋钢丝绳。对于单层缠绕的不旋转钢丝绳，必须严格遵守上述原则，否则易引起钢丝绳结构的永久变形。

⑧ 当轿厢停在完全压缩的缓冲器上时，卷筒的绳槽中应至少保留一圈半的钢丝绳。为防止在电梯运行过程中，当钢丝绳在卷筒上所缠绕的圈数最少时，载荷对钢丝绳的固定段所施加的力过大而破坏钢丝绳的固定端，要求即使在意外情况下（轿厢完全压在缓冲器上），钢丝绳在卷筒上的数也不能少于一圈半。

⑨ 卷筒上只能绕一层钢丝绳。如果钢丝绳在卷筒上多层卷绕，在实际工作时容易排列凌乱，相互交叉挤压，造成钢丝绳寿命降低，因此在电梯上应用卷筒时，卷筒上只能绕一层钢丝绳。钢丝绳相对于绳槽的偏角（放绳角）不应大于4°。

⑩ 在使用卷筒时，卷筒上应加工出螺旋槽，当放绳角过大时，容易造成钢丝绳脱槽。规定了钢丝绳对于卷筒绳槽的偏角（放绳角）最大值。但没有规定钢丝绳相对于曳引轮槽的偏角最大值。同时，对于电梯设备，在某种程度上，悬挂绳之间存在着相对运动，钢丝绳之间的最小间距应能够避免产生不必要的干扰。

⑪ 至少在悬挂钢丝绳或链条的一端应设有一个调节装置用来平衡各绳或链的张力。因此，至少应在悬挂钢丝绳或链条的一端设置一个调节和平衡各绳（链）张力的装置。这个调节装置在一定范围内应能自动平衡各钢丝绳的张力差，同时张力调节装置除了能够起到平衡各钢丝绳张力的作用，还具有降低电梯系统振动的功能。

⑫ 如果轿厢悬挂在两根钢丝绳或链条上，则应设有一个符合规定的电气安全装置，在一根钢丝绳或链条发生异常相对伸长时，电梯应停止运行。

当采用两根钢丝绳（或链条）时，如果其中一根发生异常相对伸长，则整个轿厢、对重（或平衡重）的重量全部集中在一根钢丝绳（或链条）上了，这是不允许的。同时，这种情况会造成另一根钢丝绳的张力增大，磨损增加，容易造成断绳。为避免上述危险的发生必须设置一个符合要求的电气安全装置（通常是一个能够强制断开的电气开关），保证只有在两根绳（或链）工作正常时才允许电梯运行，当悬挂绳（或链）多于两根时，不可能出现只有一根没有伸长其余的全部伸长的情况，因此不需要此装置。

⑬ 调节钢丝绳或链条长度的装置在调节后，不应自行松动钢丝绳或链的长度，调节装置是当钢丝绳或链条伸长时用于调节各绳之间的张力，重新使之平衡，一般是采用螺母调节，调节后应锁紧，防止自行松动，以免调节失效。

⑭ 强制式驱动电梯应有一个绳或链松弛的装置来动作一个符合要求的电气安全装置。

⑮ 被制动部件应以机械方式与卷筒、链轮直接刚性连接。

⑯ 强制驱动电梯的顶部间距应满足：

a. 轿厢从顶层向上直到撞击上缓冲器时的行程不应小于 0.50m，轿厢上行至缓冲器行程的极限位置时应一直处于有导向状态。

b. 当轿厢完全压在上缓冲器上时，应同时满足下面三个条件：

• 与位于轿厢投影部分的井道顶最低部件的水平面（包括梁和固定在井道顶下的零部件）之间的自由垂直距离不应小于 1m。

• 井道顶的最低部件与固定在轿厢顶上的设备的最高部件之间的自由垂直距离（不包括导靴或滚轮、曳引绳附件和垂直滑动门的横梁或部件）不应小于 0.30m。井道顶的最低部件与导靴或滚轮、曳引绳附件和垂直滑动门的横梁或部件的最高部分之间的自由垂直距离不应小于 0.10m。井道顶的最低部件与轿厢上方应有足够的空间，该空间的大小以能容纳一个不小于 0.50m×0.60m×0.80m 的长方体为准，任一平面朝下放置即可。对于用钢丝绳、链直接系住的电梯，只要每根钢丝绳或链的中心线与长方体的一个垂直面（至少一个）的距离不大于 0.15m，则悬挂钢丝绳或链及其附件可以包括在这个空间内。

• 当轿厢完全压在缓冲器上时，平衡重（如果有的话）导轨的长度应能提供不小于 0.30m 的进一步的制导行程。

⑰ 对强制驱动的电梯的极限开关，应根据当电梯的电动机有可能起发电机作用时，应防止该电动机向操纵制动器的电气装置馈电。用强制的机械方法直接切断电动机和制动器的供电回路。

⑱ 对于强制驱动的电梯，极限开关的动作应由下述方式实现：

a. 利用与电梯驱动主机的运动相连接的一种装置。

b. 利用处于井道顶部的轿厢和平衡重（如有）。

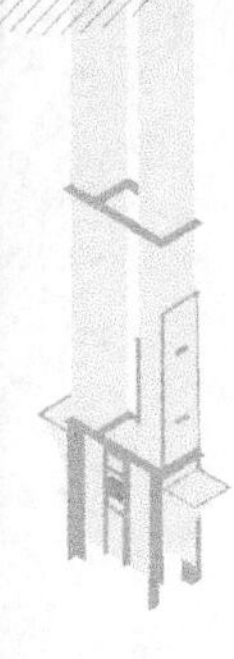

c. 如果没有平衡重，利用处于井道顶部和底部的轿厢强制驱动的电梯是由链条、链轮或钢丝绳驱动电梯系统运行的，可以利用驱动主机来触发极限开关。如果强制驱动电梯带有平衡重，则轿厢和平衡重都应能够触发极限开关。如果没有平衡重，则可利用轿厢来触发。强制驱动的电梯在运行过程中即使轿厢、平衡重（如果有）发生卡阻，如果驱动主机继续旋转，仍然可以将另一侧的平衡重或轿厢提起而发生越行程，因此必须使轿厢和平衡重都能够触发极限开关，只有这样才能真正避免轿厢发生冲顶或蹲底事故。

7.2 液压电梯安全防护保护装置及技术措施

由于已在前面对曳引及强制驱动电梯一般的安全防护保护装置进行了介绍，液压电梯与曳引强制驱动电梯相同之处在此不再重复，下面仅对液压电梯特有的安全防护保护装置及技术措施进行叙述。

7.2.1 液压控制安全装置

（1）溢流阀

溢流阀的结构及原理已在第 4 章做了叙述。液压系统应设置溢流阀，其作用是防止上行时压力过高。溢流阀应连接到油泵和单向阀之间的回路上，溢流阀溢出的油应回到油箱。

溢流阀应调节到限制系统压力为满载压力的 140%。

由于管路较高的内部损耗（管接头损耗，摩擦损耗），必要时溢流阀可调节到较高的压力值，但不应超过满载压力的 170%。

此时，对于液压设备（包括液压驱动缸）的计算，应采用一个虚拟的满载压力值，该值为：所选择的压力设置值除以 1.4。在进行稳定性计算时，过压系数 1.4 应由相应于溢流阀调高的压力设置值的系数代替。

（2）应急手动阀

电源发生故障时，可使轿厢应急下降到最近的层楼位置，自动开启层门轿门，使乘客安全走出轿厢。

（3）手动泵

当系统发生故障时，可操作手动泵打出高压油，使轿厢上升到最近的层楼位置。

(4) 管路破裂阀

液压系统管路破裂，轿厢失速下降时，可自动切断油路。

在液压电梯系统中，为了防止轿厢坠落和下行超速，须设置破裂阀。当管路中流量增加而引起的阀进出口的压差超过设定值时，能自动关闭油路，停止轿厢运行并保持静止状态。

如图 7-15 所示，阀芯上端通过节流器与 B 口相通，下端与 A 口相通。由于阀中部的过流截面较小，因此它可以作为流量-压力转换器件。当液流从 A 流向 B 时，B 口的压力随流量的增加而明显下降，从而使阀芯向右移动，将阀口关小。流量再增大时，阀芯会完全关闭而切断液流。节流器可以用来调节阀芯的运动阻尼。油液反向流动时，破裂阀没有限流作用。

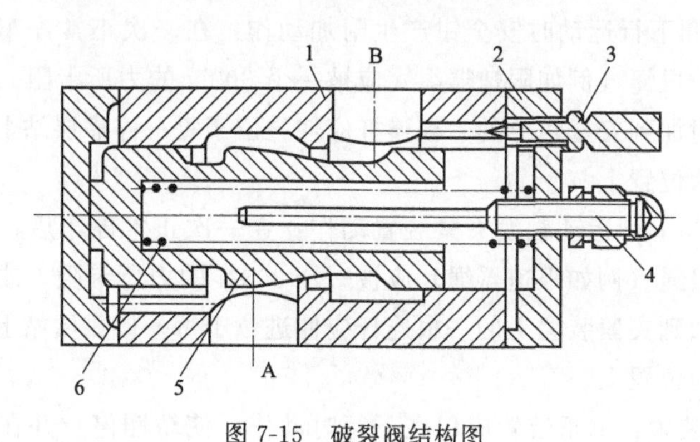

图 7-15　破裂阀结构图

1—阀体；2—阀套；3—节流器；4—调节杆；5—阀芯；6—弹簧

管路破裂阀应能将下行轿厢制停并保持其停止状态。管路破裂阀最迟当轿厢下行速度达到额定速度＋0.3m/s 时动作。

管路破裂阀的安装位置应便于进行调整和检查。

管路破裂阀应满足以下要求之一：

① 与油缸成为一个整体。

② 直接与油缸法兰刚性连接。

③ 放置在油缸附近，用一根短硬管与油缸相连，用焊接、法兰连接或螺纹连接均可。

④ 用螺纹直接连接到油缸上。

机房内应有一种手动操作方法，在无须使轿厢超载的情况下，使管路破裂阀达到动作流量。这种方法应防止误操作，且不应使靠近液压驱动缸的安全装置失效。

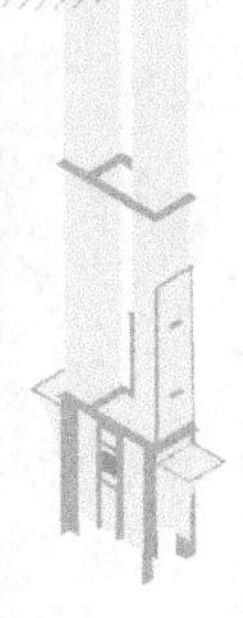

7.2.2 液压系统油温监控装置

油箱油温保护，当油箱中油温超过某一值时，油温保护装置发出信号，暂停电梯使用，液压电梯不应该再继续运行，此时轿厢应该停在层站，以便乘客能够离开轿厢。液压电梯应该在充分冷却后才能自动恢复启动运行。

7.2.3 液压电梯的防止轿厢坠落、超速下降的措施

(1) 防止沉降的措施

① 由轿厢下行运动时安全钳产生附加动作：在一次正常停车后，附加到安全钳上的一根绳（例如限速器绳）应被一个300N的力所卡阻。或在一次正常停车后，附加到安全钳上的一根连杆应伸进位于每一停靠层站上的与固定停止块相结合的位置上。

② 由轿厢下行运动触发夹紧装置动作：在一次正常停车后，附加到夹紧装置上的一根绳（例如限速器绳）应被一个300N的力所卡阻。或在一次正常停车后，附加到夹紧装置上的一根连杆应伸进位于每一停靠层站上的与固定停止块相结合的位置上。

③ 棘爪装置：棘爪装置应仅在下行时动作，使轿厢停止并在固定挡块上保持静止状态。

④ 电气防沉降系统：当轿厢位于平层位置以下最大0.12m至开锁区下端部位置这一区间时，无论层门和轿门处于任何位置，液压电梯的驱动主机都应驱动轿厢上行。

(2) 坠落或超速下降的预防措施

① 由限速器触发的安全钳。

② 破裂阀：当预定的液流方向上流量增加而引起阀进出口的压力差超过设定值时，能自动关闭的阀。

③ 节流阀：通过内部一个节流通道将出入口连接起来的阀。

④ 由悬挂机构失效或安全绳触发的安全钳动作。

(3) 液压电梯防沉降措施

由于液压系统可能存在泄漏，造成液压缸柱塞的下降，使静止状态的轿厢离开平层位置，引起液压电梯故障甚至产生危险状态，因此，液压电梯应该设置防止轿厢沉降的措施，限制轿厢从平层位置沉降的深度。防沉降措施作用范

围是层站以下0.12m到开锁区下限（层站以下0.2m或0.35m）。常用防沉降措施有棘爪装置和电气防沉降系统。

（4）防止轿厢坠落、超速下降和沉降的组合措施（见表7-2）

表7-2　防止轿厢坠落、超速下降和沉降的组合措施

<table>
<tr><th colspan="3" rowspan="2">项目</th><th colspan="4">防止沉降的措施</th></tr>
<tr><th>由轿厢下行运动使安全钳产生的附加动作</th><th>由轿厢下行运动触发夹紧装置动作</th><th>棘爪装置</th><th>电气防沉降系统</th></tr>
<tr><td rowspan="6">防止坠落或超速下降的预防措施</td><td rowspan="3">直接作用式液压电梯</td><td>由限速器触发的安全钳</td><td>√</td><td></td><td>√</td><td>√</td></tr>
<tr><td>破裂阀</td><td></td><td>√</td><td>√</td><td>√</td></tr>
<tr><td>节流阀</td><td></td><td>√</td><td>√</td><td></td></tr>
<tr><td rowspan="3">间接作用式液压电梯</td><td>由限速器触发的安全钳</td><td>√</td><td></td><td>√</td><td>√</td></tr>
<tr><td>破裂阀、由悬挂机构失效触发的安全钳两者同时作用</td><td>√</td><td></td><td>√</td><td>√</td></tr>
<tr><td>节流阀、由悬挂机构失效触发的安全钳两者同时作用</td><td>√</td><td></td><td>√</td><td></td></tr>
</table>

注：√表示可供选择的一种组合措施。

7.2.4　液压电梯其他安全装置

（1）缓冲器

液压电梯缓冲器的设置与曳引电梯不同的要求如下：

① 缓冲器应该使载有额定载重量的轿厢在下端站平层面以下不超过0.12m的距离处保持静止状态。

② 当缓冲器完全压缩时，柱塞应该不触及缸筒的底部。这一要求不适用于保证再同步的装置。

③ 当棘爪装置的缓冲装置用来限制轿厢底部行程时，仍要求设置缓冲器支架。当棘爪装置安装在导轨上且棘爪收回，轿厢不能通过时，可不要求缓冲器支架。

（2）柱塞行程的限制

应采取措施使柱塞在其最高极限位置缓冲制停。

柱塞行程的限制应满足下列条件之一：

① 借助一个缓冲垫制停装置；

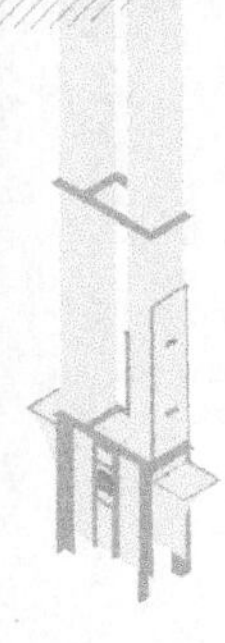

② 借助一个位于液压驱动缸和液压阀之间的机械连杆，关闭通向液压驱动缸的回路，使柱塞制停；该连杆的断裂或伸长不应导致轿厢的减速度超过规定的值。

(3) 极限开关

液压电梯应该在相应于轿厢行程上端部的柱塞位置设置极限开关。极限开关应该：

① 设置在尽可能接近上端站时起作用而无误动作危险的位置上。

② 在柱塞接触缓冲停止装置之前起作用。

③ 当柱塞位于缓冲制停范围内，极限开关应该保持其动作状态。

在相应于轿厢行程上极限的柱塞位置处设一极限开关。

直接利用柱塞的作用，或间接利用一个与柱塞连接的装置，如钢丝绳、皮带或链条，该连接装置一旦断裂或松弛，应借助一个符合规定的电气安全装置使液压电梯驱动主机停止运转。

极限开关动作后，即使轿厢因沉降离开动作区域，仅靠轿内和层站呼梯信号不可能使轿厢移动。液压电梯应不能自动恢复运行。

(4) 液压系统滤油器

液压油中往往含有颗粒状杂质，会造成液压元件相对运动表面的磨损、滑阀卡滞、节流孔口堵塞，使系统工作可靠性大为降低。在系统中安装一定精度的滤油器，是保证液压系统正常工作的必要手段。过滤器的过滤精度是指滤芯能够滤除的最小杂质颗粒的大小，以直径 d 作为公称尺寸表示，按精度可分为粗过滤器（$d<100\mu m$）、普通过滤器（$d<10\mu m$）、精过滤器（$d<5\mu m$）和特精过滤器（$d<1\mu m$）。

① 油箱与液压泵之间的回路中，以及截止阀与下行方向阀之间的回路上应安装滤油器或类似装置。

② 截止阀与下行方向阀之间的滤油器或类似装置应是可以接近的，便于检修和保养。

③ 手动紧急下降阀的回路中可不设滤油器。

(5) 松绳装置

如果轿厢悬挂在两根钢丝绳或链条上，则应设有一个符合规定的电气安全装置，在一根钢丝绳或链条发生异常相对伸长时，该电气装置应使电梯停止运行。

(6) 液压系统压力检查

① 应装设压力表。压力表应连接到单向阀或下行控制阀与截止阀之间的

回路上。

② 在主回路和压力表接头之间应安装压力表关闭阀。

7.2.5 液压电梯的其他安全技术措施要求

(1) 液压电梯的运行条件

① 液压电梯每小时启动运行次数不大于60次，液压系统的液压油温度应控制在5～70℃。

② 电梯平层准确度$\nu \leqslant 0.63$的交流双速电梯±15mm，$0.63 < \nu \leqslant 1.0$的交流双速电梯±30mm，$\nu \leqslant 2.5$的各类交流调速电梯和直流电梯均在±15mm的范围内。

(2) 液压电梯液压软管的使用要求

① 在选用液压缸与单向阀或者下行方向阀之间的软管时，其相对于满载压力和破裂压力的安全系数应该至少为8；

② 液压缸与单向阀或者下行方向阀之间的软管以及接头应该能够承受5倍满载压力所产生的压力而不被破坏；

③ 软管上应永久性标注制造厂名或商标，允许弯曲半径，试验压力和试验日期。软管固定时，其弯曲半径不应该小于制造厂标明的弯曲半径。

(3) 轿厢与柱塞（缸筒）的连接

① 对于直接作用式液压电梯，轿厢与柱塞（缸筒）之间应为挠性连接。

② 对于间接作用式液压电梯，柱塞（缸筒）的端部应具有导向装置，对于拉伸作用的液压驱动缸，不要求其端部导向，只要拉伸布置可防止柱塞承受弯曲力的作用。

(4) 液压电梯方向阀控制要求

液压电梯方向阀分为上行方向阀和下行方向阀，其控制方式应符合：

① 对于下行方向阀，应由电控保持开启。下行方向阀的关闭应由来自液压缸的液体压力作用以及至少每阀由一个导向压缩弹簧来实现。

② 对于上行方向阀，如果驱动主机制停时电源由一个接触器切断，且分流阀的供电回路至少由两个串联于该阀供电回路中的独立电气装置切断的方法实现，则仅分流阀用于此目的。分流阀应由电气装置关闭，分流阀的打开应由来自液压缸的液体压力作用以及至少每阀由一个导向弹簧来实现。

(5) 液压电梯连接机房与井道的液压管路和电气线路的敷设

连接液压电梯机房和井道间设备的液压管路和电气线路的敷设应符合以下

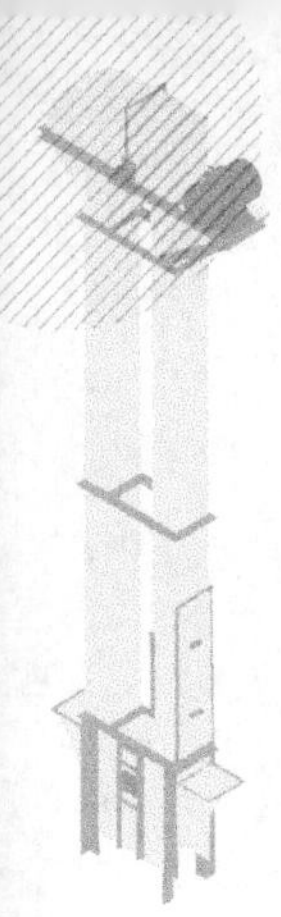

要求：液压管路和附件应妥善固定便于检查；液压管路（不论硬管或软管）穿过墙或地面，应使用套管保护，套管的尺寸大小应能在必要时拆卸，以便进行检修；套管内不应有管路接头；如果机房不与井道相邻，连接机房与井道的液压管路和电气线路应安装在管道或线槽中或专门预留的管槽中。

（6）紧急操作

① 向下移动轿厢。

a. 电梯机房内应具有手动操作紧急下降阀。即使在失电的情况下，允许使用该阀使轿厢向下运行至平层位置，疏散乘客。

b. 此时轿厢的下行速度应不超过 0.3m/s。

c. 该阀的操作要求以持续的手动按压保持其动作。

d. 该阀的操作应防止产生误动作的可能性。

e. 对于有可能发生松绳或松链的间接作用式液压电梯，手动操作该阀应不能使柱塞产生下降引起松绳或松链。

② 向上移动轿厢。

a. 对于轿厢上装有安全钳或夹紧装置的液压电梯，应永久性地安装一手动泵，使轿厢能够向上移动。

b. 手动泵应连接到单向阀或下行控制阀与截止阀之间的油路上。

c. 手动泵应装备溢流阀，以限制系统压力至满载压力的 2.3 倍。

7.3 自动扶梯和自动人行道安全防护保护装置及技术措施

7.3.1 扶手带入口保护

为了防止人的手或手指被扶手带带入裙板内而造成伤害，在扶手带入口处，安装扶手带入口保护装置（见图 7-16）。正常运行时，扶手带从滑块中间穿过，当人的手随着扶手带运动至入口处，手指将触发活动滑块，滑块在滑槽内移位，同时触发电气开关，切断控制系统，使自动扶梯停止运行。

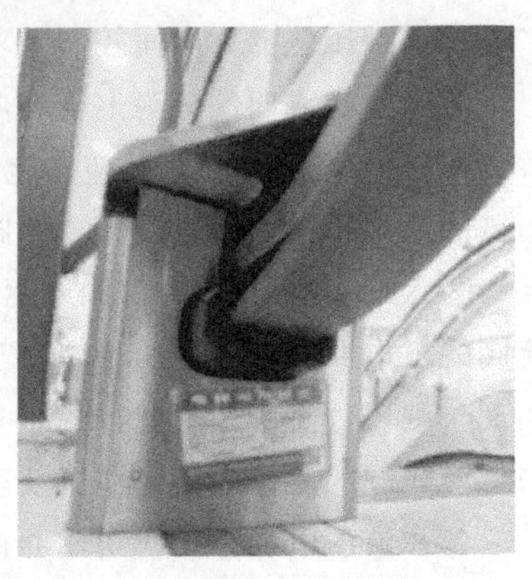

图 7-16 扶手带入口保护装置实物图

7.3.2　梳齿板保护装置

梳齿板应有适当的刚度，当有异物卡入时，其梳齿在变形或断裂的情况下，仍能保持与梯级或踏板正常啮合。在上下梳齿板两侧端各装有一个梳齿板安全开关，如图 7-17 所示。一旦梯级与梳齿相啮合处有硬物卡住，将产生损坏梯级、踏板、胶带或者梳齿支承结构的危险时，梳齿向后或向上移动，利用一套机构使拉杆向后或向上移动，从而使安全开关动作，使自动扶梯或人行道停止运行，该开关同样需要手动复位。

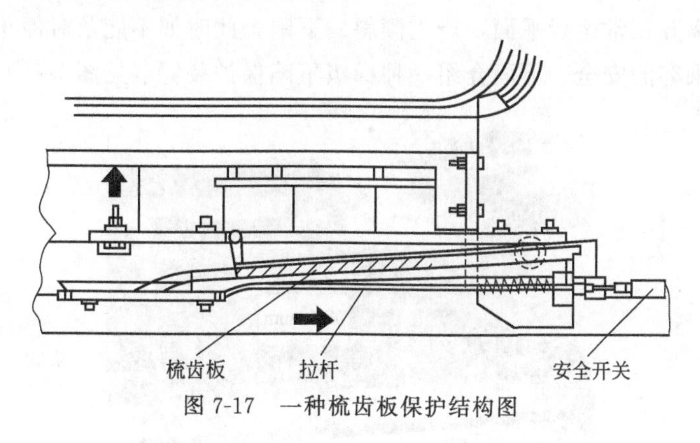

图 7-17　一种梳齿板保护结构图

7.3.3　围裙板保护装置

自动扶梯正常工作时，裙板与梯级之间应保持一定间隙，单边为 4mm，双边之和为 7mm。为保证乘客的安全，在裙板的背面安装有 C 型钢，距 C 型钢一定距离处设有电气开关。当异物进入裙板与梯级之间的缝隙后，裙板发生变形，C 型钢随之移动，当碰到电气开关时，自动扶梯立即停止运行。

图 7-18　一种梯级缺失保护装置实物图

7.3.4　梯级（踏板）缺失保护装置

一种梯级（踏板）缺失保护装置（见图 7-18）。自动扶梯或者自动人行道应当

能够通过装设在驱动站和转向站的装置检测梯级或者踏板的缺失，并且应当在缺口（由梯级或者踏板缺失而导致的）从梳齿板位置出现之前停止。

该保护装置动作后，只有手动复位故障锁定，并且操作开关或者检修控制装置才能重新启动自动扶梯或者自动人行道。即使电源发生故障或者恢复供电，此故障锁定应当始终保持有效。

7.3.5 梯级（踏板）下陷保护

梯级（踏板）是载人的重要部件，一旦发生梯级滚轮破损、梯级轴断裂，导致梯级离开正常运行平面，产生倾斜、下陷，此时如不能及时停止运行，将不能保证乘客的安全。下面介绍一种梯级下陷保护装置（见图 7-19）。

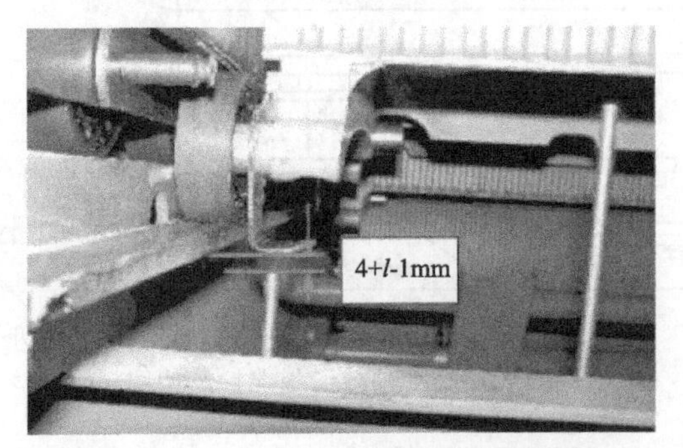

图 7-19 一种梯级下陷保护装置实物图

下陷保护装置由横轴、触碰杆、安全开关以及复位连杆组成。梯级下陷安全保护开关安装在扶梯倾斜段靠近上、下圆弧曲线段处。正常情况下，梯级上的任何一个部位发生下陷时，就会碰到触碰杆，使横轴发生转动，安装在横轴端部位置的安全开关被动作，自动扶梯就停止运行。排除故障后，横轴通过复位连杆进行复位。

7.3.6 超速保护装置

GB 16899—2011 规定：自动扶梯和自动人行道应配置速度限制装置，使其在速度超过额定速度 1.2 倍之前自动停止运行。为此，所用的速度限制装置在速度超过额定速度 1.2 倍时，能切断自动扶梯或自动人行道的电源。

超速只发生在自动扶梯下行时，造成超速的原因有驱动链断链等传动元件断裂、打滑、电动机失效等。超速是设备本身通过结构设计难以避免的问题。超速发生在满载下行时，速度的加大可能会造成乘客在达到下出口后不能及时地离开，而造成人员堆积的情况，由此可能导致挤压和踩踏的事故发生。

各厂家采用的方式不同，对于自动扶梯超速的监测一般有电子式和机械式两种。图7-20为一种电子式的自动扶梯超速保护装置实物图，因为标准对监控装置进行了规定，因此采用的监控装置应该满足安全触点或者安全电路的要求。

图7-20 一种电子式的自动扶梯超速保护装置实物图

自动扶梯和自动人行道的超速是指运载乘客的梯级、踏板或胶带的速度超过了设计值。提供梯级、踏板或胶带运转的动力源为驱动主机，而动力的传递有多种形式，主要有啮合传动的蜗轮蜗杆传动、链传动、齿轮和齿条传动以及摩擦传动的带传动等形式。以下传动形式可能导致自动扶梯和自动人行道的超速：

① 驱动主机的电动机与减速箱之间采用皮带连接；

② 驱动主机与梯级驱动轮之间采用单根链条。

如果驱动主机的电动机与减速箱之间采用皮带连接，就有可能出现传动打滑，打滑将会导致自动扶梯或者自动人行道超速（下行时）或逆转（上行时）。如果驱动主机与梯级驱动轮之间采用单根链条，当链条断掉时自动扶梯或者自动人行道就会发生超速（下行时）或逆转（上行时）。自动扶梯与梯级驱动轮之间采用单根以上链条连接时，其设计上相当于冗余保护，由于两根链条同时断掉的可能性非常小，因此属于可接受的风险。

设计上采用一些措施可以预防超速，则不需要再设置超速保护。如驱动主机采用转差率不大于10%的异步电动机，并且驱动主机的电动机与减速器之间，以及驱动主机与梯级之间的传动均采用本质安全的啮合传动，由于其电动机速度的变化不会超过10%，所以梯级的速度变化也不会超过额定速度的10%，因此不需要超速保护设计。其他类似的设计如果能预防超速，同样可以不再设置超速保护装置，但究竟采取何种方式在设计上预防超速，都需要制造单位提供设计说明和安全风险分析。

离心式的超速保护装置一般都是机械式的，由速度监测装置与电气安全开关组成，大多是在驱动电动机的主轴附近安装有由离心平衡块、张力弹簧和调

整螺栓组成的速度测量及触发装置，该装置与电气开关之间有一定的距离，当速度达到一定值时，离心力使离心平衡块克服弹簧张力产生位移并使电气开关动作，切断电动机的控制电路及制动器的供电，使自动扶梯停止运行。

感应式超速保护装置一般都是电子式，其原理是利用固定在自动扶梯某个运动部件附近的传感器测量该运动部件的运动速度，且与设定值进行比较，发现偏离时给出超速的信号，通过控制系统切断电动机及制动器的供电，使自动扶梯停止运行。

电子式速度监测装置同时具有超速检测和欠速检测的功能，当自动扶梯及自动人行道的运行速度出现非正常减速至某个数值时，装置将信号反馈到安全电路，使设备停止运转。

7.3.7 附加制动器

驱动主机与驱动主轴间的传动元件多使用传动链条进行连接，由于工作制动器一般作用在驱动主机上，若驱动主机与驱动主轴之间的连接失效，如传动链条突然断裂、松弛等，则此时即使安全开关使电源断电，电动机停止运转，也无法使自动扶梯或倾斜的自动人行道停止运行，尤其是在设备有载时。应对这种情况目前的做法是在驱动主轴上装设一个机械摩擦式制动器，直接对主驱动轴进行制动，这个制动器就称为附加制动器或辅助制动器。

① 在下列任何一种情况下，自动扶梯和倾斜式自动人行道应设置一个或多个附加制动器，该制动器直接作用于梯级、踏板或胶带驱动系统的非摩擦元件上（单根链条不能认为是一个非摩擦元件）。

a. 工作制动器和梯级、踏板或胶带驱动轮之间，不是用轴、齿轮、多排链条、两根或两根以上的单根链条连接的。

b. 工作制动器不是符合 GB 16899—2011 规定的机-电式制动器。

c. 提升高度超过 6m。

d. 对于提升高度不大于 6m 的公共交通型自动扶梯和倾斜式自动人行道也应安装附加制动器。

② 附加制动器与梯级驱动装置之间应用轴、齿轮、多排链条或多根单排链条连接。不允许用摩擦元件构成的连接。附加制动器应能使具有制动载荷的自动扶梯或自动人行道有效地减速停止下来，并使其保持静止状态。减速度不应超过 $1m/s^2$。其结构应为机械式的（利用摩擦原理）。并且在下列任何一种情况下都应起作用。

a. 速度超过额定速度 1.4 倍之前。

b. 在梯级、踏板或胶带改变其规定运行方向时。

c. 附加制动器在动作开始时应强制地切断控制电路。如果电源发生故障或安全电路失电，允许附加制动器和工作制动器同时动作，但应使制停距离符合 GB 16899—2011 的要求。否则，两只制动器只允许在上述规定的情况下同步动作。附加制动器动作时，不要求保证满足工作制动器所规定的制动距离。

③ 常见的类型举例：

a. “日立”品牌采用的一种型式：其设置有电磁线圈脱钩触发机构以及断链保护触发机构。执行机构是一个带有开口槽的楔块。

b. “三菱”品牌采用的一种型式：其设置有电磁线圈脱钩触发机构以及断链保护触发机构。执行机构是一个楔块，将与链轮同时旋转的棘轮卡住，或是在断链情况下，一个止挡杆将与链轮同时旋转的棘轮卡住，棘轮的静止使其与链轮之间的摩擦元件发生摩擦，直至链轮停止运转。

c. “迅达”品牌采用的一种型式：其设置有电磁线圈脱钩触发机构以及断链保护触发机构。执行元件是一个楔块，楔块卡入制动盘后造成制动盘运转的停止，使制动盘与链轮之间产生摩擦，制动盘与动链轮之间有摩擦元件，当两个轮子产生摩擦后，摩擦元件产生的摩擦力最终使链轮停止运转。

d. “奥的斯”品牌采用的一种型式：其设置有电磁线圈脱钩触发机构以及断链保护触发机构。执行机构是一个制动靴，正常时被一个锁紧挂钩扣在正常的位置并压缩制动靴下部的弹簧，当触发装置动作后，制动靴的锁紧挂钩脱扣，下部的弹簧释放，将制动靴顶升至链轮并使其与链轮之间产生摩擦力，摩擦力带动制动靴继续上升一直到止挡位置，此时制动靴与链轮之间产生最大的摩擦力，最终摩擦力使运转的链轮逐渐停止下来。

7.3.8 逆转保护装置

GB 16899—2011 规定：自动扶梯和倾斜式自动人行道应设置一个装置，使其在梯级、踏板或胶带改变规定运行方向时，自动停止运行。逆转一般是发生在正常满载上行时，梯级突发改变方向而向下走，其造成的后果也是乘客在达到下出口后不能及时地离开而堆积，由此引发挤压和踩踏的事故。自动扶梯或倾斜式自动人行道发生逆转的风险主要表现为以下因素：

① 驱动主机失效，如超载向上运行，其负荷超过了电动机的承载能力。

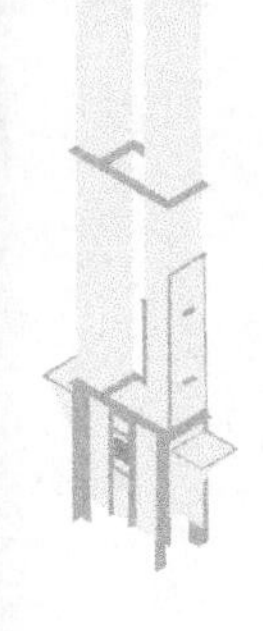

② 驱动主机与梯级、踏板或胶带的传动发生失效，如单根的梯级链条断掉。

为了防止梯级、踏板或胶带逆转导致安全事故的发生，需要设置逆转监测装置以及电气安全装置。常见的防逆转装置一般有机电式和光电式两种形式，一般安装在驱动装置和梯路上，当检测逆转保护信号后，切断电源，通过工作制动器和附加制动器使电梯停止运行。

目前，常见的逆转保护装置大多通过自动扶梯或自动人行道速度监测装置采集信号，在与设定值比较发现异常后，通过控制系统切断电动机及制动器的供电，实现对逆转的保护，实际上是电子式速度检测装置的一种功能，电子式超速检测装置一般同时具备逆转检测功能。需要注意的是，GB 16899—2011对逆转保护的要求是通过安全触点或安全电路来实现，早期设计中仅靠速度检测通过控制系统来使设备停止是不符合标准要求的。

如其中一种速度检测装置，它的传感器安装于自动扶梯主轨（30°自动扶梯）或返轨（35°自动扶梯）上，每台自动扶梯装有两对，对梯级的肋条进行扫描检查，产生两个与自动扶梯运行速度成正比的互相独立的脉冲信号。该装置组成的安全电路是一种附有多种监控功能的电路，可实施下列检查：

① 启动检查　如果自动扶梯通电后短时间内梯级没有启动，则自动扶梯就会被制动。

② 超速检查　如果自动扶梯的运行速度超过额定速度 20%，则自动扶梯将会被制动。

③ 欠速检查　如果自动扶梯的运行速度低于额定速度 20%，则自动扶梯将会被制动。

④ 运行方向逆转检查　如果自动扶梯的运行速度降到一定的程度，自动扶梯运行方向会发生逆转，造成危险，则上行自动扶梯将会被制动。

摆杆式逆转保护装置，属于机电式逆转保护装置。摆杆以端部的橡胶触头与驱动链轮侧面接触，并由压缩弹簧提供压紧力。当自动扶梯以正向方向运转时，摆杆尾部使正向方向的微动开关动作，表明自动扶梯是在正常方向运行；如自动扶梯逆转，发生反向方向转动时，摆杆尾部脱开正向方向微动开关，使自动扶梯控制电路断开，附加制动器动作，紧急制动自动扶梯。这种装置可灵敏反应自动扶梯的意外逆转，主要出现在早期自动扶梯的设计中。

该形式是利用检测开关，如图 7-21 所示。图中摆杆的前端压住链轮的侧面，两者之间产生一定的摩擦力。正常上行时，链轮带动摆杆前端往下摆动一定角度，其后端相应地往上摆动，触发上部检测开关断开。正常下行时，下部的检测开关断开。如果梯级在上行过程中突然改变运行方向，摆杆将触发下部的检测开关断开。然后通过后续的逻辑电路，切断控制电路，使设备停止运行。该逻辑电路应符合安全电路的要求。

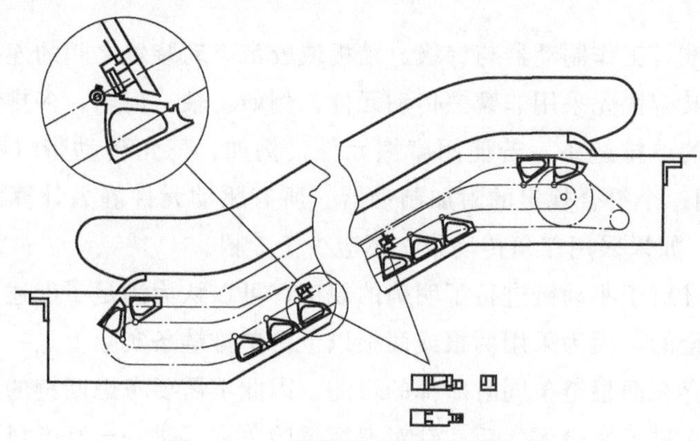

图 7-21　一种摆杆式逆转保护装置

7.3.9 梯级（张紧开关）保护装置

通常梯级链张紧装置的前后张紧弹簧两端各设置一个梯级链保护开关。当梯级链条过分伸长或断裂时，梯级链条前后移动，碰块也随之后移，触及行程开关，使行程开关动作后断电，从而停机，起到安全保护的作用。该保护通常能保护以下情况。

（1）梯级链磨损

当梯级链因磨损伸长超出允许范围时，张紧装置后移，间隙减小，使开关触发动作，自动扶梯停止运行。梯级链的异常磨损一方面会导致两个相邻梯级之间的间隙超过规定的要求，同时也会使梯级链的强度下降，如果梯级链发生断裂，将会发生无法制止的下滑。

（2）梯级链断裂

当自动扶梯左右两侧中一条链条发生断裂时，张紧装置也会突然后移，使开关动作。一般极少发生两条梯级链同时断裂的情况，当发现一条梯级链断裂时，自动扶梯还可以实现有效制动，防止另一条也发生破裂而使自动扶梯发生恶性下滑。

（3）梯级运动受阻

若自动扶梯发生意外，梯级碰撞梳齿，不能正常进入回转段时，梯级链将受到异常拉力，张紧装置也会突然前移，空隙减小，也使开关动作。

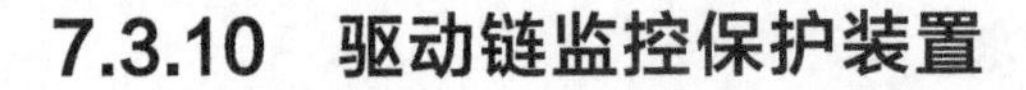

7.3.10 驱动链监控保护装置

国家标准对工作制动器与梯级、踏板或胶带驱动装置之间的连接做了相关规定。要求其应优先采用非摩擦传动元件，例如：轴、齿轮、多排链条、两根或两根以上的单排链条。若使用摩擦元件，例如：三角传动带（不允许用平带），应采用一个符合规定的附加制动器。所有驱动元件静力计算的安全系数不应小于 5。如果采用三角传动带，不应少于 3 根。

因为标准对于驱动链进行了明确的规定，可以认为满足了上述要求的驱动链本质是安全的，因为采用两根或两根以上的单排链条实际上是一种冗余的设计，基本不存在两根链条同时断掉的可能，因此不需要考虑断链的风险。而一些制造厂家在进行风险评估后，针对遗留风险采取了进一步降低风险的防护措施，在驱动链上设置了电气开关，当发生断链或伸长的情况时，能立即停止自动扶梯的运行。既然国家标准对驱动链监控开关没有提出强制要求，因此，对于其开关也不需要满足安全触点或安全电路的要求，国家标准对驱动链监控保护开关的设置并没有提出要求。常用的驱动链监控装置有机械式和电子式两种。

如图 7-22 所示是一种常见的机械式驱动链监控装置。滑块在自重的作用下紧贴在驱动链上，当链条因磨损伸长而下沉超过某一允许范围或断裂时，滑块使安全开关动作，使驱动主机电源断开，同时触发附加制动器（如果有）。

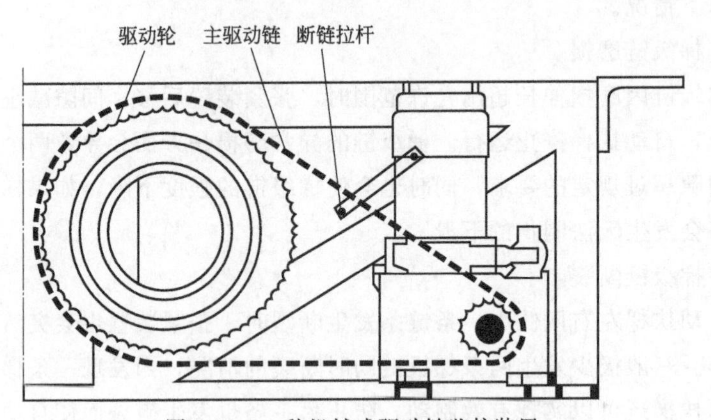

图 7-22　一种机械式驱动链监控装置

如图 7-23 所示是一种电子式驱动链监控装置。接近开关安装在距离驱动链 4～6mm 的位置，对准驱动链，当驱动链脱离接近开关监控时切断自动扶梯控制电路，同时触发附加制动器（如果有）。

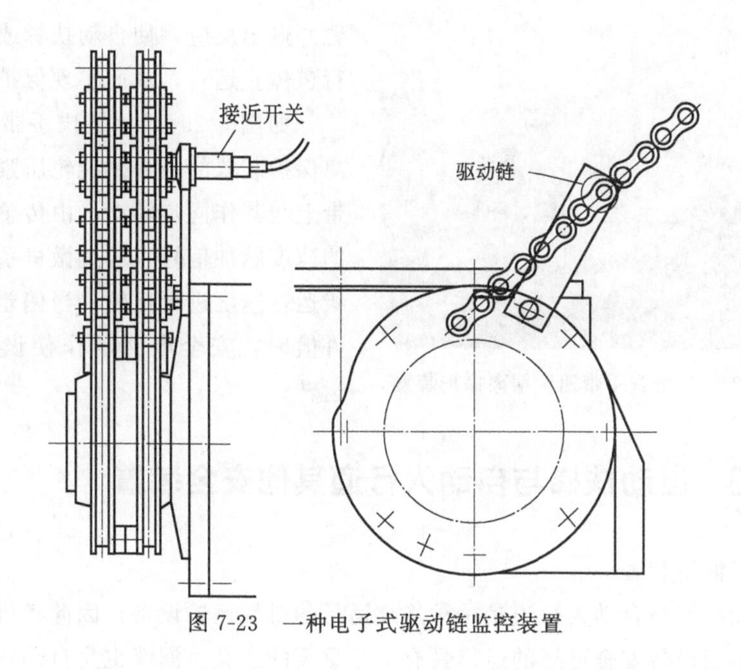

图7-23 一种电子式驱动链监控装置

7.3.11 防滑行装置

当自动扶梯或者倾斜式自动人行道和相邻的墙之间装有接近扶手带高度的扶手盖板，并且建筑物（墙）和扶手带中心线之间的距离大于300mm时，或者相邻自动扶梯或者倾斜式自动人行道的扶手带中心线之间的距离大于400mm时，应当在扶手盖板上装设防滑行装置（见图7-24）。该装置应当包含固定在扶手盖板上的部件，与扶手带的距离不小于100mm，并且防滑行装置之间的间隔距离不大于1800mm，高度不小于20mm。该装置应当无锐角或者锐边。

图7-24 防滑行装置实物图

7.3.12 扶手带速度偏离保护

扶手带正常工作时，扶手带速度与梯级（踏板、胶带）应同步。自动扶梯超过额定速度或低于额定速度都是非常危险的，应设置扶手带速度偏离保护装

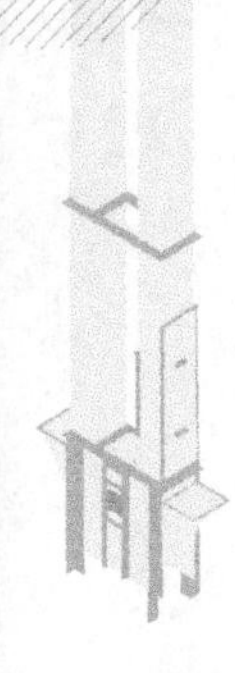

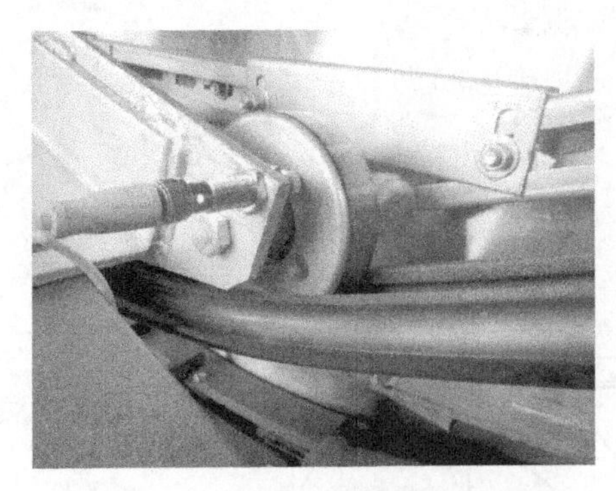

图 7-25　一种扶手带速度偏离保护装置

置并做出反应，使自动扶梯或自动人行道停止运行，从而实现保护。

如图 7-25 所示是扶手带速度偏离保护装置的一种。滚轮压紧在扶手带上与其作同步转动，由传感器发出的速度脉冲信号，通过微机系统与梯级运行速度进行比较，当偏差超过允许值时，安全电路动作使设备停止运转。

7.3.13　自动扶梯与自动人行道其他安全装置

（1）润滑装置

自动扶梯与自动人行道是一种连续运行的机械运输设备，因此各机件良好的润滑对于设备安全可靠的运行具有十分重要的意义。润滑也是自动扶梯与自动人行道保养的一项重要的工作，是保持自动扶梯与自动人行道良好运行状态的重要条件。这里讲的润滑主要是链条的润滑装置，而不包括驱动主机的减速箱和各类轴承的机械通用润滑。

自动扶梯与自动人行道配备有两种润滑装置。一种是普通润滑装置，它依靠重力作用进行滴油润滑，油量大小也可以通过电磁阀来调节。主要应用在一些要求不高的普通型自动扶梯与自动人行道上。

还有一种是自动润滑系统，它通过电气控制系统调节油泵、电磁阀，来达到控制油量大小和加油时间的目的，从而根据实际需要使润滑按预定周期工作，也可以对油泵及系统的开机、关机时间进行控制，对系统的压力、油箱液位进行监控和报警，以及对系统的工作状态进行显示等功能。

（2）防静电保护装置

GB 16899—2011 规定应采取适当措施释放静电（例如：静电刷）。标准主要考虑到自动扶梯或自动人行道的静电问题容易引起部分使用者的恐慌和畏惧心理，所以应采取措施预防和释放自动扶梯或自动人行道由于运动摩擦所产生的静电。目前市场上已经有成熟的静电处理方案可供选择，如静电刷或者静电滚轮。

（3）围裙板开关

一些制造厂家在进行风险评估后针对裙板可能产生的变形虽然能满足标准的要求，即不大于 4mm，但 1～3mm 的间隙仍然存在挤夹的风险，为此采取了进一步降低风险的防护措施，在自动扶梯的进出口接近水平运行段设置了电气开关。国家标准对裙板开关没有提出强制要求，因此，对于其开关也不需要满足安全触点或安全电路的要求。

在自动扶梯上、下圆弧段靠近梳齿板的围裙板后面装有几个电气开关，当自动扶梯提升高度较大时，中间再加装。当围裙板与梯级间夹有异物时，由于围裙板的变形而断开相应的电气开关，从而使自动扶梯停止运行。当故障排除后，围裙板弹性变形消失，则电气开关能自动复位。

（4）围裙板防夹装置

梯级是运动的部件，而围裙板是固定的部件，因此梯级与围裙板之间需要存在间隙，否则就会产生摩擦与碰撞。间隙可能会造成使用人员的脚、鞋等部位夹入而产生伤害，因此，为了降低夹入的风险而增加的一种遮挡间隙的装置叫围裙板防夹装置。

目前最常见的是围裙板安全毛刷。安装在自动扶梯两侧的围裙板的全长上，围裙板毛刷有单排和双排之分，双排更具有保护作用。

（5）扶手带断带保护装置

扶手带如果在运行时发生断裂，断带的一侧乘客失去了扶手，如果自动扶梯（自动人行道）继续运行，则可能会导致乘客失稳跌倒。因此，当扶手带发生断裂时，让自动扶梯立即停止是一个必要的安全措施。尽管 GB 16899—2011 对此没有规定必须安装，但大多数自动扶梯都安装有扶手带断带保护装置。扶手带断带保护装置一般安装在扶手带驱动系统靠近下平层的返回侧，自动扶梯左右两条扶手带都需安装。滚轮在重力的作用下靠贴在扶手带内表面，并在摩擦力的作用下滚动，如果扶手带处于松弛状态，低于设定的张力或扶手带发生断裂，传动机构就会发生下垂，使微动开关动作，自动扶梯停止运行。

（6）梯级运行安全装置

当梯级运行到上、下弧段时，两个相邻梯级之间在垂直方向因相对运动产生高度差的变化。此时，如果有杂物卡入两个梯级之间，梯级被卡住不能完成置平梯级的过程，梯级就会碰撞梳齿板，造成人员失稳跌倒和设备的损坏。因此，在一些公共交通场所等客流较大的自动扶梯上，常安装有梯级运行安全装置。这种安全装置一般安装在上、下圆弧段，在梯级副轮导轨的压轨上开有一个缺口，当梯级运动异常受力，梯级副轮运动至缺口时顶开开关打板，开关动作，使自动扶梯停止运行。

（7）制动距离监测装置

制动距离过小会引起人员的惯性前冲，容易跌倒；距离过大则表明自动扶

梯（自动人行道）不能及时制停，有可能出现机械伤害或人员跌倒，其中对制动距离过大的监测是必须有的。

对制动距离的监测一般都是电子式的，常用的方法是在主机或主驱动轴上安装一个检测装置。检查在自动扶梯收到停梯信号后到实际停止的时间，以计算出实际的制停距离。一旦发现实际的制停距离超过规定的制动距离 1.2 倍，对自动扶梯实行锁定，使其不能重新启动。只有当检修人员排除了故障，并进行手动复位后，自动扶梯才能重新启动。

(8) 多台连续并且无中间出口停止保护

多台连续并且无中间出口或者中间出口被建筑出口（例如闸门、防火门）阻挡的自动扶梯或者自动人行道，其中的任意一台停止运行时，其他各台应当同时停止。

(9) 对输送购物车和行李车的自动扶梯和自动人行道的要求

① 自动扶梯　一般不允许在自动扶梯上使用购物车和行李车。

如果在自动扶梯的周围可以使用购物车和（或）行李车，应设置适当的障碍物阻止其进入自动扶梯。

② 自动人行道　允许在自动人行道上使用合适的购物车和行李车。

购物车或行李车制造商和自动人行道制造商应规定在自动人行道上使用的购物车或行李车的技术规格。在自动人行道区域使用不符合规定的购物车或行李车存在误用的严重风险，因此有必要阻止其进入自动人行道。

7.4 其他类型电梯安全防护保护装置及技术措施

前面对曳引及强制驱动电梯、自动扶梯与自动人行道、液压驱动电梯的安全防护保护装置进行了介绍，与其相同之处在此不再赘述，下面仅对其他类型电梯的安全防护保护装置及技术措施的一些不同之处进行叙述。

7.4.1 杂物电梯安全防护保护装置及技术措施

7.4.1.1 杂物电梯井道机房相关安全措施要求

杂物电梯是一种专供垂直运送小型物件而设计的电梯，其与普通载货电梯的根本区别是杂物电梯轿厢不允许人员进入，更不允许在运行货物时搭载人员。为了确保人员不能进入，杂物电梯结构尺寸被设计得较小，机房、井道和通道空间也相对狭窄，这也给专业人员的安装、维修和检查工作带来困难甚至危险，因此，杂物电梯维修空间和维修通道畅通至关重要，规定井道、机房和通道的可进入和不可进入的各种安全要求十分必要。

(1) 杂物电梯井道内部件的维修位置的要求

① 从层门地坎上任一点到需要维护、调节或检修的任一部件的距离不应大于600mm。如果达不到以上要求，则应提供检修门或检修活板门，并设置在与上述要求相应的位置。

② 如果未按上述要求设置，则井道应允许人员进入，且轿厢上应设置可在任一层站附近防止轿厢移动的装置，该装置应符合相关的规定，另外，轿顶还应符合相应的规定。

(2) 对于不允许人员进入的杂物电梯井道的要求

① 对于不允许维护人员进入的井道，通向井道的任何开口的任一边尺寸不应大于0.30m，或无论其开口尺寸如何：井道的深度不应大于1.0m；井道的面积不应大于1.0m^2；已采取措施使维护人员便于从外部进行维护。

② 若通向井道的门的尺寸超过0.30m×0.40m，则应设置井道“禁止进入”警示标识。

③ 对人员不可进入的井道，底坑地面应能从井道外部进行清扫。

(3) 对于允许人员进入的杂物电梯井道相关安全措施的要求

如果没有设置不允许人员进入井道维修的安全措施和要求：

① 井道应允许人员进入，且轿厢上应设置可在任一层站附近防止轿厢移动的装置。

② 至少应采取以下措施防止轿厢移动。

a. 若人员可进入轿顶，则轿厢应设置机械停止装置使其停在指定位置上。在进入轿顶之前应由胜任人员触发该装置。

b. 该装置应能防止轿厢意外下行且至少承受的静载荷为空载轿厢的质量加200kg。

③ 在轿顶上或井道内每一层门旁设置停止装置，在轿顶上或井道内的停止装置（如果有）上或其近旁应标明“停止”字样，并应以不会出现误操作危险的方式设置。

④ 对于维护人员可进入的杂物电梯的轿顶，在其任意位置上，应能支承两个人的重量，每个人按0.20m×0.20m的面积上作用1000N的力，应无永

久变形。

⑤ 应设置“进入轿顶之前务必启动机械和电气停止装置”的须知。

(4) 对于允许人员进入的井道下部的防护要求

在维护人员可进入的井道下部，对重（或平衡重）运行的区域应具有下列防护措施之一：

① 采用刚性隔障防护，该隔障从杂物电梯底坑地面上不大于0.30m处向上延伸到距底坑地面至少2.50m的高度。其宽度应至少等于对重（或平衡重）宽度再在两边各加0.10m。如这种隔障是网孔型的，则应遵循相关规范的要求。

② 设置一个可移动装置，将对重（或平衡重）的运行行程限制在底坑地面以上不小于1.80m的高度处。

③ 底坑应有一种可移动的装置，当轿厢停在其上面时，该装置应保证在0.20m×0.20m的区域内，底坑地面与轿厢的最低部件之间有1.80m的自由垂直距离。为此设置的装置应永久性地保留在井道内，并应确保其有效性。

④ 应在开门进入底坑时，容易接近符合相关规定的停止装置和电源插座。

(5) 对于人员可以进入的杂物电梯机房的必要条件

① 供进入的开口尺寸不小于0.60m×0.60m。

② 机房的高度不小于1.80m。

(6) 对于人员不可以进入的杂物电梯机房的维修通道要求

① 对于人员不可进入的机房，应设置检修门或检修活板门，以接近杂物电梯驱动主机及其附件。检修门或检修活板门的最小尺寸为0.60m×0.60m，或即使在机房尺寸不允许的情况下，开孔尺寸也应满足更换部件的需要。

② 从检修门或检修活板门门坎到需要维护、调节或检修的任一部件的距离均不应大于600mm。

(7) 对于人员可以进入的杂物电梯机房的通道要求

① 供人员进出的水平铰接的活板门，应提供不小于0.64m^{2}的通道面积，该面积的较小边不应小于0.65m，并且该门能保持在开启位置。

② 所有检修活板门，当处于关闭位置时，均应能够支承两个人的重量，每个人按1000N计算，作用在门的任意0.20m×0.20m面积上，门应无永久变形。

③ 检修活板门除与可收缩的梯子连接外，不应向下开启。铰链（如果有）应为不能脱开的型式。当检修活板门开启时，应有防止人员坠落的措施（如设置1.10m高的护栏）。

④ 供人员进出的检修门的尺寸不应小于 0.60m×0.60m。检修门门坎不应高出其通道水平地面 0.40m。

⑤ 检修门和检修活板门应设置用钥匙开启的锁，当门打开后，不用钥匙也能将其关闭和锁住。即使在锁住的情况下，也应能不用钥匙从井道内部将门打开。

7.4.1.2　杂物电梯轿厢入口要求

① 若在运行过程中运送的货物可能触及井道壁，则在轿厢入口处应设置适当的部件，如挡板、栅栏、卷帘以及轿门等。这些部件应配有符合要求的用来证实其关闭位置的电气安全装置。特别是具有贯通入口或相邻入口的轿厢，应防止货物突出轿厢。

② 如果设有轿门，则轿门应是：无孔的、网格的、孔板的；网格或孔板孔的尺寸选择应考虑需要运送的载荷；除必要的间隙外，轿门关闭后应将轿厢的入口完全封闭。

7.4.1.3　杂物电梯门的锁紧装置

满足下列要求的杂物电梯：

① 额定速度≤0.63m/s。

② 开门高度≤1.20m。

③ 层站地坎距地面高≥0.70m。

锁紧无须电气证实，此时层门也无须在轿厢移动之前进行锁紧。然而，当轿厢驶离开锁区域时，锁紧元件应自动关闭，而且除了正常锁紧位置外，无论证实层门关闭的电气控制装置是否起作用（即电气安全装置滞后造成的层门关闭的残留缝隙）都应至少有第二个锁紧位置（图 7-26）。

图 7-26　一种具有第二个锁紧位置的锁紧装置

7.4.1.4　杂物电梯紧急操作要求

（1）对于电力驱动的杂物电梯

① 如果向上移动载有额定载重量的轿厢所需的操作力不大于 400N，杂物电梯驱动主机应装设手动紧急操作装置，以便借助平滑的无辐条的盘车手轮将轿厢移动到层站。

② 对于可拆卸的盘车手轮，应放置在机房内容易接近的地方，对于同一机房内有多台杂物电梯的情况，如果盘车手轮有可能与相配的杂物电梯驱动主

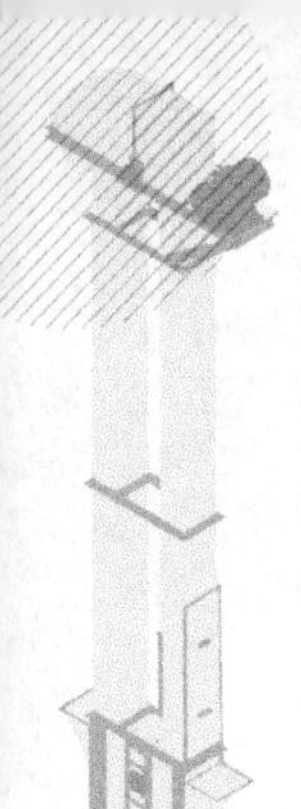

机搞混时，应在手轮上做适当标记。一个符合规定的电气安全装置最迟应在盘车手轮装上杂物电梯驱动主机时动作。

③ 应能从人员可进入的机房内或人员不可进入的机房附近检查轿厢是否在开锁区域。例如，这种检查可借助于曳引绳或限速器绳上的标记。

(2) 对于液压驱动的杂物电梯

① 液压杂物电梯机房内应具有手动的紧急下降阀，即使在失电的情况下，允许使用该阀使轿厢向下运行至平层位置。

② 轿厢的下行速度不应大于 0.3m/s。

③ 紧急下降阀的操作应以持续的手动按压保持其动作。

④ 紧急下降阀的操作应防止产生误动作的可能性。

⑤ 对于有可能发生松绳或松链的间接作用式液压杂物电梯，手动操作紧急下降阀应不能使柱塞下降引起松绳或松链。

⑥ 如果液压杂物电梯具有二层站以上，应有可能从机房内检查或从不可进入的机房附近检查轿厢是否在开锁区域内，其方法应与正常供电电源无关，例如：该项检查可采用液位指示器来完成。

7.4.2 防爆电梯安全防护保护装置及技术措施

(1) 防爆电气设备安全保护装置

防爆电气设备分类对应于爆炸性危险物质分类，Ⅰ、ⅡA、ⅡB、ⅡC、ⅢA、ⅢB、ⅢC。

设备的保护级别，对应上述分类：Ma、Mb；Ga、Gb、Gc；Da、Db、Dc。

根据防爆原理通常采用以下措施：

① 用外壳限制爆炸和隔离引燃源。

② 用介质隔离引燃源。

③ 控制减少引燃源三种方式达到防爆目的。

(2) 电气设备防爆型式

目前电气设备防爆结构型式大概有十多种，其型式及符号分别是：隔爆型(d)、增安型（e)、本质安全型（i)、浇封型（m)、无火花型（n)、正压外壳型（p)、油浸型（o)、充砂外壳型（q）等。

① 隔爆型（d） 能承受内部爆炸性气体混合物的爆炸压力，并阻止内部的爆炸向外壳周围爆炸性混合物传播的外壳电气设备，标志为“d”。

隔爆外壳必须满足两个基本条件：

a. 外壳具有足够的机械强度，能够承受内部的爆炸压力而不损坏，也不产生影响防爆性能的永久性变形。

b. 外壳壁上所有与外界相通的接缝和孔隙小于相应的最大试验安全间隙。

隔爆外壳的标志是“d”，例如一台隔爆型电动机的防爆标志是Ex d ⅡB T4，Ex表示防爆，d代表隔爆型，ⅡB代表工厂用设备ⅡB级，T4代表设备的温度组别T4组，即设备的表面温度不超过135℃。

② 增安型（e）　在正常运行条件下不会产生电弧、火花或可能点燃爆炸性混合物的高温，结构上采取措施提高安全裕度，以避免在正常和认可的过载条件下出现电弧、火花或高温电气设备，其标志为“e”。

增安型电气设备没有防爆的外壳和保护介质，它采取的是综合性的安全措施。

③ 本质安全型（i）　在规定的试验条件下，（设备的电路）正常工作或规定的故障状态下产生的火花或热效应均不能点燃规定的爆炸性混合物。

本质安全型的主要防爆措施是限制电路中的能量，使产生的火花的能量小于相应的最小点燃能量。

④ 浇封型（m）　将设备可能产生火花或高温的部分浇封在浇封剂（树脂）中，使它们不能点燃周围的爆炸性混合物。

⑤ 无火花型（n）　电气设备的一种防爆型式，这种型式的电气设备，在正常运行时和本标准规定的一些条件下（仅指灯具的光源故障条件），不能点燃周围的爆炸性环境。

无火花型原来仅指正常工作中不产生火花或电弧的电气设备，例如交流异步电动机，在其基础上采取一些安全措施，例如风扇叶片采用无火花材料，外壳防护等级IP44或IP54，电气间隙和爬电距离适当加大等。后来，这种防爆概念扩大到正常工作中产生火花的电气产品，根据其情况采取例如气密封、简单通风或限制能量等措施，达到一定的安全程度。由于这种防爆类型的扩展，术语“无火花”已经不很确切，现在常常被称为n型。

n型设备可以分为两类：

a. 设备正常运行时不产生火花或电弧，例如异步电动机、变压器、灯具、接线盒、插接装置等。

b. 设备正常运行时产生火花或电弧，例如开关、继电器等。

无火花型设备与前述的防爆类型相比，其安全程度稍低一些，它只能用于2区危险场所。

⑥ 正压外壳型（通风、充气型）（p）　在设备的外壳内通入一定压力的新

鲜空气或惰性气体，使周围的可燃性气体不能进入外壳内部，从而阻止点燃源与爆炸性气体接触，达到防止爆炸的目的。

正压型电气设备的关键措施是设备外壳内部保护性气体（新鲜空气或惰性气体）的压力高于环境的压力至少 50Pa。因此，设备需要配置鼓风机、管道和风压继电器等，它一般用于大型电动机和控制开关设备。

⑦ 油浸型（o） 将设备全部或部分浸在外壳中的油内，使设备不能点燃油面以上或外壳以外的爆炸性气体。

⑧ 充砂外壳型（q） 外壳内填充砂粒材料，使其在规定的使用条件下，壳内产生的电弧、火焰，以及外壳壁和砂粒表面均不能点燃周围的爆炸性混合物。

(3) 设备保护级别（EPL）与电气设备防爆结构的关系（见表 7-3）

表 7-3 设备保护级别（EPL）与电气设备防爆结构的关系

设备保护级别(EPL)	电气设备防爆结构	防爆型式
Ga	本质安全型、浇封型	ia、ma
Gb	隔爆型、增安型、本质安全型、浇封型、正压外壳型、充砂外壳型	d、e、ib、mb、o、px、py、q
Gc	本质安全型、浇封型、无火花、限制呼吸、限能、火花保护、正压外壳型	ic、mc、n、nA、nR、nL、nC、pz
Da	本质安全型、浇封型、外壳保护型	iD、mD、tD
Db	本质安全型、浇封型、外壳保护型、正压外壳型	iD、mD、tD、pD
Dc	本质安全型、浇封型、外壳保护型、正压外壳型	iD、mD、tD、pD

(4) 粉尘防爆电气设备

按规定条件设计制造，使其外壳能阻止可燃粉尘进入或进入量不会妨碍设备安全运行，内部堆积的粉尘也不易被点燃，从而保证使用时不会引起周围爆炸性混合物爆炸的电气设备。

粉尘防爆电气设备采用限制外壳的最高表面温度和采用“尘密”或“防尘”外壳来限制粉尘进入，以防止可燃性粉尘点燃。该类设备将带电部件安装在有一定防护能力的外壳中，从而限制了粉尘进入，使引燃源与粉尘隔离来防止爆炸的产生。按设备采用外壳防尘结构的差别将设备分为 A 型设备或 B 型设备。按设备外壳的防尘等级的高低将设备分为 20、21 和 22 级，分别适用于 20、21 或 22 区粉尘危险场所。

例如一台电动机的防爆标志是 DIP A21 TA T4 其中，DIP 表示粉尘防爆标记，A 表示 A 型试验方法，21 表示粉尘防爆的 21 区，TA 是温度组别，T4

表示设备的表面温度不超过135℃。

（5）防爆电梯火花和高温产生的防护

① 曳引机　轴承和减速箱应有良好的润滑，轴承、制动轮和减速箱正常工作时的表面最高温度应都低于爆炸物引燃温度的下限，在某些情况下，通过加强通风散热来满足要求。制动器在结构上采用封闭的方式防止制动器在释放时，制动片衬垫与制动轮相擦产生火花；为防止钢丝绳脱槽，设置由不产生火花材料制作的挡绳装置。

② 限速器　选用动作时限速器绳张力较大的类型。如有夹绳钳的限速器，其夹绳钳块采用不产生火花的金属制成。限速器钢丝绳也设置了防止钢丝绳脱槽的装置，同时也保证了在断绳时张紧装置不会与地面撞击。

③ 安全钳与提拉装置　使用瞬时式安全钳，安全钳的楔块采用不产生火花的金属制造或其作用面进行了无火花处理。提拉装置的转轴装有铜衬套，撞击开关的打板也用不产生火花的金属制成。

④ 绳头组合上下垫片　采用不产生火花的金属制造，绳头棒通过绳夹板处时装有铜套。

⑤ 导靴　滑动导靴靴衬的上下挡板用青铜制造，靴衬也用非金属材料制成，并且有较大的宽度和厚度。

⑥ 门锁　可能产生相对撞击的两个零件，其中至少有一个由不产生火花的金属制成。

⑦ 门　门的挂轮、挡轮、门导靴（滑块）都由不产生火花的金属或非金属工程塑料制造。门扇之间或与门框之间相碰撞的边缘也有橡胶防撞垫，以防止发生金属之间的撞击而产生火花。

⑧ 连接件、紧固件　都采取了可靠的防松和防脱落措施。

⑨ 缓冲器　现在已广泛采用聚氨酯缓冲器，与轿底或对重撞击的面也由非金属的橡胶或工程塑料制成。

⑩ 机房、底坑地面和轿内地板　采用由金属撞击不起火花的材料构成或铺垫，同时该材料也能消除静电（一方面避免金属零件、工具等掉落发生撞击火花，另一方面又能导除乘客和维护人员身上的静电，防止在人员接触金属结构时产生静电放电火花）。

⑪ 控制柜　采用高强度铝合金浇铸，重量轻、散热好。热传导系数为钢板的2倍，使柜体内部电气部件产生的热量能够有效地传到壳外；控制柜为隔爆型，柜体与柜门之间为平面型隔爆面，加工方便；柜体与柜门之间的隔爆面上采用O形密封圈，既保证了隔爆面的尺寸又保证了控制柜的防护等级IP65，

最终保证了控制柜的气体和粉尘的防爆要求。

(6) 防爆电梯的其他安全技术措施要求

1) 对建筑与环境的要求

① 机器空间、井道及底坑内使用的建筑材料应为不燃烧体或阻燃材料。机器空间和底坑内不应存放易燃物品，如油布、油纸等。

② 机器空间、井道及底坑内应采取措施防止粉尘堆积，并便于清扫。

③ 当可燃性物质密度大于空气密度时，应防止底坑内可燃性物质大量积聚。当可燃性物质密度小于空气密度时，应防止井道顶部和机器空间顶部中可燃性物质大量积聚。

2) 对工作环境的要求

① 机器空间的环境温度为5～40℃。

② 井道的环境温度为－20～40℃。

③ 整机工作的大气压强为80～110kPa。

④ 整机工作场所的空气中标准氧含量（体积比）不大于21%。

对超出该范围的条件下使用的防爆电梯应做特殊考虑，并可要求增加评定和试验。

3) 对防爆电梯设备选用提出的要求

① 防爆电梯应与使用环境的爆炸性混合物相适应，同一区域内存在两种或两种以上不同防爆要求的爆炸性混合物时，应选择与防爆要求最高的爆炸性混合物相适应的防爆电梯。

② 应根据爆炸性物质种类确定防爆电梯的类别、级别和温度组别。

③ 应根据爆炸性环境危险区域确定防爆电梯的保护级别。

④ 应根据不同的爆炸性环境危险区域确定防爆电梯部件适用的防爆型式。

⑤ 爆炸性环境发生以下变化时，应符合下列要求：

a. 爆炸性混合物改变，防爆电梯的类别及温度组别应重新确定。

b. 建筑物布局或可燃性物质释放源改变，防爆电梯安装地点应重新界定爆炸性危险区域。

⑥ 出现上述⑤的情况后，防爆电梯应按新的爆炸性环境进行更新或改造。

4) 电气部件的防爆要求

① 在正常运行和预期故障状态下可能产生火花、电弧或危险温度的电气部件应采用相应的防爆措施。

② 在正常运行条件下不会产生火花、电弧或危险温度的爆炸性气体环境用电气部件可以采用增安型的防爆措施。

③ 仅2区的电气部件可采用国家标准中规定的n型。

④ 除本质安全型电气部件外，在爆炸性环境中打开外壳时具有点燃危险的电气部件，其外壳应延迟至国家标准规定时间后方可打开。

5）非电气部件的防爆要求

① 对于具有潜在点燃源的非电气部件，制造商应做点燃危险评定。

② 在正常运行和预期故障状态下，可能产生具有点燃危险的热表面或机械火花的非电气部件应按国家标准的要求，采用相应的防爆型式。

6）对安装的要求

① 通用要求：

a. 防爆电梯的安装作业不应使安装地点的爆炸性环境具有点燃隐患，当不可避免时（如需现场焊接或切割等)，应采取措施确保现场不形成爆炸性环境。

b. 防爆部件的安装除需满足GB 31094—2014《防爆电梯制造与安装安全规范》的要求外，还应符合国家其他相关标准的规定。

② 对电气配线的要求：

a. 电气部件的固定电缆可采用热塑性护套电缆、热固护套电缆、合成橡胶护套电缆或矿物绝缘金属护套电缆，且电缆应为阻燃型。移动电缆应采用加厚的氯丁橡胶或其他与之等效的合成橡胶护套电缆。

b. 电缆的连接应采用有防松措施的螺栓固定或用压接、钎焊和熔焊的方式固定，不应采用绕接方式固定。

c. 易受到机械或其他损伤的电缆应使用管道或电缆槽保护。

d. 敷设电缆线路时，因电缆管道需穿过不同爆炸性危险区域而在区域交界的墙面开设孔洞时，应采用不燃烧材料严密封堵。

③ 对本质安全电路的附加要求

a. 本质安全电路与非本质安全电路应有效隔离，电缆应分开束扎并固定。

b. 本质安全电路的多芯电缆应符合国家相关标准的规定。

c. 本质安全电路导线线芯的截面面积应不低于国家相关标准的要求。

d. 本质安全电路与非本质安全电路之间应保持不小于50mm的间距，或用隔离板隔离。

e. 本质安全电路的电缆护套至少在进出端应有淡蓝色标识。

f. 本质安全电路的关联设备应安装在爆炸性危险区域外，或具有隔爆外壳。

④ 非本质安全电路的附加要求：

a. 电气部件上所有的电气线路都应通过电缆引入装置引入。

b. 电气线路的敷设不应出现中间接头，不可避免时应使用防爆分线盒或

防爆接线盒连接。

c. 电缆线芯的最小截面面积应符合国家相关标准的规定。

⑤ 接地要求：

a. 防爆电梯部件的金属外壳、金属构架、金属配管及其配件、电缆保护管、电缆的金属护套等非带电裸露金属部分均应有效接地，接地电阻值不应大于4Ω。

b. 接地线不应互相串联，应分别与总的PE线连接。

c. 本质安全电路的电缆如果有屏蔽层，则屏蔽层的接地应符合规范的要求。

7.4.3 消防员电梯安全防护保护装置及技术措施

（1）消防电梯防火分区

消防电梯应分别设在不同的防火分区内，且每个防火分区不应少于1台，便于任何一个分区发生火灾都能迅速展开扑救，其平面位置须与外界联系方便，在首层应有直通室外的出口，或由长30m以内的安全通道抵达室外。在设计时，最好把消防电梯和疏散楼梯结合布置，使避难逃生者向灭火救援者靠拢，形成一个可靠的安全区域，两梯间还要采取分隔措施，以免相互妨碍形成不利。另外，防火分区内每个房间到达消防电梯的安全距离不宜超过30m，以保证消防人员抢救时的安全。

消防电梯井、机房与相邻电梯井、机房之间应设置耐火极限不低于2h的防火隔墙，隔墙上的门应采用甲级防火门。

（2）驱动主机和相关设备

装有消防电梯驱动主机和相关设备的任何区间，应至少具有与消防电梯井道相同的防火等级，当驱动主机和相关设备的机房设置在建筑物的顶部且机房内部及其周围没有火灾危险除外。

设置在井道外和防火分区外的所有机器区间，应至少具有与防火分区相同的防火等级。

防火分区之间的连接（如：电缆、液压管路等）也应予以同样的保护。

（3）供电及供电转换

① 消防电梯的供电电源及转换应符合下列要求：

a. 消防电梯和照明的供电系统应由第一和第二（即应急、备用电源或者第二路供电）电源组成，其防火等级应至少等于消防电梯井道的防火等级。消防电梯第一和第二电源的供电电缆应进行防火保护，它们相互之间以及与其他电源之间应独立设置。

b. 第二电源应足以驱动额定载重量的消防电梯运行，运行速度应满足从入口层到顶层的时间不超过 60s 的要求。

c. 供电转换时校正运行是不必要的；当恢复供电时，消防电梯应立即进入服务状态。如果消防电梯需要移动来确定轿厢的位置，则应向着消防员入口层运行不超过两个楼层，并显示轿厢所在的位置。

② 消防电梯第一供电电源和第二供电电源的供电电缆应进行防火保护，如图 7-27 所示。

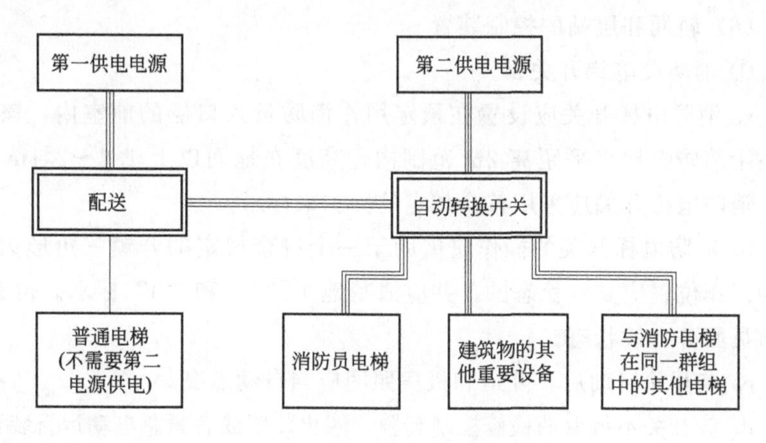

图 7-27　消防电梯供电电源防护保护示例图

(4) 电气设备防水

① 在消防电梯井道内或轿厢上部的电气设备，如果其设置在距设有层门的任一井道壁 1m 的范围内，则应设计成能防滴水和防淋水，或者其外壳防护等级应至少为国家标准规定的 IPX3。

② 设置在消防电梯底坑地面以上 1m 以内的所有电气设备，防护等级应至少为 IP67。插座和最低的井道照明灯具应设置在底坑内最高允许水位之上至少 0.50m 处。

③ 应保护在井道外的机器区间内和消防电梯底坑内的设备，以免因进水而造成故障。

④ 建筑物应具备适当的措施，确保在消防电梯底坑内的水位不会上升到轿厢缓冲器被完全压缩时的上表面以上。

⑤ 建筑物应具有符合国家标准要求的排水设施，防止底坑内的水面到达

可能使消防电梯发生故障的位置。

(5) 控制系统

轿厢和层站的控制装置以及相关的控制系统，不应登记因热、烟和湿气影响所产生的错误信号。

轿厢和层站的控制装置、轿厢和层站的指示器以及消防电梯开关，其防护等级应至少为国家标准规定的 IPX3。

除非在消防电梯开关启动时通过电气方式被断开，层站控制装置和层站指示器应至少具有国家标准规定的 IPX3 级的防护。

(6) 轿厢和层站的控制装置

① 消防员电梯开关。

a. 消防电梯开关应设置在预定用作消防员入口层的前室内，该开关应设置在距消防电梯水平距离 2m 范围内，高度在地面以上 1.8～2.1m 之间的位置。消防电梯开关应采用符合规定的标志来标示。

b. 消防电梯开关的操作应借助于一个符合规定的开锁三角形钥匙。该开关的工作位置应是双稳态的，并应清楚地用“1”和“0”标示。位置“1”是消防员服务有效状态。

c. 该开关启动后，井道和机房照明应当自动点亮。

d. 该开关不得取消检修控制装置、停止装置或者紧急电动运行装置的功能。

e. 该开关启动后，电梯所有安全装置仍然有效（受烟雾等影响的轿厢重新开门装置除外）。

② 轿内消防员钥匙开关。

a. 如果设置轿内消防员钥匙开关，应当用“消防员电梯象形图”标出，并清楚地标明位置“0”和“1”，该钥匙仅在处于位置“0”时才能拔出。

b. 该钥匙开关的操作必须符合：只有该钥匙处于“1”位置的情况下轿厢才能运行；如果电梯位于非消防服务通道层时，该钥匙处于“0”位置的情况下，轿厢不能运行并且必须保持层门和轿门打开。

c. 该钥匙开关仅在消防员服务状态时有效。

阶段 1：消防电梯的优先召回。电梯可以手动或者自动进入优先召回阶段。进入优先召回阶段，应当满足以下要求：

a. 所有的层站控制和轿内控制都应失效，所有已登记的呼叫都应当被取消，但开门和紧急报警按钮应当保持有效。

b. 电梯脱离同一群控组中的其他电梯而独立运行；附加的外部控制或输入仅能使消防电梯返回到消防入口层并停在该层保持开门状态，消防电梯开关仍应被操作到位置“1”，才能完成阶段 1 运行。如果消防电梯是由一个外部信号触发进入阶段 1 的，在消防电梯开关被操作到位置“1”前，消防电梯应不能运行。

c. 运行中的电梯应当尽快返回消防服务通道层，对于正在驶离消防服务通道层的电梯，应当在尽可能最近的楼层做一次正常的停靠，不开门然后返回，电梯到达消防服务通道层应停留在该层，并且轿门和层门保持在开启位置。

d. 可能受到烟和热影响的电梯的重新开门装置应当失效，以允许电梯门关闭。

e. 消防服务通信系统应当保持工作状态。

f. 在此阶段，为了确保消防员获得对消防电梯的控制不被过度延误，消防电梯应设置一个听觉信号，当门开着的实际停顿时间超过 2min 时在轿厢内鸣响。在超过 2min 后，此门将试图以减小的动力关闭，在门完全关闭后听觉信号解除。该听觉信号的声级应能在 35～65dB（A）之间调整，通常设置在 55dB（A），而且该信号还应能与消防电梯的其他听觉信号区分开。

阶段 2：在消防员控制下消防电梯的使用。当电梯停泊在消防服务通道层并且打开门以后，对电梯的控制将全部来自轿厢内消防员的控制。

a. 电梯选层应当符合的要求：每次只能登记一个轿内选层指令；已登记的轿内指令应当显示在轿内控制装置上；轿厢正在运行中时，应能登记一个新的轿内选层指令，原来的指令将被取消，轿厢应在最短的时间内运行到新登记的层站。

b. 电梯轿厢根据已登记的指令运行到所选择的层站后停止，并且保持门关闭；直到登记下一个轿内指令为止，电梯应当停留在原层站。

c. 如果轿厢停止在一个层站，通过持续按压轿内“开门”按钮应能控制门的开启。如果在门完全开启前释放轿内“开门”按钮，门应自动关闭。当门完全打开时，应当保持在开启状态直到轿内操作盘上有一个新的指令被登记。

d. 在正常或者应急电源有效时，应当在轿内和消防服务通道层两处显示出轿厢位置。

e. 轿厢重新开门装置（受烟雾等影响的除外）和开门按钮应与优先召回阶段一样保持有效状态。

f. 消防服务通信系统应当保持工作状态。

恢复正常服务：当消防员电梯开关被转换到位置“0”，并且电梯已回到消防服务通道层时，电梯控制系统才能够恢复正常服务状态。

再次优先召回：通过操作消防员电梯开关从位置“1”到“0”，保持时间

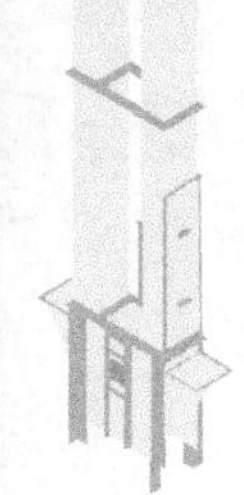

至少 5s，再回到“1”，则电梯重新处于优先召回阶段，电梯应当返回到消防服务通道层。本条不适用于设置轿内有消防员电梯钥匙开关的情况。

(7) 消防服务通信系统

① 消防电梯应有交互式双向语音通信的对讲系统或类似的装置，当消防电梯处于阶段 1 和阶段 2 时，用于消防电梯轿厢与下列地点之间通信：

a. 消防员入口层；

b. 消防电梯机房或规范所规定的无机房电梯的紧急操作屏处。如果是在机房内，只有通过按压麦克风的控制按钮才能使其有效。

② 轿厢内和消防员入口层的通信设备应是内置式麦克风和扬声器，不能用手持式电话。

③ 通信系统的线路应敷设在井道内。

(8) 使用信息

与普通电梯不同，消防电梯应设计成当建筑物某些部分发生火灾时，尽可能长时间地运行。在没有火灾时，它可以当作乘客电梯使用，为了降低当消防电梯用于消防员服务时入口被阻碍的风险，应限制用消防电梯来运送货物。

消防电梯安装者应向使用方提供使用说明，包括工作温度、未涉及的重大危险、轿厢尺寸和用途、救援原理、控制系统功能、供电可靠和维护、通信系统定期试验等说明。

消防电梯外部救援程序和自救程序。

在消防电梯轿厢内，除正常的楼层标志外，在轿厢内消防员入口层的按钮之上或其附近，还应设有清晰并符合规定的消防员入口层的指示标志。

(9) 对环境、建筑物要求

① 消防电梯应设置在每层层门前面都设有前室的井道内。每一个前室的空间应根据担架运输和门的具体位置的要求来确定。

如果在同一井道内还有其他电梯，那么整个多梯井道应满足消防电梯井道的耐火要求，其防火等级应与前室的门和机房一致。如果在多梯井道内消防电梯与其他电梯之间没有中间防火墙分隔开，则所有的电梯和它们的电气设备应与消防电梯具有相同的防火要求。

② 消防电梯应设计成在下列条件下能够正确运行：

a. 当环境温度在 0～65℃范围内时，电气/电子的层站控制装置和指示器应能持续工作一段时间（如 2h），以便消防员能确定轿厢位置。

b. 消防电梯不在前室内的其他所有电气/电子器件，应能在 0～40℃正常工作。

c. 当烟雾充满井道和/或机房时，消防电梯的控制系统的正常功能应至少确保建筑物结构所需的一段时间，如2h。

（10）消防电梯基本要求

a. 消防电梯的设计应符合GB 7588—2003和GB 21240—2007的要求，并应配备附加的保护、控制和信号。在火灾情况下，消防员直接控制并使用消防电梯。

b. 消防电梯应服务于建筑物的每一楼层。

c. 消防电梯的轿厢尺寸和额定载重量宜优先从GB/T 7025.1—2008中选择，其轿厢尺寸不应小于1350mm（宽）×1400mm（深），额定载重量不应小于800kg，轿厢的净入口宽度不应小于800mm。

在有预定用途包括疏散的场合，为了运送担架、病床等，或者设计有两个出入口的消防电梯，其额定载重量不应小于1000kg，轿厢的最小尺寸应设计成GB/T 7025.1—2008中所规定的1100mm（宽）×2100mm（深）。

d. 消防电梯从消防员入口层到顶层的运行时间宜不超过60s，运行时间从消防电梯轿门关闭时开始计算。

e. 消防电梯应设置符合规定要求的前室。

f. 消防电梯有两个轿厢入口时，任何不是预定由消防员使用的电梯层门都应被保护，使它们不会暴露于65℃以上的环境温度中。

（11）消防员电梯其他安全要求

① 贯通门：

a. 在轿内靠近前门和后门的地方都应当有控制装置，消防员控制装置靠近消防前室设置，并且用“消防员电梯象形图”标示。

b. 进入优先召回阶段后，除开门和报警按钮外，供乘客正常使用的控制装置上的其他按钮都应当是无效的。进入消防服务阶段后，消防员控制装置应当有效。

c. 未设置防火前室的层门，在电梯恢复到正常运行状态之前应当始终保持关闭状态。

② 消防员被困在轿厢内的救援：

a. 应在轿顶设置一个轿厢安全窗，其尺寸应至少为0.50m×0.70m。通过轿厢安全窗进入轿厢内不应被永久性的设备或照明灯具阻碍。如果装有悬挂吊顶，则无须使用专用工具便能容易地将其打开或移去，且应能从轿厢内清楚地识别其打开位置。

b. 从轿厢外救援。可以使用固定式梯子、便携式梯子、绳梯、安全绳系

统等救援设备进行轿厢外救援，并且满足几点要求：每一层站附近必须设置救援工具的固定点；无论轿顶与最近可到达层站地坎之间距离有多远，使用上述装置应当能够安全地到达轿顶。

c. 从轿厢内自救。应提供从消防电梯轿厢内能完全打开轿厢安全窗的方法，例如在轿厢内提供合适的踩踏点，其最大梯阶高度为 0.40m。任一踩踏点应能支承 1200N 的负荷。

符合要求的梯子，任何踩踏点与轿壁间的空隙都至少为 0.10m。梯子与安全窗的尺寸和位置应当能够允许消防员顺利通过安全窗。

在井道内每个层站入口靠近门锁处，应设置简单的示意图或标志，清楚地表明如何打开层门。

如果在轿厢外部设置一个用于救援的刚性梯子，则应符合下列要求：应提供一个符合要求的电气安全装置，以确保梯子从其储存位置移开后消防电梯不能移动；梯子的储存位置应避免在正常维护作业时发生绊倒维护人员的危险；梯子的最小长度应符合当消防电梯轿厢停在平层位置时，应能够到上一层站的层门锁。如果轿厢上不可能设置这样的梯子，则应采用永久固定于井道内的梯子。

第8章

电梯常见故障失效模式分析及安全风险评价

电梯使用中，常常会出现一些故障。电梯故障是由于电气系统中的元器件或者电梯的机械零部件发生异常，导致电梯不能正常工作，或严重影响乘坐舒适感，甚至造成人身伤害或设备事故的现象。

电梯故障主要来自机械结构和电气系统，机械结构故障的主要原因：

① 润滑不到位；

② 连接件失效；

③ 机械部件损坏；

④ 机件磨损等。

电气系统故障的主要原因：

① 门联锁电路故障；

② 电气元件、线路发生断路或短路；

③ 电气元件损坏或失效；

④ 电磁、静电外部干扰影响。

电梯零部件失效和电梯功能性失效的原因可归结为电梯的设计制造、试验、安装、维修保养、使用等多个环节。电梯部件失效，也容易出现许多人身伤亡的事故，我们应该对电梯部件失效问题有足够的重视，对电梯故障及失效模式进行分析，不仅为分析原因、事故认定、裁定责任等提供科学的依据，更重要的是为积极预防和减少类似情况再次发生找出有效的途径，从而提高电梯安全性能。

电梯安全风险评价根据电梯相关安全规范和技术标准，以及电梯制造企业的质量要求，全面分析电梯外部、内部和环境使用等各要素，对在用电梯运行系统中存在的危险因素进行辨识和分析，通过对潜在的影响电梯系统运行安全的危险因素进行定性、定量分析，预测电梯系统中存在影响电梯系统寿命周期内的安全状况的危险源、分布部位、数量、故障概率以及严重程度等，从而采取降低风险的对策和措施，是一种有效的方法。

8.1 电梯常见故障及失效模式分析

8.1.1 定义

根据 GB/T 16855.1—2018《机械安全　控制系统安全相关部件　第 1 部分：设计通则》故障和失效的定义如下。

故障（fault）：产品不能执行所需功能的状态，预防性维修或其他计划性活动或缺乏外部资源的情况除外。故障常是产品本身失效后的状态，但也可能在失效前存在。

失效（failure）：产品执行所要求功能能力的中止。失效后，产品就有故障。“失效”与“故障”的区别在于，失效是一次事件，故障是一种状态。

8.1.2　电梯常见故障排除

GB/T 10058—2009《电梯技术条件》对电梯故障率的要求是，整机可靠性检验为起制动运行 60000 次中失效（故障）次数不应超过 5 次。每次失效（故障）的修复时间不应超过 1h。

如电梯操作失当、零件损坏，电梯发生故障，维修人员应能尽快地找出故障的原因，及时排除故障，消除故障隐患，方可继续使用。如果是由于设计、制造、安装故障，此时必须与制造厂或安装单位取得联系妥善处理。

（1）电梯故障浴盆曲线

电梯同其他的设备一样，从投入使用到报废，使用中随着时间的变化，故障率呈现浴盆曲线状（图 8-1）。

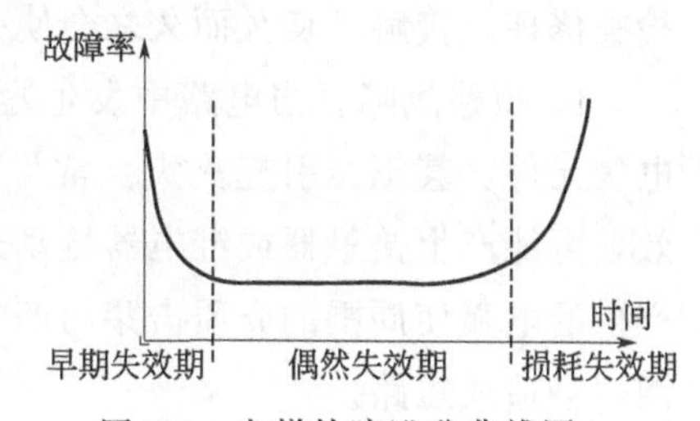

图 8-1　电梯故障浴盆曲线图

开始是早期失效期，在开始使用时，它的故障率很高，但随着工作时间的增加，故障率迅速降低。故障率曲线属于递减型，这个阶段产品故障大多由设计、材料和制造、安装过程中的缺陷造成的。

中间是偶然失效期，这一阶段的特点是故障率较低，而且比较稳定，这段时间是产品的有效寿命期，人们总希望延长这一时期，延长使用寿命。

最后是损耗失效期，这一阶段的故障率随时间的延长而急速增加，故障率曲线属于递增型。到这一阶段，大部分元件开始失效，说明元件的耗损已经严重，寿命即将终止。

（2）电梯故障类型

电梯故障主要分为机械故障和电气故障。

① 电梯机械系统故障　电梯机械系统的故障在电梯全部故障中所占的比重比较少，但是一旦发生故障，可能会造成长时间的停机待修或电气故障，甚至会造成严重设备和人身事故。产生机械故障的原因一般有：

a. 润滑不良或润滑系统的故障会造成部件传动部位发热烧伤和抱轴，造成滚动或滑动部位的零部件损坏而被迫停机修理。

b. 由于没有开展日常检查保养，未能及时检查发现部件的传动、滚动和滑动部件中有关机件的磨损程度和磨损情况，没能根据各机件磨损程度进行正确的修复，而造成零部件损坏，被迫停机修理。

c. 由于电梯在运行过程中振动造成紧固螺栓松动，使零部件产生位移，失去原有精度，而不能及时修复，造成磨坏、碰坏、撞坏机件，被迫停止修理。

d. 由于电梯平衡系数与标准相差太远而造成过载电梯轿厢蹲底或冲顶，冲顶时限速器和安全钳动作而迫使电梯停止运行，等待修理。

② 电梯电气系统故障　电梯绝大多数的故障是电气控制系统的故障。电气控制系统故障比较多的原因是多方面的，主要原因是电气元件质量和安装、修理、保养质量。

电气系统的故障按照故障类型大致可以分为两类：

a. 电气回路发生的断路故障。电路中往往会出现电气元件入线和出线的压接螺钉松动或焊点虚焊造成电气回路断路或接触不良。断路时必须马上进行检查修理；接触不良久而久之会使引入或引出线拉弧烧坏接点和电器元件。

b. 短路故障。当电路中发生短路故障时，轻则会烧毁熔断器，重则烧毁电气元件，甚至会引起火灾。常见的有接触器或继电器的机械和电气联锁失效，可能产生接触器或继电器抢动造成短路。接触器的主接点接通或断开时，产生的电弧使周围的介质击穿而产生短路。电气元件绝缘材料老化、失效、受潮也会造成短路。

另外，一体化控制系统中受外界电磁干扰，元器件击穿，电子电路元件脱焊或虚焊也是电梯故障的主要原因。

(3) 电梯常见故障及排除

① 常见故障及排除方法　电梯属于一个复杂的机电结合体，且始终在不停地运动中，出现故障在所难免。要迅速正确地排除电梯故障，必须对电梯的机械结构和电气控制系统有比较详细的了解和掌握。各厂家不同型号电梯控制及驱动方式存在一定的差异，但故障现象基本上是一样的。表 8-1 所示为一些电梯运行中常见故障现象及排除方法，供读者参考。

表 8-1　电梯常见故障及排除

故障现象	可能原因	排除方法
电梯不能启动	①电源电压过低、错断相 ②轿门或层门未关闭好 ③安全回路开关未复位或损坏 ④软故障电梯保护	①检查电源线电压、检查调整相序 ②检查关闭各层层门及轿门 ③检查各开关，如确定开关损坏应进行更换 ④检查分析软故障原因，确认不影响电梯安全运行，复位故障

续表

故障现象	可能原因	排除方法
电梯启动困难或运行速度明显降低	①电源电压过低 ②电动机滚动轴承润滑不良 ③曳引机减速器润滑不良 ④制动器抱闸未打开或未完全打开	①检查修复电源电压 ②补油、清洗、更换润滑油 ③补油或更换润滑油 ④调整制动器
电网供电正常，电梯检修正常，无法运行	①主电路或控制回路的熔断器熔体烧断 ②电压继电器损坏，其他电路中安全保护开关的接点接触不良或损坏 ③经控制柜接线端子至电动机接线端子的接线，未接到位 ④各种保护开关动作未恢复	①检查主电路和控制电路的熔断器熔体是否熔断，是否安装，熔断器熔体是否夹紧到位，根据检查的情况排除故障 ②查明电压继电器是否损坏；检查电压继电器是否吸合，检查电压继电器线圈接线是否接通；检查电压继电器动作是否，正常根据检查的情况排除故障 ③检查控制柜接线端子的接线是否到位；检查电动机接线盒接线是否到位夹紧；根据检查情况排除故障 ④检查电梯的电流、过载、弱磁、电压、安全回路各种元件接点或动作是否不正常，根据检查的情况排除故障
厅门在未关闭的情况下，电梯启动运行	①门锁开关短路 ②门锁继电器接点粘连不释放	①检查门锁开关接点，排除短路故障点 ②调整修理或更换门锁继电器 ③各层门锁接点应相互串联，严禁人为短接门锁接点(据统计电梯的人身伤亡事故中，属于厅门未关闭而发生的坠落事故占首位)
电梯运行到某层时突然停梯	轿门门刀与厅门门锁滚轮间隙过小，运行过程中产生刮碰，导致厅门门锁断开	调整该层门轮与门刀间隙
运行中出现突然停梯、关人的故障	①安全保护装置误动作或安全装置位置调整不准 ②该电梯井道为玻璃井道，到中午日照强烈时，井道内温度经常达到50℃以上，由于控制柜安装在井道内，造成变频器过热保护	①检查安全保护装置 ②定期检查各电气安全装置，调整使其动作灵活可靠 ③对该电梯井道采取降温措施，使井道内温度达到电梯工作的温度
电梯轿厢到平层位置不停车	①上、下平层感应器的干簧管接点接触不良，隔磁板或感应器相对位置尺寸不符合标准要求，感应器接线不良 ②上、下平层感应器损坏 ③控制回路出现故障 ④上、下方向接触器不复位	①将干簧管接点接好，将感应器调整好，调整隔磁板或感应器的尺寸 ②更换平层感应器 ③排除控制回路的故障 ④调整上、下方向接触器

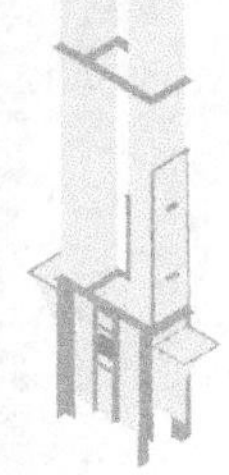

续表

故障现象	可能原因	排除方法
轿厢运行有异常响声	①轿厢滑动导靴的靴衬磨损致使导靴的金属部位与导轨出现摩擦 ②安全钳楔块与导轨之间的间隙过小，或者安全钳动作后楔块没有复位到位，使其与导轨发生摩擦 ③曳引轮或者导向轮轮轴磨损或者润滑不良 ④滑动导靴导轨润滑不良 ⑤曳引钢丝绳出现断股，各钢丝绳所受张力相差过大 ⑥轿厢开门门刀与层门地坎间隙过小发生摩擦 ⑦轿厢开门门刀与层门门锁滚轮发生摩擦	①更换磨损的靴衬，调整压力弹簧 ②检查安全钳楔块是否完全复位，调整安全钳楔块与导轨的间隙，一般为 2～3mm（以生产厂家要求为准） ③更换磨损轮轴或者加入润滑剂润滑 ④检查滑动导靴油杯有无损坏，保证杯内润滑油充足。如果采用润滑脂润滑，检查导轨上是否正确涂抹润滑脂。修磨抛光导轨 ⑤更换断股钢丝绳，调整钢丝绳张力 ⑥检查轿厢有无变形、倾斜，测量轿厢开门门刀与各层门地坎的间隙 ⑦检查轿厢有无变形、倾斜，调整轿厢开门门刀与各层门门锁滚轮的间隙
电梯运行中曳引机产生异常振动和噪声	①减速箱内有杂物进入或者蜗轮、蜗杆啮合不好 ②润滑油太脏或者缺少润滑油引起润滑不良 ③蜗杆轴的推力轴承磨损或者圆螺母松动，使得蜗杆轴的游隙变大 ④蜗杆轴的滚动轴承损坏，蜗轮轴径向跳动增大 ⑤曳引机底座固定螺栓松动	①打开减速箱盖，调整蜗杆与蜗轮的啮合情况，清除减速箱内的杂物 ②检查润滑油位标尺，及时加注。如果润滑油太脏，应更换 ③更换磨损严重的推力轴承，压紧蜗杆的圆螺母。更换损坏的滚动轴承
轿厢平层准确度误差过大	①轿厢超负荷 ②制动器未完全打开或调整不当 ③平层感应器与隔磁板位置尺寸发生变化 ④制动力矩调整不当	①严禁超负荷运行 ②调整制动器，使其间隙符合标准要求 ③调整平层传感器与隔磁板位置尺寸 ④调整制动力矩
在平层位置时，轿门打开，但厅门未打开	①轿门门刀插入厅门门轮的深度过小，造成厅门脱刀 ②厅门门轮磨损严重或损坏	①调整厅门门锁及门轮，使轿门门刀插入厅门门轮的深度至少达到门轮的一半 ②更换新门轮
开门、关门过程中门扇抖动、有卡阻现象	①地坎滑槽内有异物阻塞，妨碍门的运行 ②门滚轮的偏心轮松动，与上坎的间隙过大或过小 ③门滚轮与门扇连接螺栓松动或滚轮严重磨损 ④门滚轮滑道变形或门板变形	①清扫地坎滑槽内异物 ②修复调整 ③调整或更换吊门滚轮 ④修复滑道门板
按关门按钮不能自动关门	①开关门电路的熔断器熔体熔断 ②关门继电器损坏或其控制回路有故障 ③关门第一限位开关的接点接触不良或损坏 ④安全触板未复位或开关损坏 ⑤光电保护装置有故障 ⑥当前层电梯外呼按钮卡阻	①更换熔断器熔体 ②更换继电器或检查电路故障并修复 ③更换限位开关 ④调整安全触板或更换安全触板开关 ⑤修复或更换门光电保护装置 ⑥检查当前层外呼按钮是否正常

续表

故障现象	可能原因	排除方法
电梯关门时经常撞击出入门口的人员或物体	①安全触板开关损坏 ②安全触板调整位置不当，不能接触到人员或物体 ③光幕失效，失去保护作用	①修复安全触板开关 ②调整安全触板位置，使其能比厅轿门提前接触人员 ③更换光幕
电梯不关门或反复开门	①电梯门导轨或者地坎里有异物。电梯的门是在一个固定的导轨上滑行开关门，门下方有一个地坎槽，当导轨或者地坎里有较大石块或者垃圾较多时，电梯会自动检查关门阻力，然后反向开门以保护电梯门电动机 ②有人挡门或者电梯光幕灰尘较多，此时电梯门常开不闭 ③电梯的门锁部件安装不规范或精度不高，导致电梯门锁不能正常闭合，电路故障	①清除异物，电梯开关门正常 ②电梯的两扇门上均安装有两条感光的光幕，为了避免电梯关门时把人挤伤，当电梯内人较多时，应注意不要站得靠门口太近，以免衣服或者挎包等阻挡光幕的感光。要经常清洁电梯的光幕，以免灰尘过多导致电梯感光不畅 ③仔细检查门锁各部件的安装情况，保证门锁安装质量不影响电梯正常开关
轿厢带电轿内操纵盘有麻电感觉	①轿厢没有接地保护或接地不良 ②轿厢线路中有漏电 ③轿内地板上铺化纤地毯产生静电感应	①按规范要求截面的电线作为轿厢的接地线，其接地电阻不大于 4Ω ②检查轿厢上的碰壳导线，消除漏电 ③轿厢地板宜用绝缘橡胶垫或纯毛地毯铺设
未达到轿厢额定载重量电梯提示超载	电梯超载开关调整不当	根据额定载重量调整超载开关
沿导轨端面的整个高度上布满深浅不等的沟道	导靴的尼龙衬因长期运行磨损严重，尼龙衬的金属压板因导靴弹簧的作用压在导轨端面上，当轿厢上下运行时，压板与导轨端面产生相对运动，挫削导轨端面。由于导轨的安装误差、负载的变化等因素出现了深浅不等的沟道	①定期保养，经常检查导衬的磨损程度，及时更换已磨损的导衬 ②打磨已磨损的导轨端面，更换新尼龙衬，调整校正导靴锭子
曳引钢丝绳打滑电梯运行中遇有速度发生变化(启动、换速、停梯制动瞬间)，曳引钢丝绳在绳槽内产生滑动	①绳槽磨损严重(如由 V 形磨成 U 形)，使曳引力下降 ②钢丝绳长期使用已磨损，使钢丝绳和绳槽的摩擦力降低 ③绳槽磨损程度不一致，钢丝绳在磨损量大的绳槽中产生滑动 ④在对重已经蹲底的情况下，若迫使电梯上行时，钢丝绳会在槽内打滑 ⑤轿厢严重超载下行，绳槽曳引力超过设计允许值，产生钢丝绳打滑 ⑥钢丝绳之间的张力不均造成钢丝绳打滑	①轿厢载重量应控制在设计范围之内 ②当绳槽磨损严重时应更换绳槽或更换绳轮轮缘 ③绳槽内严禁加油，当钢丝绳油芯渗油太多时(尤其在夏天)，可用煤油擦拭干净(忌用汽油擦拭，因汽油含少量水分会使钢丝绳生锈) ④调整钢丝绳张力，互差不应超过 5%

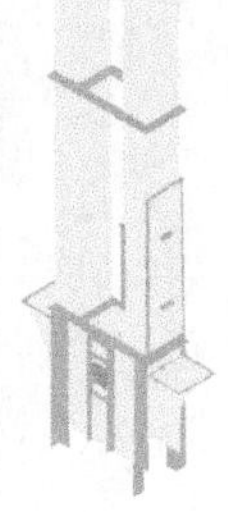

续表

故障现象	可能原因	排除方法
曳引钢丝绳磨损快，钢丝绳外表面被磨损或断丝周期短	①轮槽槽型与钢丝绳不匹配，有夹绳现象 ②绳轮的垂直度超差(规范不超过0.5mm)，绳轮端面对抗绳轮端面的平行度超差(规范不超过1mm)造成偏磨 ③安装时钢丝绳没有“破劲”，运行时钢丝绳在绳槽中打滚造成滚削 ④钢丝绳质量不佳，磨损加快	①将钢丝绳重新“破劲”，消除内应力防止打滚 ②调整相关垂直度和平行度，选用合格的电梯专用钢丝绳 ③选择合适的槽型和钢丝绳配合 ④钢丝绳更换标准：一是，断丝在各绳股之间均布，在一个捻距内的最大断丝数超过2根。二是，断丝集中在一个或两个绳股中，在一个捻距内的最大断丝数超过16根。三是，曳引绳表面的钢丝有较大磨损或锈蚀。四是，曳引绳磨损后，其直径小于或等于原直径的90%
轿厢发生冲顶或蹲底故障	①曳引力不足，此故障多是运行时间较长的电梯由于钢丝绳或曳引轮槽严重磨损，钢丝绳与曳引轮槽内油污太多 ②制动力矩不足，由于制动器两侧闸瓦在制动轮工作表面上贴合不紧密、不均匀或者制动轮上有油，制动器弹簧压力不足 ③电梯平衡系数错误，过大或过小的平衡系数也容易导致轿厢上行无法正常停车，发生冲顶 ④上下限位、极限开关位置有误 ⑤称重装置失灵，电梯超载运行或者轿厢面积超标	①检查曳引钢丝绳与轮槽的磨损情况，测量钢丝绳的直径应不小于钢丝绳设计直径的90%，如果磨损超标应及时更换。如果油污太多应清洗钢丝绳与轮槽 ②检查制动器工作状况，闸瓦严重磨损的应及时更换并调整闸瓦间隙。调整制动器弹簧增加制动 ③检查对重侧的重量，做平衡系数试验，重新调整电梯平衡系数。特别注意新电梯虽然在安装时已经调整了平衡系数，但是之后在使用过程中由于轿厢装潢等可能会导致平衡系数错误 ④调整上下限位和极限开关的位置，使得极限开关能在缓冲器动作前先动作 ⑤调整称重装置使其能在超过额定载荷110%时电梯不能启动。对于汽车电梯和病床电梯由于特殊的使用要求轿厢的有效面积会比较大，除了正确调整称重装置外，还应派专门的司机开梯，采取控制进入电梯的人数等方法，消除超载现象
梯级运行时有抖动感	①梯级运行的直线导轨变形或左右导轨不在同一个平面位置上 ②梯级链条与梯级轴缺油或梯级链左右拉伸不一致，使得梯级运行时不稳定，发生抖动 ③主机驱动链条拉伸或大小链轮的位置偏差(不在同一个平面上)或齿形变形，引起运行跳链、滚轮变形或已坏 ④导轨接缝处有错位，或不平整；导轨表面有杂物或污垢	①检查导轨是否变形、位置是否正确，并校正导轨或予以修正 ②清除导轨上的积尘或污垢，并加油予以润滑 ③调整主驱动位置，并校正驱动链条使其具有一定的张紧度，或更换已坏的链条 ④检查链条滚轮，更换已坏的滚轮 ⑤调整导轨接头，清洗导轨表面污垢
扶梯梯路跑偏	①两驱动链轮有转角位置偏差 ②主驱动轴中心两端不在一个水平平面上 ③上、下侧板主导轨圆弧曲率半径偏差过大或导轨有偏移 ④两侧链条拉伸长度不一致或节距有误差 ⑤两侧牵引链条张紧度不一致	①检查、调整或修正两驱动链轮，使轮转角同步一致 ②调整主驱动轴中心位置的垂直与水平平面 ③校正侧板左右曲线导轨的曲率半径，使其一致 ④调整链条张紧度或检查并修正链条的节距 ⑤调整两侧牵引链条的张紧度

② 几种电梯系统故障代码及排除方法　因电梯产品制造厂家及型号不同，故障种类有所差异，但故障本质有诸多相同之处。按照不同的故障级别，不同的电梯一体化控制系统可采取不同的处理程序。如某型号电梯：当检测到发生开关门障碍等轻微故障时控制系统只作记录不采取行动；当检测到发生运行位置信号丢失异常，可以重新启动，执行低速运行到最低层停止运行；当检测到发生安全装置故障时电梯立即停止且不能再启动。表 8-2 和表 8-3 所示为两种电梯控制系统常见故障代码及排除方法。

表 8-2　苏州默纳克 NICE-3000 系统故障及排除

序号	故障代码	可能原因	排除方法
1	E01——逆变单元保护	主回路输出接地或短路；曳引机连线过长；工作环境过热；控制器内部连线松动	排除接线等外部问题；加电抗器或滤波器；检查风道与风扇是否正常；联系厂家
2	E02——加速过电流	主回路输出接地或短路；电动机参数调谐与否；负载太大	排除外部接线等问题；进行电动机参数调谐；减轻突加负载
3	E03——减速过电流	主回路输出接地或短路；电动机参数调谐与否；负载太大；减速曲线太陡	排除外部接线等问题；进行电动机参数调谐；减轻突加负载；调节曲线参数
4	E04——恒速过电流	主回路输出接地或短路；电动机参数调谐与否；负载太大；码盘干扰大	排除外部接线等问题；进行电动机参数调谐；减轻突加负载；选择合适码盘，采用屏蔽线连接
5	E05——加速过电压	输入电压过高；电梯倒拉严重；制动电阻选择偏大，或制动单元异常；加速曲线太陡	调整输入电压；调整电梯运行启动时序；选择合适制动电阻；调整曲线参数
6	E06——减速过电压	输入电压过高；制动电阻选择偏大，或制动单元异常；减速曲线太陡	调整输入电压；选择合适制动电阻；调整曲线参数
7	E07——恒速过电压	输入电压过高；制动电阻选择偏大，或制动单元异常	调整输入电压；选择合适制动电阻
8	E08——控制电源故障	输入电压过高；驱动控制板异常	调整输入电压；与厂家联系
9	E09——欠电压故障	输入电源瞬间停电；输入电压过低；驱动控制板异常	排除外部电源问题；联系厂家
10	E10——系统过载	抱闸回路异常；负载过大	检查抱闸回路及电源；减小负载
11	E11——电动机过载	FC-02 设定不当；抱闸回路异常；负载过大	调整参数；检查抱闸回路及电源
12	E12——输入缺相	输入电源不平衡；驱动控制板异常	调整输入电源；联系厂家

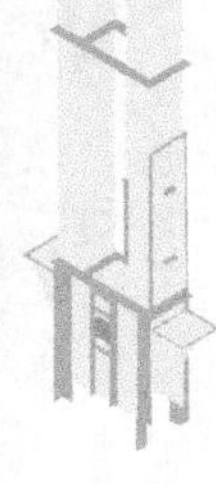

续表

序号	故障代码	可能原因	排除方法
13	E13——输出缺相	主回路输出接线松动；电动机损坏	检查输出接线；排除电动机故障
14	E14——模块过热	环境温度过高；风扇坏或风道堵	降低环境温度；更换风扇，检查风道
15	E15,E16——保留		
16	E17——接触器故障	母线电压异常；驱动控制板异常	检查接触器、驱动控制板或与厂家联系
17	E18——电流检测故障	驱动控制板异常	检查驱动控制板或与厂家联系
18	E19——电动机调谐故障	电动机参数设定不对；参数调谐超时	正确输入电动机参数；检查电动机引线
19	E20——码盘故障	码盘型号不匹配；码盘损坏或接线错误	选择推挽输出或开路集电极码盘；检查接线
20	E21——数据溢出	主控板数据异常	检查主控板或与厂家联系
21	E22——保留		
22	E23——对地短路故障	输出对地短路	检查输出接线或与厂家联系
23	E24～E29——保留		
24	E30——电梯位置异常	自动运行时码盘反馈位置有偏差；自动运行时平层信号断开或粘连；曳引绳打滑或电机堵转	检查平层开关与插板是否正常；检查平层开关接线是否正确；确认旋转编码器使用是否正确
25	E31——DPRAM 异常	DPRAM 读写出现异常	更换控制板或与厂家联系
26	E32——CPU 异常	CPU 工作异常	更换控制板或与厂家联系
27	E33——电梯速度异常	电梯实际运行速度超过最大运行速度的 1.15 倍；低速运行时速度超过设定的 1.2 倍；自动运行时检修动作	确认旋转编码器使用是否正确；检查电动机名牌参数设定；重做电动机调谐；检查检修开关及接线
28	E34——逻辑故障	控制板冗余判断，逻辑异常	更换控制板或与厂家联系
29	E35——井道自学习数据异常	没在底层启动；连续运行超过 45s 无平层信号输入；楼层间隔小；测量的最大楼层数与设定值不一致；楼层脉冲记录异常	确认上下强缓开关及信号正常；检查平层开关、接线及插板是否正常；电梯开到最底层平层，重新进行井道自学习
30	E36——接触器反馈异常	开闸时电动机电流为零；电动机运行时连续 1s 以上，接触器反馈信号丢失；信号粘连；接触器闭合时无反馈信号	检查接触器主辅触点是否正常；检查控制器输出线是否正常；检查接触器控制电路电源是否正常

续表

序号	故障代码	可能原因	排除方法
31	E37——抱闸反馈异常	抱闸输出与反馈信号不一致	检查抱闸线圈及反馈触点信号的开闭特征；检查抱闸线圈控制电源是否正常
32	E38——控制器码盘信号异常	运行时无码盘脉冲输入；码盘信号输入方向不对；距离控制下设定为开环运行(F0-00)	确认编码器使用正确；调换编码器A、B相；检查(F0-00)设定，修改为闭环控制
33	E39——电动机过热	电动机过热继电器输入有效	检查电动机使用是否正确或损坏；改善电动机的散热条件
34	E40——电梯运行超时	电梯运行设定时间到	电梯速度太低或楼层高度太大；电梯使用时间太长，需要维修
35	E41——安全回路断开	安全回路开关信号断开	检查安全开关看其状态；检查外部供电是否正常
36	E42——运行中门锁断开	电梯运行时门锁回路反馈断开	检查门锁回路及门锁接触器反馈触点
37	E43——运行中上限位断开	电梯向上运行时上限位信号断开	检查上限位开关接触是否正常；检查主板输入接线是否正常
38	E44——运行中下限位断开	电梯向下运行时下限位信号断开	检查下限位开关接触是否正常；检查主板输入接线是否正常
39	E45——上下减速开关异常	停梯时上下减速开关同时动作；自学习过程中检测到上下强迫减速的距离太短	检查上下减速开关接线及信号输入的(开、闭)特征；将强迫减速开关距离加长
40	E46——再平层异常	再平层运行速度超过0.1m/s；再平层运行不再平层区域；运行过程中封门反馈异常	检查封门接触器主辅触点线路；检查封门反馈功能是否选择、信号是否正常；确认旋转编码器使用是否正确
41	E47——封门接触器粘连	有预开门和再平层时，封门接触器粘连	检查封门接触器及接线
42	E48——开门故障	连续开门不到位次数超过Fb-09设定	检查门机系统工作是否正常；检查轿顶控制板工作是否正常
43	E49——关门故障	连续关门不到位次数超过Fb-09设定处理	检查门机系统工作是否正常；检查轿顶控制板工作是否正常
44	E50——群控通信故障	群控通信连续出错超过10s	检查通信电缆连接；检查电梯一体化控制器地址定义

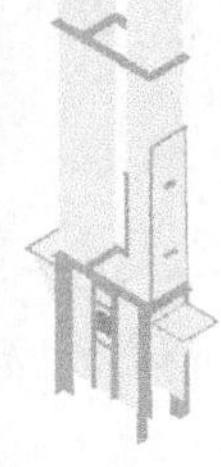

续表

序号	故障代码	可能原因	排除方法
45	E51——内召通信故障	内召通信连续无正确反馈数据;内召接收连续出错	检查通信电缆连接及轿顶控制板供电、一体化控制器24V是否正常
46	E52——外召通信故障	外召通信没有正常反馈数据	检查通信电缆连接及一体化控制器24V电源是否正常、外召地址设定是否重复
47	E53——门锁短接故障	电梯自动运行状态下,停车无门锁断开过程	检查门锁信号回路,门及信号回路
48	E55——换层停靠故障	电梯在自动运行时,本层开门不到位	检查该楼层开门到位信号
49	E56——保留		
50	E57——SPI通信故障	SPI通信异常	检查控制板和驱动板连线是否正确,联系厂家处理
51	E58——位置保护开关故障	上下强迫减速开关同时有效,上下限位开关同时有效	检查强迫减速开关、限位开关与主板参数设计是否一致;检查强迫减速开关、限位开关是否误动作
52	E59～E61——保留		
53	E62——模拟量断线	轿顶板或主控板模拟量输入断线	检查模拟量称重通道选择F5-36是否设置正确;检查轿顶板或主控板模拟量输入接线是否正确,是否存在断线
54	E63——保留		
55	E64——外部故障	外部故障信号持续2s有效	检查外部故障点的常开常闭点设置,检查外部故障点的输入信号状态
56	E65——UCMP检测异常	开启UCMP功能检测时报此故障,当轿厢出现意外移位时,报此故障	检测抱闸制动器机械部件是否卡阻,抱闸未闭合引起溜车;检测上下再平层开关是否误动作
57	E66——抱闸制动力检测	通过系统输出力矩,抱闸不打开,检测脉冲变化,当系统检测抱闸制动力不合格,报此故障	检查制动器间隙,检查抱闸工作面磨损情况;适当增大F2-39,增大编码器脉冲判断冗余误差,必要时联系厂家处理

表 8-3　某型号扶梯故障及排除方法举例

序号	故障代码	出错信息	排除方法
1	E01～E05	电路板 24-VDC 短路	检查 24-VDC 线路；检查 24-VDC 电源
2	E10	上端左侧梳齿板触点	检查梳齿是否有损坏；检查梯级是否损坏；检查梳齿板返回其初始位置、调节螺钉设置情况
3	E11	上端左侧扶手带入口触点	检查扶手入口是否有异物嵌入；检查扶手安全套口是否损坏；检查开关设置
4	E12	上端裙板触点	检查是否有异物卡在梯级和裙板之间；检查梯级和裙板是否有缺损
5	E14	急停	检查停止按钮是否损坏；启动设备
6	E17	链条张紧触点	检查梯级带；检查触点设置；检查弹簧张紧力；复位出错
7	E18	电动机超速 15%	检查速度；检查传感器设置
8	E19	上端驱动链触点	检查链张紧力；检查链是否有过度伸长；检查链是否有损坏
9	E1b	左侧扶手带断裂	检查扶手带的损坏和断裂；检查扶手带张紧力
10	E1C	电动机欠速	检查电源电压；检查速度；检查传感器设置
11	E1E	下端梳齿板加热	去除梳齿板上的冰雪；检查梳齿加热部件；检查传感器
12	E2F	上端地面盖板触点	检查盖板是否与框架正确匹配；检查触点设置
13	E34	工作制动器故障	检查制动器电磁铁的电源；检查制动器电磁铁是否存在故障；检查制动器电磁线圈是否存在故障
14	E35	安全制动器	检查棘爪设置；检查棘爪自由活动量；检查棘爪的提拉电磁铁
15	E39	上端梯级或踏板丢失	检查梯级或踏板的完整性；检查接近开关的电源；检查接近开关设置
16	E43	触点，主电动机油位	检查主电动机的油位
17	E4C	安全回路断开	检查插头是否插好；检查安全回路的通电情况
18	E50	左侧扶手带监测	检查扶手带速度；试着用手停止扶手带运行；打开检修运行；进行技术测试
19	E53	地震监测	检查继电器；检查外部测定
20	E55	制动电阻	检查是否污浊；短路接地；检查电阻值
21	E63	上端水位仪	检查驱动端底坑是否进水
22	E67	PA 系统状态	更换 PA
23	E6C	SB 接触器释放	检查接触器 SB 是否在空闲状态
24	E6F	电动机接触器释放	检查电动机接触器是否都在空闲状态
25	E73	工作制动器释放检查	检查制动器是否有故障；检查制动器是否抱合；检查制动器是否有故障

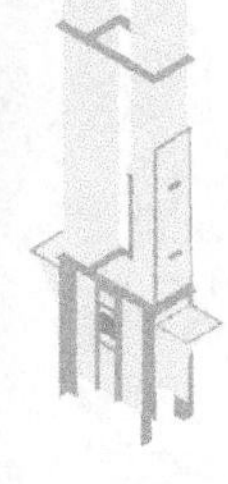

续表

序号	故障代码	出错信息	排除方法
26	E7A	熔丝，主电动机	检查主电动机熔丝；检查两个驱动电动机的加载情况是否相同
27	Eb8	总线重试复位	检查连接线路
28	Eb9	缓冲溢出复位	生成太多信息，检查各输入是否能快速激活
29	Ed3	相位故障	检查三相电源；检查主动力线路连接时的转动方向
30	Ed9	制动衬监测器	检查最小制动衬厚度，如太薄须更换
31	Edb	水位仪	检查张紧端的进水情况
32	EdF	润滑失败停机	检查自动润滑系统油位、压力开关接线状态
33	EE8	受控制动器监测器	检查变频器参数；检查变频器开启状态
34	EEA	制动距离超出	检查制动距离；检查速度
35	EEb	连贯运行	启动队列上的下一台设备

由于电梯控制系统比较复杂，各厂家并不相同，因此要迅速排除系统故障不仅要有丰富的经验，还要清楚和熟悉电气控制系统及电路原理图。

8.1.3 电梯常见失效模式及处理

由于设计、制造和安装过程中产生的缺陷，特别是使用过程中检查维修不及时会导致电梯某些功能或安全保护失效。相对于一般故障，失效所引发的后果往往是灾难性的。通过对电梯的失效模式进行总结和分析，发现设计、制造和安装过程潜在的失效及其后果，采取如预防性维护等措施，以防止这些失效模式再次发生或减少失效发生的频次，从而提高电梯安全性。

(1) 电梯中常见的失效

① 电气保护系统失效。

② 机械装置失效。

(2) 机械零件的失效主要有磨损、断裂和腐蚀

(3) 电气装置失效可能存在的情况

① 接地故障（包括门锁、制动器接触器)。

② 接触器触点粘连。

③ 人为短接门锁回路、安全回路等。

④ 供电故障。

⑤ 相序保护装置失效。

电梯常见失效模式及处理一览表见表 8-4。

表 8-4 电梯常见失效模式及处理一览表

项目	失效模式	可能产生的后果	处置或改进措施
驱动主机失效	①主机蜗轮断齿 ②主机固定螺栓脱落	轻则导致机构相关部件损毁，重则导致挤压、撞击等伤亡事故发生	本质安全设计，保证实际使用的材料(包括主机的附属部件)质量与设计的完全一致
制动器失效	①设计缺陷导致制动器机械部件未分两组装设 ②带闸运行导致制动器失效 ③制动器销、制动臂、制动蹄制动衬片等零部件使用过程中的松动、磨损、断裂、锈蚀等导致制动器失效 ④外部异物进入制动器内，衔铁被卡阻，对制动器错误的调整使制动力下降或丧失	电梯层门入口极易发生剪切事故	①提高相关标准要求 ②新装电梯应当具有制动器故障保护功能，当检测到制动器的提起(或者释放)失效时，能够防止电梯正常启动 ③电梯增加轿厢意外移动保护装置，保证意外走梯时及时可靠制停，当制动器提起(或者释放)失效，或者制动力不足时，应当关闭轿门和层门，并且防止电梯的正常启动 ④按照制造厂要求对制动器进行清洗、保养
曳引能力不足致使电梯失效	①平衡系数大小设置不当 ②电梯超载保护调整不当或失效 ③曳引轮、轮槽开裂、破损、磨损，曳引绳、曳引轮的不当润滑 ④由于不正确的加工和磨损，曳引绳严重磨损，使绳槽改变 ⑤绳槽污染，由于空气传播的灰尘，特别是建筑灰尘，如果出现曳引力下降，制动器被认为是无效的 ⑥电梯曳引能力失效不仅仅是由以上单一原因造成，而是由以上多种综合因素造成	轻则轿厢溜层，电梯超速下行、安全钳动作，或电梯蹲底，重则导致层门口的挤压和剪切伤亡事故发生	①平衡系数设置为 0.4～0.5，保证合理的对重重量。对重和轿厢重量减轻，曳引能力必然降低 ②按照维保要求对超载保护装置进行检查调整，不当或失效时应及时处理 ③选择强度大、韧性好、耐磨且摩擦系数大的材料制造曳引轮；曳引绳不能过度润滑 ④选择形状合适的曳引轮绳槽，增大曳引绳在曳引轮上的包角，特别是机房有导向轮的，应注意安装时曳引轮与导向轮的间距大小影响包角；货梯采取复绕方式 ⑤曳引能力验证试验 a. 125％额定载荷下行制动试验，除了验证制动器抱闸情况，同时验证钢丝绳在轮槽中的滑移，验证曳引能力 b. 超面积货梯按照轿厢实际面积对应载货的 150％做静载曳引试验 ⑥在电梯运行维护、检修和检验工作中，应认真检查曳引轮是否有异常磨损、杂物、油污及破损等状况，发现问题，及时解决问题，排除隐患，避免事故发生

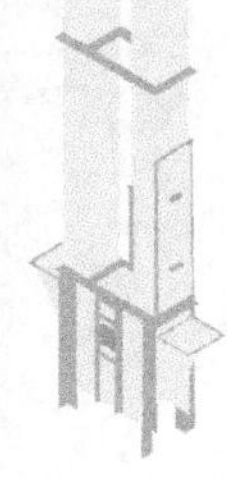

续表

项目	失效模式	可能产生的后果	处置或改进措施
传动机构环节失效	传动机构其中的任何一个部件损坏，都会导致电梯运行失效，如轴、齿轮、轴承、键、螺栓等	轻则导致传动机构相关部件损毁，重则导致挤压、撞击、剪切等伤亡事故发生	①在材料及设计工艺等方面的要求，按照国家相关规定选用，保证实际使用的材料质量与设计完全一致 ②在电梯运行维护、检修和检验工作中应多检查，做到提早发现问题，排除隐患，避免事故发生
层门保护功能失效	①机械门锁失效 ②层门电气安全装置(电气锁)失效 ③层门下端导向失效	将会导致人员坠落井道或剪切等事故发生	①电梯层门应有层门、门锁型式试验证书 ②新装电梯应当设置层门和轿门旁路装置，层门设计上存在的缺陷，应加以改进，在层门板下端焊接两块挂板直接卡在地坎槽中，即使发生滑块连接螺栓损坏，层门也不会从地坎槽中脱出 ③在电梯运行维护、检修和检验工作中应多检查，做到提早发现问题，排除隐患，避免事故发生
扶手带失效	①扶手带损坏，带内钢丝与胶质物脱胶、钢丝断丝，扶手带磨损与导轨间隙过大 ②扶手带运转速度低于梯级速度	轻则导致电梯部件损毁，重则导致人身伤亡事故	①选用耐磨材料，提高扶手带与导轨的安装精度，减少磨损；经常性地检查扶手带外观情况 ②设置扶手带速度检测装置
梯级下陷失效	梯级轮磨损破裂 梯级轮轴销断裂	轻则导致电梯部件损毁，重则导致碰撞、挤压等事故	保证制造工艺及材料选用完全与型式试验的工艺及材料一致
梳齿板失效	梳齿断齿	轻则导致电梯部件损毁，重则导致人身伤害事故	①梳齿板应具备规定要求的机械强度、结构形式、机械尺寸和固定方式 ②安全文明乘梯，防止梳齿板夹人异物，经常检查梳齿是否损坏，并及时更换
主要安全保护装置失效	①防止电梯超速和断绳的保护装置失效 ②防止超越行程的保护装置失效 ③防止人员剪切和坠落的保护装置失效 ④紧急停止安全保护装置失效 ⑤超载安全保护装置失效 ⑥机械防护装置失效 ⑦电气安全装置失效 ⑧其他安全保护装置失效	轻则导致电梯部件损毁，受困发生故障，重则导致坠落、剪切、打击、触电、碰撞、挤压等事故	①建立维护保养制度，按照半月维保、季度维保、半年维保、年度维保要求进行检查 ②杜绝人为短接门锁回路、安全回路等不安全操作，做到提早发现问题，排除隐患，避免事故发生

注：本表所列的失效模式仅供读者参考。

8.2　电梯安全风险评价及降低风险的策略

安全风险评价是预测、防止事故的重要手段，风险评价是以实现系统安全为目的的，运用安全系统工程原理和方法对系统中存在的风险因素进行辨识与分析，判断系统发生事故和职业危害的可能性及严重程度，从而为制定防范措施和管理决策提供科学依据。

产品是否安全只能依靠专业人员的专业判断来实现。专业判断的过程就是安全评价过程。安全评价的结果实际上是一个类似概率的结果。

电梯安全风险评价的意义在于：

① 从风险的角度，遗留风险分析，理解电梯安全。

② 从风险的角度，以等效安全性为目标，促进电梯技术进步。

③ 从风险的角度，制定修改电梯安全规范，制定修改安全标准。

④ 对现有电梯风险状况评价，促进现有电梯的安全运行。

8.2.1　安全风险评价相关概念

（1）安全

消除了不可接受的风险，不可能有绝对的安全，安全是通过充分地降低风险来实现的。

（2）风险

伤害（主要是人，也可以是财产环境等）发生的概率与伤害的严重程度的综合。

（3）危险

潜在的伤害源，如触电危险、坠落危险等。

（4）风险分析

系统地运用可获得的信息识别危险和评估风险的过程。

（5）风险评定

根据分析的结果，确定是否需要降低风险的过程。

（6）风险评价

由风险分析及风险评定组成的全过程。

(7) 防护措施

用于降低风险的方法，这些方法可包括（由高到低）：

① 本质安全设计。

② 安全保护装置。

③ 人员防护措施。

④ 人员培训，现场管理，信息公示等。

(8) 等效安全性

采用了某种新技术，虽然不符合现行标准的规定，但是在安全性上和现有标准相当，或虽有降低但是遗留风险尚在可接受的范围内。

8.2.2 风险评价简介

(1) 风险评价的发展历程

风险评价也称安全评价或危险评价。风险评价技术起源于20世纪30年代，最早起源于保险业。20世纪50年代末发展起来的系统安全工程大大推动了风险评价技术的发展，又为企业降低事故风险提供了技术手段，很多大公司也对风险管理及风险评价技术进行了深入的研究。

1964年，美国道化学公司开发的著名的火灾、爆炸危险指数评价法使风险评价技术有了深入的研究。1974年，英国帝国化学公司蒙德部提出的蒙德火灾、爆炸、毒性指标评价法引入了毒性等指标，进一步使评价方法细化。美国原子能委员会发布了《核电站风险报告》，引起世界各国的普遍重视，推动了系统安全工程的进一步发展。日本劳动省颁布的六阶段安全评价法，在电子、宇航、铁路、公路、原子能、汽车、化工、冶金等领域得到大力发展和研究、应用。

20世纪70年代末，系统安全工程引入我国。1988年1月1日，原机械电子工业部颁布了第一个部级安全评价标准《机械工厂安全性评价标准》，1991年，在国家“八五”科技攻关中，安全评价方法研究被列为重点攻关项目，许多科研单位也进行了安全评价方法的研究，系统安全工程首先应用于军事工业方面，随后在原子能工业上也相继提供了保证安全的系统评价方法。2002年6月29日，《中华人民共和国安全生产法》颁布，安全评价被写进了国家的法律中。2004年7月1日，《中华人民共和国行政许可法》开始实施，根据国务院的决定，安全评价机构资质许可被列入到由原国家安全生产监督管理局行使的政府许可事项中。为了加强安全评价的管理规范及其行为，2019年3月20日由应急管理部颁布 1 号令《安全评价检测检验机构管理办法》，自 2019 年 5 月 1 日起施行。

几十年来，我国的安全评价从无到有、从小到大，期间经历了很多曲折。在它的发展过程中，吸取了环境影响评价、管理体系认证等其他类似工作的很多经验、教训。安全评价体系作为安全生产技术支撑体系之一，将在保障我国的安全生产工作中发挥巨大的作用。

（2）风险评价的目的和作用

风险评价以实现系统安全为目的，运用安全系统工程原理和方法对系统中存在的风险因素进行辨识与分析，判断系统发生事故和职业危害的可能性及其严重程度，从而为制定防范措施和管理决策提供科学依据。

风险评价就是对危险源进行辨识、风险评估、风险评定以及判定风险是否已被降低的系列过程。危险源是导致事故发生的潜在的不安全因素。风险评价是预测、预防事故的重要手段，将传统的凭经验进行安全管理的方法转变为预先辨识系统的危险性，是事先预测、预防的“事前过程”。因此，可以说风险评价是制定安全标准、确定安全措施的前提基础。

（3）风险评价原理

风险评价可在系统的生命周期，即规划、研究、制造、安装、运行、报废的任一阶段进行。安全评价的内容相当丰富，随着评价的目的和对象不同，具体的评价内容和指标也不相同。作为保证安全的基础，风险评价有其内在的原理。风险评价的原理大致分为五个方面：相关性原理、类推评价原理、概率推断原理、惯性原理、系统性原理。

（4）风险评价方法

风险评价方法是对系统中的危险、有害因素进行分析评价的工具，包括定性评价、定量评价。风险评价借助先进的检测仪器及专家的专业知识和丰富的工作经验。定性风险评价方法主要是根据人的经验和判断能力对生产工艺、设备、环境、人员管理等方面的状况进行定性分析，风险评价结果是一些定性的指标，如是否达到了某项安全要求，危险程度分级、事故类别和导致事故发生的因素等。属于定性风险评价方法的有：安全检查表、专家现场询问观察法、因素图分析法，作业条件危险性评价法、故障类型和影响分析、危险可操作性研究等。定性风险评价方法的特点是容易理解，便于掌握，评价结果直观。定性风险评价方法往往依靠经验，带有一定的局限性，风险评价结果有时因参加评价人员的经验和经历等有相当的差异。定量风险评价方法用系统事故发生概率和事故严重程度来评价，是基于大量的试验结果和广泛的事故资料统计分析

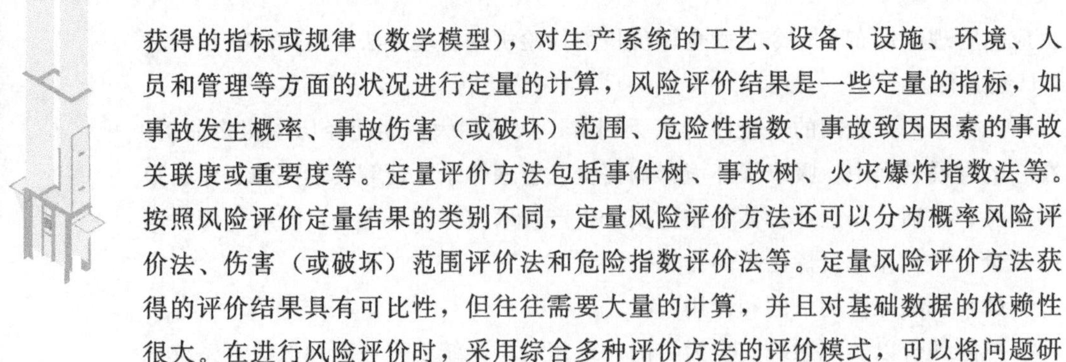

获得的指标或规律（数学模型），对生产系统的工艺、设备、设施、环境、人员和管理等方面的状况进行定量的计算，风险评价结果是一些定量的指标，如事故发生概率、事故伤害（或破坏）范围、危险性指数、事故致因因素的事故关联度或重要度等。定量评价方法包括事件树、事故树、火灾爆炸指数法等。按照风险评价定量结果的类别不同，定量风险评价方法还可以分为概率风险评价法、伤害（或破坏）范围评价法和危险指数评价法等。定量风险评价方法获得的评价结果具有可比性，但往往需要大量的计算，并且对基础数据的依赖性很大。在进行风险评价时，采用综合多种评价方法的评价模式，可以将问题研究得更具深度，并得出更加准确的结论。

(5) 风险评价的一般程序

风险评价包括危险性确认和危险性评价两部分。为了评价比较，对于危险性的大小要尽量给出定量的概念，即使是定性的风险评价，如能大致区别一下危险性的严重度（损害程度）也是好的。当然，要能够明确事故发生概率的大小及损失的严重度，也就是明确了风险率或危险度，则进行定量风险评价就更为明确了。危险性确认的另一个方面就是对危险进行反复校核，看看还有什么新的危险以及在系统运行过程中危险性会有什么变化。为了衡量危险性需要一个标准，这就是大家所公认的安全指标。把反复校验过的危险性定量结果和安全指标（评价标准）进行比较，界限值以内即认为是安全的，界限值以外必须采取措施，然后根据反馈信息进行再评价。

(6) 如何降低风险

要降低风险，必须先通过对各个危险点安全风险大小的分析、评价，采取不同的安全控制措施和防范措施，以达到实现人身和设备安全的目的。降低的关键是做好危险点辨识、风险评价，并制定安全控制措施。在落实安全风险分析制度的过程中，应做到危险点辨识要采取的安全控制措施是“全”，风险评价要“准”，制定安全控制措施是切实可行降低风险的重要手段，以提高机械安全为例，安全控制措施包括由设计阶段采取的安全措施和由用户采取的补充措施，设计是机械安全的源头，当设计阶段措施不足以避免或充分限制各种危险和风险时，则应由用户采取补充的安全措施，以便最大限度减小遗留风险，采取安全措施的原则要安全优先于经济、设计优先于使用、设计缺陷不能以信息警告弥补，应采取的措施不能留给用户。选择安全技术措施的顺序：实现本质安全性、采用安全防护装置、使用信息、附加预防措施、安全管理措施、人员的培训和教育。机械系统的复杂性决定了实现消除某一危险和减小某一风险往往需要采用多种措施，每种措施都有各自的适用范围和局限性，要把所有可供选用的对策仔细分析，权衡比较，在全面周到地考虑各种约束条件的基础上寻找最好的对策，提供给设计者决策。电梯是一种复杂的机电设备，通过采取上述有效地降低风险的措施，最终达到保障电梯系统安全的目的。

8.2.3　电梯风险评价应用

电梯风险评价是现今一种能够预测和降低电梯事故发生概率的有效方法，杭州市于 2011 年 3 月 1 日起实行的《杭州市电梯安全监察办法》就规定了使用期限超过 15 年的电梯使用单位可以向检验检测机构申请技术评估，作为电梯改造、重大维修的依据。电梯风险评价可在电梯老化出现安全问题之前，减少甚至避免未来可能出现的安全事故，同时也避免过早地报废而造成资源的严重浪费。系统可靠的电梯安全风险评价方法的出台，无论从弥补现行国家电梯标准和技术规范的不足上，还是顺应国家节能减排大环境的角度，都是极具可操作性和具有广泛的应用前景。

（1）电梯系统综合安全评价方法

由简单的定性到定量评价，又从定量方法到现如今更加科学准确的 LEC 评价法以及模糊法，安全评价方法的发展是一个由简到繁、由单一考虑到综合考虑的发展完善过程。

电梯系统综合安全评价方法是一个对具体实践操作要求十分高的工作，由以下几个步骤组成：

① 在风险评价过程开始之前，应先确定进行评价的目的。实际中它可能是证实电梯、电梯部件，或其中的子系统的设计或安装、修理、改造、使用等过程风险被消除或充分地降低，尤其是对没有相关安全标准可适用的电梯及其部件。

② 成立风险评价组，具有各方面工作经验的专家可有效地提高评价的结果质量，如：（必要时）客户、成本管理人员、政府主管官员、其他行业专家。

③ 以电梯的自身特有性质功能、部件、相关的人员和相关过程为出发点，考虑任何附加因素，信息和数据，初步进行危险识别。

④ 通过对每项风险进行准确详细的评估来确定风险的综合等级。

⑤ 风险评定：确定是否需要实行一定的措施来使风险可能发生概率降到最小。

⑥ 选取风险较低的系统，采取合理高效的安全措施，最大限度地降低风险。

⑦ 结合各项结果出具完整详细的安全评价报告。

（2）电梯风险评价依据和评定过程

电梯风险评价主要依据是：GB 24804—2009《提高在用电梯安全性的规范》，GB/T 20900—2007《电梯、自动扶梯和自动人行道 风险评价和降低的方法》等。电梯风险评价评定过程如图 8-2 所示。

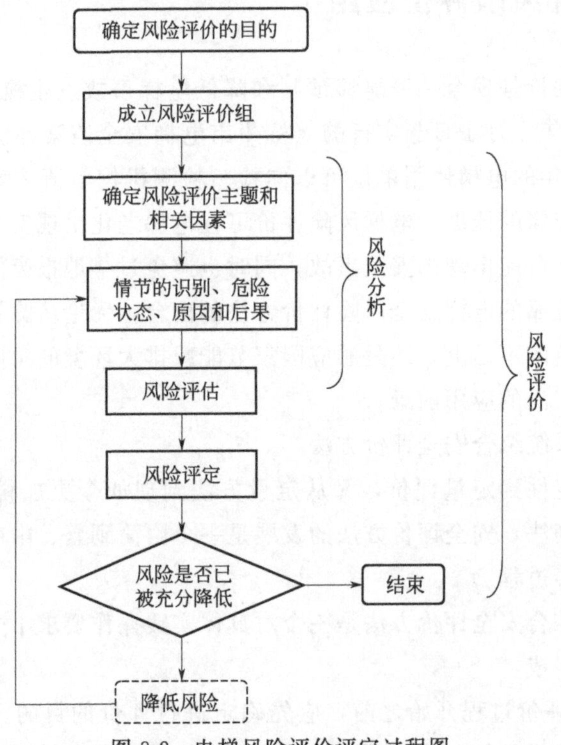

图 8-2 电梯风险评价评定过程图

适用于电梯风险评价的常用方法有安全检查表、故障树分析、概率危险评价等。在此处采用 GB/T 20900—2007《电梯、自动扶梯和自动人行道 风险评价和降低的方法》确定的方法。该方法对影响电梯安全的子系统（如曳引系统、导向系统、轿厢、门系统等）及使用管理状况、维护保养状况、能耗状况等进行检验检测，定性、定量分析，并对风险的严重程度和风险的发生概率进行评估，确定风险等级类别，提出降低风险的措施。

（3）风险情节识别和评估

1）风险情节识别

风险情节由危险状态和伤害事件组成。电梯危险状态的类型主要有机械危险、电气危险、热危险、化学危险、因忽视人类工效学所引起的危险等。伤害事件的原因有：涉及一般机械危险状态，涉及运动零部件，涉及因重力引起，涉及电气危险、热危险、化学危险，涉及人类工效学等。伤害事件的后果是风险的表现结果，伤害可能是其一部分，如由机械原因引起的后果有擦伤、割破、刺穿、钩住、缠绕、剪切、刺伤、拖入、灼伤、挤压、撞击、喷射、拽住等。与重力原因有关的后果有跌落、挤压、滑倒、绊倒、夹住、卡住等。对在用电梯进行风险识别应从以下几方面进行：产品设计存在的不合理项目、制造质量、安装质量、使用环境、使用不当、维修质量、老设备不符合现行标准的项目、机械电气老化磨损等。在情节识别过程中应结合具体情况采用，例如可采用：

① 根据 GB 7588—2003《电梯制造与安装安全规范》、GB 24804—2009《提高在用电梯安全性的规范》等标准中的安全要求进行电梯风险情节的识别。

② 实践经验。由熟悉电梯安全技术知识和安全法规标准的人员对电梯系统进行现场检验，发现存在的危险，并进行数据收集。

③ 通过查阅、统计有关电梯的故障、事故的历史记录，获得能够帮助定性和定量分析的信息和数据。

④ 询问对电梯安全评价具有丰富经验的人员，分析出电梯系统中可能存在的危险。

2）风险评估

风险要素的评估有统计法、试验法、询问专家法、模糊评价法等。根据 GB/T 20900—2007《电梯、自动扶梯和自动人行道　风险评价和降低的方法》确定伤害事件后果严重程度的高低，分为 4 个等级，见表 8-5。另外，据伤害事件发生的概率大小，将其分为 6 个等级，其说明见表 8-6。

表 8-5　伤害事件后果严重程度

严重程度	说明
1——高	死亡、系统损害或严重的环境损害
2——中	严重损伤、严重职业病、主要的系统或环境损害
3——低	较小损伤、较轻的职业病、次要的系统或环境损害
4——可忽略	不会引起伤害、职业病、系统或环境损害

表 8-6　伤害事件发生概率等级

发生概率	说明
A——频繁	在使用寿命内很可能经常发生
B——很可能	使用寿命内很可能发生数次
C——偶尔	在使用寿命内很可能至少发生一次

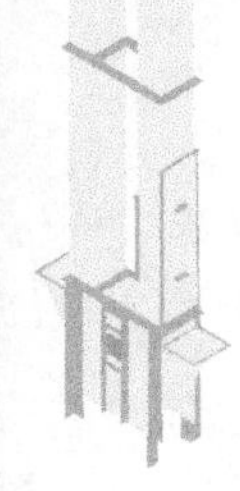

续表

发生概率	说明
D——极少	未必发生，但在使用寿命内可能发生
E——不太可能	在使用寿命内不太可能发生
F——几乎不可能	概率几乎为零

4）风险要素的影响因素

风险评价确定的关键是如何判定危险发生的概率和危害程度，这需要大量的风险数据统计和经验积累，才能准确地分析电梯系统中各部件风险情节的发生概率。本章前面部分已经介绍了电梯常见故障及失效分析的相关内容。从中看出，电梯出现故障及失效较多、危险性较大的部位是电梯的门系统、机房设备（制动器、传动装置）、梯级、扶手带、安全保护装置、运行系统等。如门系统常见的缺陷及故障有机械门锁失效、层门电气联锁不可靠、层门下端导向失效、轿门门刀与层门发生摩擦、防止门夹人的安全触板或光幕损坏等，这些缺陷及故障有可能导致人员坠入井道或受到剪切、挤压、被困等危险，严重影响电梯安全和运行质量。通过对各个危险要素安全风险程度大小综合分析、评价，采取不同的安全控制管理和风险防范措施，才能达到保证人身和电梯设备安全的目的。在安全风险分析评价过程中，应做到风险评价数据要“准”，只有得到准确的风险分析和评价结果，才能制定好的安全控制措施，才能切实可行低安全风险。

5）风险类别及降低措施

① 风险类别　根据伤害事件的严重程度（表 8-5）和伤害及发生的概率（表 8-6），可以得到风险类别和相应采取的措施，见表 8-7。

表 8-7　风险评定

风险类别	风险等级	采取的措施
Ⅰ	1A,1B,1C,1D,2A,2B,2C,3A,3B	需要采取保护措施以降低风险
Ⅱ	1E,2D,2E,3C,3D,4A,4B	需要采取合适措施降低风险，如有需要可复查
Ⅲ	1F,2F,3E,3F,4C,4D,4E,4F	不需要任何行动

② 降低措施　如果电梯风险评定属于Ⅰ类或Ⅱ类，则采用下述方法降低或防护风险：

a. 通过修改电梯设计或更换电梯部件来消除危险。

b. 采取与设计有关的措施来降低风险。包括：重新进行设备设计，如提高其可靠性，减少暴露；减少暴露于危险中的频次和持续时间；根据具体情况改变使用、维护、清洁程序；如果电梯部件失效，则增加防护或安全装置。

c. 告知使用者装置、系统或过程的遗留风险，包括培训、增加警告标志、使用个人防护装备等。

d. 消除或降低使防护措施（如防护装置、安全装置等）失效，或不采取防护措施的可能性。

6）风险评价举例

以某个在用乘客电梯为风险评价对象，对其安全状况进行综合评价。即依据相关的电梯安全标准及风险等级评价方法，以曳引式电梯为对象，制定了包含曳引系统、导向和重量平衡系统、轿厢、门系统、电气系统、安全保护装置、机房、井道及底坑、外部环境、使用管理及维护保养等十多项内容的评价模型（例如表8-8），确定风险评价科目。应用此模型，对多台在用电梯进行了安全风险评价实践研究，试验结果表明具有较好的可操作性和针对性。评价结果显示：该电梯存在Ⅰ、Ⅱ级安全风险隐患，需要采取防护措施以消除隐患，保证电梯安全状况良好。

表8-8　某电梯风险项目评价举例

序号	情节			风险要素评估		风险类别	保护措施	实施措施后		风险类别	遗留风险
	危险状态	伤害事件									
		原因	后果	严重程度	发生概率			严重程度	发生概率		
1	机房地面高度差和凹坑	人员不注意引起	容易发生人员跌落、绊倒	3	C	Ⅱ	机房地面高度不一且相差大于0.50m时，应设置楼梯或台阶，并设置护栏	3	F	Ⅲ	/
2	轿门开门限制装置缺失	电梯故障困人时，轿厢人员不当自救	人员高空坠落	1	D	Ⅰ	轿门设置完好的开门限制装置或轿门锁	1	F	Ⅲ	/
3	防护挡板垂直边有锐边	人员头手伸出扶手带外	头手损伤（割破）	3	B	Ⅰ	在设计上除去锐利的边缘	4	F	Ⅲ	/

因为电梯的机械系统太过庞大复杂，不同的电梯评价目的、电梯的部件、检测环境以及自然和非自然的因素都不尽相同，电梯安全评价体系很难全面建立，没有统一的电梯安全评价标准。随着安全评价技术的创新，建立更好的评价体系将有助于电梯安全风险的分析和处置。

第9章

电梯事故应急救援、事故报告和调查处理

安全就是没有危险，不出事故。危险是安全的反义，事故是不安全的具体表现。电梯事故是指电梯从制造到使用的各个环节中，发生与人的主观意志相违的意外损害事件。

电梯作为具有潜在危险性的设备、设施，不可避免地会发生人身伤亡或者财产损害事故。另外，当电梯外部供电系统停电或电梯出现故障等突发意外时，若处置不当，也很容易酿成事故等次生灾害。历史的经验和血的教训告诫我们，制定电梯等特种设备事故应急预案，对应对突发安全事件是十分必要的。

根据事故的特性可知，事故是不可避免的，通过事故调查获得的相应的事故信息对于认识危险、抑制事故起着至关重要的作用。查找事故原因的过程，是安全工作的一项关键内容，是制定最佳的事故预防对策的前提。

事故的发生既有它的偶然性，也有必然性。即如果潜在的事故发生的条件（一般称为事故隐患）存在，什么时候发生事故是偶然的，但发生事故是必然的。因而，只有通过事故调查的方法，才能发现事故发生的潜在条件，包括事故的直接原因和间接原因，找出其发生发展的过程，防止类似事故的发生。

特别是具有新设备、新工艺、新产品、新材料、新技术的系统，都在一定程度上存在着某些我们尚未了解或掌握的，或被我们所忽视的潜在危险。事故的发生给了我们认识这类危险的机会，事故调查是我们抓住这一机会最主要的途径。只有充分认识了这类危险，我们才有可能防止其发生。

电梯应急救援、事故报告和调查处理，作为电梯安全工作的重要内容，本章对其进行介绍。

9.1 电梯事故概述

9.1.1 特种设备（电梯）事故定义

特种设备（电梯）事故定义按照《特种设备事故报告和调查处理规定》确定。其中，特种设备（电梯）的不安全状态造成的特种设备事故，是指特种设备本体或者安全附件、安全保护装置失效或者损坏，具有爆炸、爆燃、泄漏、倾覆、变形、断裂、损伤、坠落、碰撞、剪切、挤压、失控或者故障等特征（现象）的事故；特种设备相关人员的不安全行为造成的特种设备（电梯）事

故，是指与特种设备（电梯）作业活动相关的行为人违章指挥、违章操作或者操作失误等直接造成人员伤害或者特种设备（电梯）损坏的事故。

以下事故不属于特种设备（电梯）事故，但其涉及特种设备（电梯），应当将其作为特种设备（电梯）相关事故：

① 自然灾害、战争等不可抗力引发的，例如：超过设计防范范围的地震等；

② 人为破坏或者利用电梯实施违法犯罪、恐怖活动或者自杀的事故；

③ 电梯作业、检验、检测人员因劳动保护措施不当或者缺失而发生的人员伤害事故；

④ 火灾引发的特种设备（电梯）爆炸、爆燃、泄漏、变形、断裂、损伤、坠落碰撞、剪切、挤压等特征的事故。

⑤ 额定参数在《特种设备目录》规定范围之外的设备，非法作为特种设备（电梯）使用而引发的事故。

9.1.2 历年电梯事故情况及特点

近年来，我国电梯数量持续快速增长，通过电梯生产（包括制造、安装、改造、维保）企业、使用单位以及安全监察、检验机构的有效工作，电梯万台事故率呈现总体下降趋势。近几年来的电梯事故情况详见表 9-1。

表 9-1 电梯事故情况汇总

年份	电梯台数	事故起数	死亡人数	事故原因(或已经结案)
2015	425.96 万台	58	46	发生在使用环节 38 起，安装、改造、修理维保环节 20 起。事故原因中，安全附件或保护装置失灵等设备原因 39 起；违章作业或操作不当原因 13 起；应急救援(自救)不当导致的事故 2 起；管理不善或儿童监护缺失，以及乘客自身原因导致的事故 4 起
2016	493.69 万台	48	41	违章作业或操作不当原因 21 起；安全附件或保护装置失灵等设备原因 13 起；应急救援(自救)不当导致的事故 4 起；儿童监护缺失及乘客自身原因导致的事故 3 起
2017	562.7 万台	56	41	违章作业或操作不当原因 28 起，设备缺陷和安全附件失效或保护装置失灵等原因 7 起，应急救援(自救)不当原因 7 起，安全管理、维护保养不到位原因 5 起，儿童监护缺失及乘客自身原因 1 起
2018	627.83 万台	31	22	违章作业或操作不当 21 起，设备缺陷和安全部件失效或保护装置失灵等原因 3 起，应急救援(自救)不当 3 起，安全管理、维护保养不到位 4 起

续表

年份	电梯台数	事故起数	死亡人数	事故原因(或已经结案)
2019	709.75 万台	33	29	违章作业或操作不当 9 起，无证操作 1 起，设备缺陷和安全部件失效或保护装置失灵等原因 4 起，应急救援(自救)不当 2 起，安全管理、维护保养不到位 8 起
2020	786.55 万台	25	19	违章作业或操作不当 5 起，设备缺陷或安全部件失效或保护装置失灵等原因 6 起，应急救援(自救)不当 1 起，安全管理、维护保养不到位 1 起

注：数据来源于国家市场监督管理总局（质检总局）2015～2020 年全国特种设备安全状况的通告（报）。

从统计数据中可以看出，电梯安装、改造、修理维保环节发生事故概率较高，设备缺陷和安全装置失灵也有较高的概率，应急救援及安全管理使用环节也有一定的比例。针对这些环节采取对策乃是电梯安全技术和管理要求的重中之重。

9.1.3　电梯事故的种类

电梯事故有人身伤害事故、设备损坏事故和复合性事故。

(1) 人身伤害事故

人身伤害事故主要表现形式有：

① 坠落　比如因层门未关闭或从外面能将层门打开，轿厢又不在此层，造成受害人失足从层门处坠入井道。

② 剪切　比如当乘客踏进或踏出轿门的瞬间，轿厢突然启动，使受害人在轿门与层门之间的上下门坎处被剪切。

③ 挤压　常见的挤压事故，一是受害人被挤压在轿厢围板与井道壁之间；二是受害人被挤压在底坑的缓冲器上，或是人的肢体部分（比如手）被挤压在转动的轮槽中。

④ 撞击　常发生在轿厢冲顶或冲底时，使受害人的身体撞击到建筑物或电梯部件上。

⑤ 触电　受害人的身体接触控制柜的带电部分，或在施工操作中，人体触及设备的带电部分及漏电设备的金属外壳。

⑥ 烧伤　一般发生在火灾事故中，受害人被火烧伤。在使用喷灯浇注巴氏合金的操作中，以及电焊和气焊的操作时，也会发生烧伤事故。

(2) 设备损坏事故

电梯设备损坏事故多种多样，主要有以下几种：

① 机械磨损　常见的有曳引钢丝绳将曳引轮绳槽磨大或钢丝绳断丝；有齿曳引机轮满杆磨损过大等。

② 绝缘损坏　电气线路或设备的绝缘损坏或短路，烧坏电路控制板；电动机过负荷其绕组被烧毁。

③ 火灾　使用明火时操作不慎引燃易燃物品，或电气线路绝缘损坏造成短路、接地打火引起火灾发生，烧毁电梯设备，甚至造成人身伤害。

④ 湿水　常发生在井道或底坑进水，造成电气设备浸水或受潮甚至损坏，机械设备生锈。

(3) 复合性事故

复合性事故是指事故中既有对人身的伤害，同时又有设备的损坏。比如发生火灾时，既造成了人的烧伤，也损坏了电梯设备。又如制动器失灵，造成轿厢坠落损坏，轿厢内乘客受到伤害等。

9.1.4 电梯事故的原因

电梯事故的原因，一是人的不安全行为；二是设备的不安全状态，两者又互为因果。人的不安全行为可能是教育或管理不够引起的；设备的不安全状态则是长期维修保养不善造成的。在引发事故的人和设备的两大因素中，人是第一位的，因为电梯的设计、制造、安装、维修、管理等都是人为的。人的不安全行为，比如操作者将电梯电气安全控制回路短接起来，使电梯处于不安全状态，这个处于不安全状态的电梯，又引发人身伤害或设备损坏事故。具体每个事故发生的原因各有不同，可能是多方面的。

9.2 电梯事故预防与应急救援

9.2.1 电梯事故预防

(1) 电梯事故是可以预防的

电梯事故的发生有时看似偶然，其实有其必然性。电梯事故有其发生、发展的规律，掌握其规律，事故是可以预防的。比如坠落事故，许多事故类型、发生原因都基本相同，都是在层门可以开启或已经开启的状态下，轿厢又不在该层时，误入井道造成坠落事故，如能吸取教训，改进设备使其处于安全状态，只有轿厢停在该层时，该层层门方能被打开，可杜绝此类事故的发生。

(2) 预防电梯事故需综合治理

产生事故的原因是多方面的，既有操作者的原因，也有设备本身的原因，以及管理原因；有直接原因也有间接原因，还有社会原因及历史原因。比如，电梯安装及维保工作交由不具备相应资质的单位或个人承担，而导致事故的发生，这就是管理原因。有的在用电梯出厂在先，国家标准出台在后，电梯产品不符合国标要求，这是发生事故的历史原因。所以，预防电梯事故必须全方位综合治理。

(3) 预防电梯事故的措施

预防电梯事故最根本的是要做好教育措施、技术措施和管理措施三个方面的工作。

① 教育措施　教育措施是指通过教育和培训，使操作者掌握安全知识和操作技能。如：实施电梯作业人员安全技术培训考核管理办法，就是一项行之有效的措施。随着科学技术的进步，新品、新技术不断涌现，知识更新教育也是培训内容之一。

② 技术措施　技术措施是指对电梯设备、操作等在设计、制造、安装、改造、维修、保养、使用的过程中，从安全角度应采取的措施，这些措施主要有本质安全设计、安全防护及保护装置。

③ 管理措施　管理措施主要内容包括：建立健全电梯安全管理制度、安全管理机构，明确各岗位人员安全职责；落实电梯从生产到报废各环节电梯相关安全管理法律、法规、安全技术规范及相关标准，认真执行电梯安全操作规程。

9.2.2 电梯事故应急管理

TSG T5002—2017《电梯维护保养规则》明确规定，电梯维保单位制定应急措施和救援预案，每半年至少针对本单位维保的不同类别（类型）电梯进行一次应急演练。

TSG 08—2017《特种设备使用管理规则》明确规定，使用单位制定特种设备事故应急专项预案，定期进行应急演练；发生事故及时上报，配合事故调查处理等，并做了如下规定：

① 电梯使用管理单位应当根据《特种设备使用管理规则》等相关规定，

加强对电梯运行的安全管理。

② 电梯使用管理单位应当根据本单位的实际情况，配备电梯管理人员，落实每台电梯的责任人，配置必备的专业救助工具及24h不间断的通信设备。

③ 电梯使用管理单位应当制订电梯事故应急措施和救援预案。

④ 电梯使用管理单位应当与电梯维修保养单位签订维修保养合同，明确电梯维修保养单位的责任。

⑤ 电梯发生异常情况，电梯使用管理单位应当立即通知电梯维修保养单位，同时由本单位专业人员实施力所能及的处理。

⑥ 电梯使用管理单位应当每年进行至少一次电梯应急预案的演练，并通过在电梯轿厢内张贴宣传品和标明注意事项等方式，宣传电梯安全使用和应对紧急情况的常识。

9.2.3 电梯事故应急预案

(1) 定义与分类

特种设备的应急预案是针对具体设备、设施甚至相关的场所和环境，在安全评价的基础上，为降低事故造成的人身、财产与环境损害，就事故发生后的应急救援机构和人员，应急救援设备、设施、条件和环境，行动的步骤和纲领，控制事故发展的方法和程序等，预先做出的科学而有效的计划和安排。

应急预案从层次上可以分为政府、部门、专项三层应急预案。从灾害类别上分为自然灾害类、生产安全类、公共卫生类及社会安全类四类。特种设备应急预案既有生产安全类的属性，也有社会安全类的属性。

(2) 制定应急预案体系

特种设备具有潜在的危险性，其监管部门和使用单位都应高度重视应急管理工作，制定并组织实施应急预案是特种设备应急管理工作的重要内容。负责特种设备监督管理的部门和特种设备使用单位制定的特种设备应急预案，两者定位是不一样的。包括国家、地方和使用单位。

① 国务院特种设备监督管理部门组织制定重特大事故应急预案，报国务院批准后纳入国家突发事件应急预案体系；

② 县级以上地方各级人民政府和其监督管理部门组织制定本行政区域内事故应急预案，并纳入相应的应急处置与救援体系；

③ 使用单位制定本单位电梯等特种设备应急专项预案，并定期进行应急

演练。

(3) 应急预案基本内容

① 总则。说明编制预案的目的、编制依据、适用范围、工作原则等。

② 基本情况。包括单位的基本情况，特种设备基本情况，周边环境状况和可利用的安全、消防、救护设备设施分布情况及重要防护目标调查结果。

③ 风险描述。阐述存在的特种设备风险因素及风险评估结果，可能发生事故的后果和波及范围。可配合图表进行表述。

④ 组织指挥体系及职责。明确各组织机构的职责、权利和义务，以突发事故应急响应全过程为主线，明确事故发生、报警、响应、结束、善后处理处置等环节的主管部门与协作部门；以应急准备和保障机构为支线，明确各参与部门的职责。

⑤ 预警和预防机制。包括信息监测与报告、预警预防行动、预警支持系统、预警级别及发布（建议分为四级预警）。

⑥ 事故报告和信息发布。明确特种设备事故发生后，单位内部及向所在地人民政府、负责特种设备安全监督管理的部门和负有安全生产监管职责的其他政府部门报告事故信息的方法、程序、内容和时限，以及对媒体和公众发布信息的程序和原则，统一组织发布和舆论引导工作。

⑦ 应急响应与处置。包括分级响应程序（原则按一般、较大、重大、特别重大四级启动响应预案），根据特种设备事故的级别和发展态势，明确现场应急指挥、应急措施、资源调配、应急避险、扩大应急等响应处置程序。人员疏散与撤离安置、隔离和警戒、现场救护与医院救治、事态控制等。

⑧ 应急结束和使用恢复。应明确应急终止的条件和程序，现场清理和设施恢复要求，后续检测、监控和评估等内容。

⑨ 事故调查。明确事故现场和有关证据的保护措施，按照有关规定，配合协助相关部门查找事故原因，进行事故调查处理，提出防范整改措施。

⑩ 保障措施。包括通信与信息保障、应急支援与装备保障、技术储备与保障、经费保障、其他保障等。

⑪ 应急预案管理。包括应急预案培训、应急预案演练、应急预案实施、制定与解释部门。

⑫ 附件。包括各种图表（单位区位图、设备平面布置图、应急设备物资布置图、应急组织机构图、应急救援流程图、特种设备一览表、应急物资一览表、单位应急人员联系表等），现场处置方案及操作程序，信息接收、处理、上报等规范化格式文件，有关制度、程序、方案等。

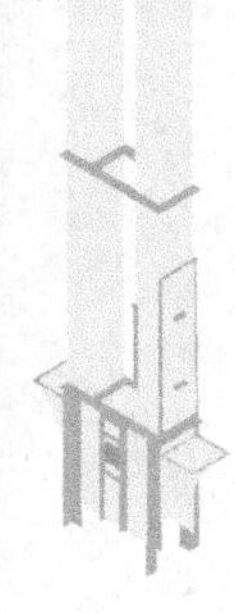

(4) 预案实施和报告

① 电梯等特种设备发生事故后，事故发生单位必须按照应急预案采取四项应急处置措施，开展先期应急工作：第一，组织抢救；第二，防止事故扩大，减少人员伤亡和财产损失；第三，保护事故现场和有关证据；第四，及时向事故发生地县级以上人民政府负责特种设备安全监督管理的部门和有关部门报告事故信息。采取这四项措施的目的，既是为了避免次生或衍生灾害，尽可能地减少人员伤亡和财产损失，也是为了保证其后开展的事故调查处理能够科学、严谨、顺利地进行。

② 当地政府和监管部门接到事故报告应尽快核实情况，按规定逐级上报，必要时可以越级上报事故情况。

③ 发生事故后，与事故相关的单位和人员不得迟报、谎报、瞒报和隐蔽、毁灭证据和故意破坏事故现场。

④ 事故发生地人民政府接到事故报告，应当依法启动应急预案，采取应急处置措施，组织应急救援。

(5) 预案应急演练

使用单位应当定期进行应急演练，因为预案只是为实战提供了一个方案，保障突发事件或事故发生时能够及时、协调、有序地开展应急救援应急处置工作，必须通过经常性的演练提高实战能力和水平。一般情况下，特种设备使用单位应当每年至少开展一次应急演练。

(6) 电梯应急现场处置方案

电梯在运行中当出现故障困人、发生机械伤害、触电、发生湿水、轿厢失火、地震等情形应进行第一时间的现场救援处置，如果处置得当将能够最大限度地减少和避免事故的损失。

① 垂直电梯困人的情形。

a. 通过轿厢内紧急报警装置第一时间同值班室取得联系，轿厢被困人员严禁强行扒门或攀爬安全窗，等待救援人员。

b. 到达现场的救援专业人员应当先判别电梯轿厢所处的位置再实施救援，严防由于盲目救援发生人员高处坠落的事故。

② 发生机械伤害（如剪切、高处坠落、碰撞）等人员受伤情形。

a. 救援人员第一时间赶到现场进行救援，当现场救援条件不足时，应立即向单位负责人报告请求支援，必要时联系专业医护人员赶到现场。

b. 救援中如不需要移动电梯，首先断开电梯主电源开关，以避免在救援过程中电梯意外运行导致二次机械伤害；如发生人员被夹住，需要移动电梯，救援人员需要有效沟通行动一致，采取可靠措施防止人员受到二次机械伤害。

c. 如人员被卡住，需要对电梯部件进行拆除或切割，应采取可靠的措施，防止人员受到二次伤害。

d. 对出血多的伤口应加压包扎，有搏动性或喷涌状动脉出血不止时，暂时可用指压法止血；或在出血肢体伤口的近端扎止血带，上止血带者应有标记，注明时间，并且每20min放松一次，以防肢体的缺血坏死。

e. 如有人员骨折，应就地取材固定骨折的肢体，防止骨折的人员再损伤。

f. 如有钢筋、玻璃等物刺入体腔或肢体，不宜拔出，宜锯断刺入物的体外部分（近体表的保留一段），等到达医院后，准备手术再拔出，有时戳入的物体正好刺破血管，暂时尚起填塞止血作用，一旦现场拔除，会招致大出血而来不及抢救。

g. 对心跳呼吸停止者，现场进行心肺复苏。

h. 对失去知觉者宜清除口鼻中的异物、分泌物、呕吐物，随后将伤员置于侧卧位以防窒息。

i. 做好初期现场救援，等待医疗部门援助。

③ 发生触电伤害情形。

a. 当发生人员触电，首先应切断电源或者用不导电的物体，比如竹竿、木棒将触电人员脱离触电环境。

b. 当现场救援条件不足时，应立即向单位负责人报告请求支援，必要时联系专业医护人员赶到现场。

c. 对心跳呼吸停止者，现场进行心肺复苏，等待医疗部门援助。

④ 发生湿水时的应急措施。

a. 在对建筑设施及时采取堵漏措施的同时，当楼层发生水淹没而使井道或底坑进水时，应当将电梯轿厢停于进水层的上两层，切断总电源。

b. 如机房进水较多时，应立即停止运行，切断进入机房的所有电源，并及时处理漏水的情况。

c. 对已经湿水的电梯，要及时进行除水除湿处理，在确认已经妥善处理后，经试运行无异常，方可恢复使用。

⑤ 发生火灾时，电梯使用采取的应急措施。

a. 由专业人员（持证）按下电梯的消防按钮（电梯有消防功能），使电梯进入消防运行状态。

b. 立即向消防部门报警。

c. 对于无消防功能的电梯，应立即将电梯直驶至首层并切断电源或将电梯停于火灾尚未蔓延的楼层。在乘客离开电梯轿厢后，将电梯置于停止运行状态，用手关闭电梯轿厢层门、轿厢门，切断电梯总电源（包括照明电源）。

d. 井道内或电梯轿厢发生火灾时，立即停止运行，疏导乘客安全撤离，切断电源。

e. 有共用井道的电梯发生火灾时，应当立即停止运行电梯，以避免因火灾停电造成的困人事故。

f. 做好初期火灾灭火，等待消防部门援助。

⑥ 发生地震时，电梯使用采取的应急措施。

a. 已发布地震预报的，应根据地方政府发布的紧急处理措施，决定是否停用电梯，何时停用。

b. 震前没有发生临震预报而突发地震的，如强度较大在电梯内有震感时，应立即停止运行，疏导乘客安全撤离。

c. 地震后应当由专业人员（持证）对电梯进行检查和调试运行，正常后方可恢复使用。

9.3 电梯事故报告和调查处理

9.3.1 事故类别划分

按照国家标准《企业职工伤亡事故分类》（GB 6441—1986），分类原则，综合考虑起因物、引起事故的诱导性原因、致害物、伤害方式等（主要是按照导致事故发生的原因）将工伤事故分为 20 类。分别为物体打击、车辆伤害、机械伤害、起重伤害、触电、淹溺、灼烫、火灾、高处坠落、坍塌、冒顶片帮、漏水、放炮、瓦斯爆炸、火药爆炸、锅炉爆炸、容器爆炸、其他爆炸、中毒和窒息，以及其他伤害等。

根据《企业职工伤亡事故分类》（GB 6441—1986）规定，按安全事故伤害程度分类：

① 轻伤　指损失 1 个工作日至 105 个工作日以下的失能伤害。

② 重伤　指损失工作日等于和超过 105 个工作日的失能伤害，重伤损失工作日最多不超过 6000 个工作日。

③ 死亡　指损失工作日超过 6000 个工作日，这是根据中国职工的平均退

休年龄和平均寿命计算出来的。

按安全事故受伤性质（受伤性质是指人体受伤的类型，实质上从医学角度给予创伤的具体名称）分类，常见的有：电伤、挫伤、割伤、擦伤、刺伤、撕脱伤、扭伤、倒塌压埋伤、冲击伤等。

依据国务院有关规定，特种设备事故等级分为特别重大事故、重大事故、较大事故和一般事故 4 个等级。与电梯有关的具体内容如下：

① 特别重大事故　特种设备事故造成 30 人以上死亡，或者 100 人以上重伤（包括急性工业中毒，下同）或者一亿元以上直接损失的。

② 重大事故　特种设备事故造成 10 人以上 30 人以下死亡，或者 50 人以上 100 人以下重伤，或者 5000 万元以上直接损失的。

③ 较大事故　特种设备事故造成 3 人以上 10 人以下死亡，或者 10 人以上 50 人以下重伤，或者 100 万元以上 5000 万元以下直接损失的。

④ 一般事故　特种设备事故造成 3 人以下死亡，或者 10 人以下重伤（包括急性工业中毒，下同），或者 1 万元以上 1000 万元以下直接损失的；电梯轿厢滞留人员 2h 以上的。

9.3.2　事故报告

按照相关规定，特种设备发生事故后，事故发生单位应当按照规定启动应急预案，采取措施组织抢救，防止事故扩大，减少人员伤亡和财产损失，履行保护事故现场和有关证据的义务；事故发生单位的负责人接到事故报告后，应当于 1h 内向事故发生地的特种设备安全监管部门和有关部门报告。

事故报告应包括的内容如下：

① 事故发生的时间、地点、单位概况以及事故现场情况。

② 事故发生初步情况，事故的简要经过、现场破坏情况、已经造成或者可能造成的伤亡和涉险人数、初步估计的直接经济损失、初步确定的事故等级、初步判断的事故原因。

③ 已经采取的措施。

④ 报告人姓名、联系电话以及其他有必要报告的情况。

9.3.3　事故调查

按照相关法律法规规定，事故得到控制，事故场地安全秩序恢复后，特种

设备安全监管部门应当根据调查处置权限，依法开展事故调查处理工作。根据事故调查工作需要，组织事故调查的特种设备安全监管部门，依法提请事故发生地人民政府有关部门派员参加事故调查。有关部门一般包括应急管理部门、监察、公安、工会，必要时可邀请人民检察院派员参加。

(1) 事故调查工作程序

① 成立事故调查组。

② 明确各工作小组及其分工，确定调查工作计划。

③ 查封与事故相关的设备、场地、财务等相关资料，提出监控事故责任人员、保护重要证人的建议。

④ 开展事故现场调查工作。

⑤ 分析事故发生的原因，认定事故性质。

⑥ 认定事故责任，提出对事故责任者的处理建议。

⑦ 提出事故预防措施和整改建议。

⑧ 汇总调查资料，形成事故调查报告。

⑨ 整理移交事故调查资料。

采取行政强制措施时，其程序应当符合《中华人民共和国行政强制法》。

(2) 组织事故调查处置权限

① 电梯等特种设备发生特别重大事故，由国务院或者国务院授权有关部门组织事故调查组进行调查。

② 发生重大事故，由国务院负责特种设备安全监督管理的部门会同有关部门组织事故调查组进行调查。

③ 发生较大事故，由省、自治区、直辖市人民政府负责特种设备安全监督管理的部门会同有关部门组织事故调查组进行调查。

④ 发生一般事故，由市级人民政府负责特种设备安全监督管理的部门会同有关部门组织事故调查组进行调查。

事故调查组应当依法、独立、公正开展调查，提出事故调查报告。

9.3.4 事故分析

通过事故调查分析，找出事故有关的各种因素的因果关系和逻辑关系，确定事故直接原因、间接原因，以及主要原因、次要原因。认定事故性质，事故责任，提出事故责任追究建议。从技术、教育、管理等方面提出有效的事故防范和整改措施建议。

9.3.5 事故处理

有关部门和单位应当依照法律、行政法规的规定，追究事故责任单位和责任人员。组织事故调查的部门应当将事故调查报告报本级人民政府，并报上一级人民政府负责特种设备安全监督管理的部门备案。事故责任单位应当依法落实整改措施，预防同类事故发生。

事故防范和整改措施的落实情况应当接受安全监管部门、工会和职工的监督。特种设备安全监管部门，按照政府信息公开的有关规定，适时向社会公布事故调查处理情况，并将有关规定及时归档、统计上报。

9.4 电梯事故案例分析

9.4.1 案例 1（某地“3·7”电梯挤压事故）

（1）事故基本情况

事发单位	某公司	事发地点	某市，某区
事发时间	2010 年 3 月 7 日 9 时 20 分	事故特征	挤压
伤亡情况	死亡 1 人	伤亡人员属性	安装人员

（2）事故设备概况

设备品种	曳引驱动乘客电梯	设备型号	OH5100
制造单位	某电梯有限公司	出厂日期	2000 年 12 月 19 日
安装单位	某电梯工程有限公司	维保单位	—
主要参数	v＝1.5m/s；Q＝1000kg；10 层 10 站		

（3）事故调查处理概况

① 事故回顾　2010 年 3 月 7 日上午，电梯安装人员孟某和王某在某某新区某工地安装电梯控制面板。大约 9 时 20 分，两人到达一楼，王某安装南侧电梯的消防面板，孟某安装北侧电梯的外呼面板。王某在拧螺钉时听到孟某一声惨叫，随即发现北侧电梯层门处于开启状态，孟某肩膀以上部位被挤压在一楼层门下端和轿厢之间。而此时北侧电梯仍在缓慢向下运行，王某赶紧爬到北

侧电梯的轿顶，操作急停开关、检修开关，轿厢最终停止在一楼平层位置以下1.47m处。孟某经抢救无效死亡。

② 事故原因　直接原因，电梯层门电气安全回路被非正常处置，处于失效状态。

主要原因，安装人员违规操作，将电梯层门电气安全回置于非正常状态。

次要原因，安装单位未能有效落实特种设备安全管理制度，对特种设备作业现场安全监督管理不力；安装单位对特种设备作业人员资格把关不严，作业人员证书已过期，未及时复审仍在上岗作业。

③ 责任认定　这是一起特种设备安全责任事故，违规操作的安装人员和安装单位负事故主要责任。

安装单位未能有效落实特种设备安全管理制度，对特种设备作业现场的安全监督管理不到位，对特种设备作业人员资格把关不严，对该起事故的发生负有责任，事故调查组建议按照《特种设备安全监察条例》，对其实施行政处罚。

电梯安装人员孟某在特种设备作业人员证已超期的情况下上岗作业，作业过程中将层门电气安全回路非正常处置，对事故的发生负有直接责任。鉴于孟某已死亡，免于追究。安装单位项目经理姚某某，对特种设备作业的现场巡查与安全监督管理工作不到位，对事故的发生负有管理责任，事故调查组建议由安装单位根据本公司规定进行处理。安装单位安全技术部经理芮某某，作为公司特种设备作业人员资格管理部门的负责人，对作业人员资格把关不严，未能及时组织本单位证件超期人员进行复审培训，对事故的发生负有管理责任，事故调查组建议由安装单位根据本公司规定进行处理。

(4) 警示与建议

① 在电梯使用过程中，电梯的所有电气安全装置和安全回路必须完整有效。在电梯安装过程中，为了实施某些操作而需要暂时将其置于无效状态时，必须注意严加监护，并及时恢复，否则可能导致与本案例类似的事故。

TSG T7007—2016《电梯型式试验规则》和 TSG T7001—2009《电梯监督检验和定期检验规则——曳引与强制驱动电梯》第 2 号修改单均新增了层门和轿门旁路装置以及门回路被短接时防止电梯正常运行的要求。这些规定实施后，预期能较好地规范层门和轿门的短接操作，避免和减少因未及时撤销短接操作而造成事故发生。

② 安装单位应当落实安全管理制度，加强现场安全管理和安装人员的资格管理。安装人员应当严格执行操作规程，加强自身保护。

9.4.2 案例2（某地“1·7”自动扶梯乘客摔倒事故）

（1）事故基本情况

事发单位	某公司	事发地点	某市,某区
事发时间	2007年1月7日11时49分	事故特征	摔倒
伤亡情况	1人受伤	伤亡人员属性	乘客

（2）事故设备概况

设备品种	自动扶梯	设备型号	506NVE
制造单位	某电梯工程有限公司	出厂日期	1996年9月
安装单位	某电梯工程有限公司	维保单位	某电梯有限公司
主要参数	$v=0.5$m/s;$a=35°$;$W=1000$mm;$H=5.2$m		

（3）事故调查处理概况

① 事故回顾　2007年1月7日11时49分，一家三口乘用事发单位负责管理的商场内的一部自动扶梯至二楼就餐，其中50多岁的母亲走在最前面，手扶左侧扶手带，父亲和女儿在后面乘用。当自动扶梯运行至2m高左右时，母亲所扶左侧扶手带突然停止运行，致其失去平衡后摔倒，造成头部划伤。

② 事故原因　该自动扶梯在事发前已发生过两次类似故障，虽经调整后恢复正常运行，但维保单位却始终未能完全消除该自动扶梯存在的事故隐患。

a. 直接原因。位于自动扶梯左侧扶手带的驱动小皮带发生磨损，未得到及时更换，导致驱动扶手带运行时，在受轻微外力作用下扶手带停滞并打滑，造成扶手带与梯级运行速度不同步。

b. 间接原因。维保单位未能及时发现驱动小皮带磨损已影响到扶手带与梯级的同步，并未及时告知用户更换。

（4）警示与建议

① 本起事故中，维保单位对于重复发生的故障未能进行全面检查，从根本上消除事故隐患，以致所维保电梯的安全性能达不到安全技术规范和国家标准的要求。维保单位应当加强对作业人员的技能提升培训，强化作业人员的故障排除能力，及时发现并消除设备存在的事故隐患，确保电梯使用安全。

② 本起事故发生后，使用单位未及时向政府监管部门报告，造成消极的社会影响。根据《中华人民共和国特种设备安全法》，使用单位应当制定应急

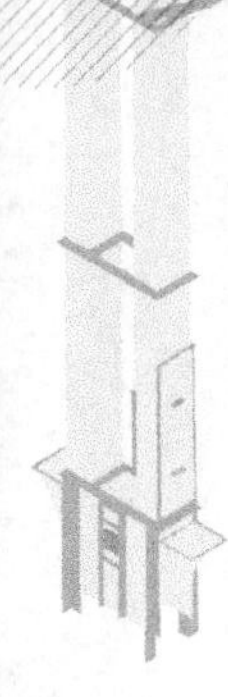

救援预案，一旦发生特种设备事故，事故发生单位及其有关人员应当按照应急预案立即组织救援，并及时向事发地特种设备安全监督管理部门和有关部门报告事故情况，不得迟报、漏报、瞒报或谎报，非因救援需要不得破坏事故现场。如有上述违法违规行为，法律规定行为方须承担事故全部责任。

9.4.3 案例 3（某地“5·10”杂物电梯挤压事故）

（1）事故基本情况

事发单位	某幼儿园	事发地点	某省,某市
事发时间	2012 年 5 月 10 日 9 时	事故特征	挤压
伤亡情况	1 人死亡	伤亡人员属性	维修人员

（2）事故设备概况

设备品种	杂物电梯	设备型号	TWJ2-1
制造单位	某电梯公司	出厂日期	2009 年 11 月
安装单位	—	维保单位	某电梯有限公司
主要参数	v=0.4m/s;Q=200kg;4 层 4 站 4 门		

（3）事故调查处理概况

① 事故回顾　2012 年 5 月 10 日 9 时左右，维保单位人员黄某某独自一人对事发单位内一台出现故障的杂物电梯进行维修。故障消除后，黄某某在杂物电梯底坑内开展进一步检查时，被响应外呼信号指令向下移动的轿厢挤压致死。

② 事故原因。

a. 直接原因。维修人员未落实现场安全护施（未戴安全帽，未挂维修标识），违章操作（进入底坑作业时未把电梯由正常状态转换为停止运行状态），外人在不知情的情况下操作杂物电梯按钮，轿厢下行将维修人员挤压致死。

b. 间接原因。维保单位安全管理职责未有效落实，存在对维修人员管理不到位、维修保养人力配置不足和对员工的日常安全培训与教育不足等问题。

③ 责任认定　这是一起特种设备安全责任事故，持证维修人员黄某某负事故主要责任，维保单位负事故管理责任。鉴于维修人员黄某某已在事故中死亡，不追究其事故责任；事故调查部门依照法律法规的有关要求对维保单位及其主要负责人实施行政处罚。

(4) 警示与建议

① 本起事故中，维修人员对于作业过程中存在的风险认识不足，安全意识淡薄，犯下常识性错误，付出了惨痛的代价。这种常识性的错误是指进入井道作业没有戴好安全帽，在作业时没有在电梯出入口设置正在维修标识牌，在井道作业时没有将电梯置于停止运行状态等，最终导致被伤害。

② 为切实提高作业人员的安全意识，杜绝违章操作，维保单位必须在安全管理上下功夫，一方面要加强作业人员安全教育和技能培训工作，做好考核和记录；另一方面还要加强作业现场的安全管理，强化对现场作业行为的有效监督，对于需要多人配合作业时应当配足作业人员，在维修作业时应当告知使用单位，让其在作业现场协助安全管理。

③ 杂物电梯的使用单位，不仅仅是聘用了有资质的维保单位开展电梯维修保养工作就是履行了安全使用的责任，还需要监督检查和协助维保单位进行日常维修保养工作，纠正其违规操作的行为，提供安全作业环境，保证电梯使用安全。

参考文献

[1] 刘连昆，冯国庆，等．电梯安全技术——结构·标准·故障排除·事故分析［M］．北京：机械工业出版社，2003.

[2] 李向东，姜武．电梯安装与使用维修实用手册［M］．北京：机械工业出版社，2017.

[3] 刘勇，张菲菲，等．电梯安全技术［M］．北京：机械工业出版社，2019.

[4] 李宁，马凌云．电梯典型事故案例：2002—2016［M］．北京：中国劳动社会保障出版社，2019.

[5] 魏孔平，朱蓉，等．电梯技术［M］．北京：化学工业出版社，2015.

[6] 冯志坚，李清海，等．电梯结构原理与安装维修［M］．北京：机械工业出版社，2015.

[7] 朱德文，朱慧缈，等．电梯安全和应用［M］．北京：中国电力出版社，2013.

[8] 蒋英．电梯相关法规与安全技术［M］．北京：科学出版社，2017.

[9] 周瑞军，张梅．电梯技术与管理［M］．北京：机械工业出版社，2020.

[10] 贾宁，胡伟．建筑设计基础［M］．南京：东南大学出版社，2018.

[11] 张长富．工厂供配电技术［M］．重庆：重庆大学出版社，2015.

[12] 芮静康．电梯电气控制技术［M］．北京：中国建筑工业出版社，2005.12.

[13] 耿继波．浅谈电梯轿厢意外移动保护装置检验研究［J］．中国设备工程，2021（08）：164-165.

[14] 袁仁杰．关于无机房电梯机械锁定装置检验的探讨［J］．特种设备安全技术，2021（02）：27-28.

[15] 王伟．消防电梯的配置要求和设计要点［J］．中国电梯，2021，32（07）：21-24.

[16] 郑荣伟．电梯制动器常见失效形式与检验要点［J］．中国设备工程，2021（06）：176-178.

[17] 殷彦斌．电梯超载保护装置失效风险分析及防范措施［J］．机电工程技术，2021，50（03）：261-263，266.

[18] 陈通，张维，阮一晖．浅析电梯装修带来的安全风险［J］．中国电梯，2021，32（06）：28-29，44.

[19] 陈辉．一起电梯限速器-安全钳联动试验失效分析［J］．中国电梯，2021，32（05）：62-63，67.

[20] 李娟，陈树芳，胡素峰，等．电梯质量安全追溯体系建设研究［J］．标准科学，2021（02）：108-112.

[21] 侯振宁，孙昌泉，王静．电梯绝缘性能测试应用及探讨［J］．特种设备安全技术，2021（01）：36-37，46.

[22] 邬甦，樊晓松，刘摇，等．电梯系统安全评估之防雷接地保护分析［J］．西部特种设备，2020，3（03）：58-61.

[23] 中华人民共和国特种设备安全法［S］．（2013年6月29日第十二届全国人民代表大会常务委员会第三次会议通过）.

[24] 国家质量技术监督检验总局．电梯维护保养规则：TSG T5002—2017［S］．2017.

[25] 国家质量技术监督检验总局．电梯监督检验和定期检验规则—曳引与强制驱动电梯：TSG T7001—2009，含第1号修改单和第2号修改单［S］．2017.

[26] 国家质量技术监督检验总局．电梯监督检验和定期检验规则——自动扶梯与自动人行道：TSG T7005—2012，含第1号修改单和第2号修改单［S］．2017.

[27] 电梯、自动扶梯、自动人行道术语：GB/T 7024—2008 [S].

[28] 电梯技术条件：GB/T 10058—2009 [S].

[29] 防爆电梯制造与安装安全规范：GB/T 31094—2014 [S].

[30] 电梯安全要求 第1部分：电梯基本安全要求：GB 24803.1—2009 [S].

[31] 电梯制造与安装安全规范（含1号修改单）：GB 7588—2003（XG1-2015）[S].

[32] 电梯制造与安装安全规范 第1部分：乘客电梯和载货电梯：GB/T 7588.1—2020 [S].

[33] 电梯制造与安装安全规范 第2部分：电梯部件的设计原则、计算和检验：GB/T 7588.2—2020 [S].

[34] 自动扶梯和自动人行道的制造与安装安全规范：GB 16899—2011 [S].

[35] 电梯安装验收规范：GB/T 10060—2011 [S].

[36] 液压电梯制造与安装规范：GB 21240—2007 [S].

[37] 杂物电梯制造与安全规范：GB 25194—2010 [S].

[38] 防爆电梯制造与安装安全规范：GB/T 31094—2014 [S].

[39] 消防电梯制造与安装安全规范：GB 26465—2011 [S].

[40] 电梯安全要求 第1部分：电梯基本安全要求：GB/T 24803.1—2009 [S].

[41] 电梯安全要求 第2部分：满足电梯基本安全要求的安全参数：GB/T 24803.2—2013 [S].

[42] 电梯安全要求 第3部分：电梯、电梯部件和电梯功能符合性评价的前提条件：GB/T 24803.3—2013 [S].

[43] 电梯安全要求 第4部分：评价要求：GB/T 24803.4—2013 [S].

[44] 电梯主要部件报废技术条件：GB/T 31821—2015 [S].

[45] 提高在用电梯安全性的规范：GB/T 24804—2009 [S].

[46] 电梯、自动扶梯和自动人行道 风险评价和降低的方法：GB/T 20900—2007 [S].

[47] 电梯、自动扶梯和自动人行道乘用图形标志及其使用导则：GB/T 31200—2014 [S].

[48] 电梯、自动扶梯和自动人行道安全相关的可编程电子系统的应用 第1部分：电梯（PESSRAL）：GB/T 35850.1—2018 [S].

[49] 电梯、自动扶梯和自动人行道安全相关的可编程电子系统的应用 第2部分：自动扶梯和自动人行道（PESSRAE）：GB/T 35850.2—2019 [S].